有色金属冶金固废资源化

孙鑫 施磊 宁平 李凯 主编

·北京·

内容简介

《有色金属冶金固废资源化》全面介绍了有色金属冶金过程中的固废类型及其处理技术，重点探讨如何通过资源化手段将固废转化为有价值的副产品或原料，内容涵盖固废的分类、处理方法和资源化技术。全书共分六章，第一章对有色金属冶炼渣进行概述，第二章分析典型有色金属冶金工艺及排污现状，第三章介绍有色金属冶炼矿浆法净化工业废气的技术现状，第四、五章分别介绍有色冶金固废火法和湿法处理技术，第六章介绍钙硅等非金属氧化物建材利用现状。本书注重理论与实践的结合，提供了丰富的案例研究和应用实例，以帮助读者将理论知识应用于实际操作中。此外，书中还结合了最新的研究成果和技术发展趋势，确保教材内容的前沿性和实用性。

《有色金属冶金固废资源化》可作为高等理工院校有色金属冶金、环境工程、化学工程和环境科学等专业的教材，也可供相关领域的技术人员参考使用。

图书在版编目（CIP）数据

有色金属冶金固废资源化 / 孙鑫等主编. -- 北京：化学工业出版社，2025.1. -- ISBN 978-7-122-46757-7

Ⅰ．X758

中国国家版本馆 CIP 数据核字第 2024JY1749 号

责任编辑：刘志茹　宋林青　　　文字编辑：林　丹　刘　莎
责任校对：边　涛　　　　　　　装帧设计：关　飞

出版发行：化学工业出版社
　　　　（北京市东城区青年湖南街 13 号　邮政编码 100011）
印　　装：河北鑫兆源印刷有限公司
787mm×1092mm　1/16　印张 13　字数 280 千字
2025 年 3 月北京第 1 版第 1 次印刷

购书咨询：010-64518888　　　　售后服务：010-64518899
网　　址：http://www.cip.com.cn

凡购买本书，如有缺损质量问题，本社销售中心负责调换。

定　　价：68.00 元　　　　　　　　　　版权所有　违者必究

前言

在现代工业生产领域，有色金属冶炼过程中产生的固废处理正日益凸显其重要性。随着全球资源日益紧张及环境保护意识的普遍提升，如何高效利用并妥善处理这些固废，已成为有色金属冶金行业亟须解决的关键课题。在此背景下，本教材应运而生，旨在全面而深入地探讨有色金属冶金固废的类型、处理技术及其资源化利用途径。固废资源化，这一从固体废弃物中回收物质与能源的技术方法，不仅涉及前处理、后处理及能源转化等多个系统环节，更是环境科学与工程领域内的一场深刻变革。它对于加速物质循环、挖掘经济新增长点，以及减轻环境污染负荷等方面，均具有不可估量的价值。

本教材重点探讨了资源化技术，旨在将固废转化为有价值的副产品或原料，实现其经济与环境双重价值的最大化。各章节内容紧密衔接，逻辑清晰，既涵盖了固废处理的基础理论，又注重实际操作技术的介绍。具体而言，教材分为六个核心章节：第一章概述了有色金属冶炼渣的基本特性与分类；第二章详细说明了典型有色金属冶金工艺及其排污现状；第三章则深入探讨了有色金属冶炼矿浆法净化工业废气的技术现状与前景；第四章和第五章分别聚焦于有色冶金固废的火法和湿法处理技术，对其原理、流程及应用进行了全面剖析；第六章则关注了钙硅等非金属氧化物在建材领域的利用现状与发展趋势。

我们衷心希望本教材能够为相关专业的学生提供一份全面、实用且前沿的学习资料，为推动有色金属冶金固废处理技术的进步与资源化利用水平的提升贡献一份力量。同时，我们也期待在未来的研究与实践中，能够不断探索出更多创新性的固废处理与资源化利用方法，共同为构建绿色、可持续的工业生产体系贡献力量。

本教材由昆明理工大学孙鑫、施磊、宁平、李凯主编。孙鑫负责第一、三、五、六章内容的编写；施磊负责第二、四章内容的编写；宁平负责组织整体结构、内容设计和主审工作；李凯组织了各部分内容编辑、统稿工作。本教材在编写过程中还得到郝星光、李赵芮、王忠先、朱莹、万航、卢鹏、张云康、邓喻文、唐慧东、唐义贵等学生的协助，在此表示衷心感谢。

由于编写时间紧迫，编写资料的搜集尚欠详尽，加之编者水平有限，书中不当之处在所难免，恳请专家和读者批评指正！

孙鑫

2024 年 9 月 24 日于昆明

目录

第一章　绪论　/ 001

1.1　有色金属冶炼渣概述　/ 002
1.1.1　有色金属冶炼渣的来源及分类　/ 002
1.1.2　有色金属冶炼渣的现状　/ 003
1.1.3　有色金属冶炼渣的性质及危害　/ 004

1.2　有色金属冶炼渣利用现状　/ 007
1.2.1　有价金属的提取　/ 007
1.2.2　生产建筑材料　/ 011
1.2.3　填充材料的利用　/ 013
1.2.4　催化剂材料的制备　/ 014

1.3　有色金属冶炼渣的可持续发展　/ 014
参考文献　/ 015

第二章　典型有色金属冶金工艺及排污现状　/ 017

2.1　铜冶金　/ 018
2.1.1　概述　/ 018
2.1.2　铜冶金工艺流程　/ 018
2.1.3　铜冶金工艺产排污节点　/ 038
2.1.4　铜冶金固废性质及特点　/ 042

2.2　铅锌冶金　/ 046
2.2.1　概述　/ 046
2.2.2　铅锌冶金工艺流程　/ 047
2.2.3　铅锌冶金工艺产排污节点　/ 051
2.2.4　铅锌冶金固废性质及特点　/ 054

2.3 锡冶金 / 056
    2.3.1 概述 / 056
    2.3.2 锡冶金工艺流程 / 057
    2.3.3 锡冶金工艺产排污节点 / 073
    2.3.4 锡冶金固废性质及特点 / 076

2.4 轻金属：铝 / 078
    2.4.1 概述 / 078
    2.4.2 铝冶金工艺流程 / 079
    2.4.3 铝冶金工艺产排污节点 / 090
    2.4.4 铝冶金固废性质及特点 / 093

2.5 硅冶金 / 095
    2.5.1 概述 / 095
    2.5.2 硅冶金工艺流程 / 097
    2.5.3 硅冶金工艺产排污节点 / 104
    2.5.4 硅冶金固废性质及特点 / 104

参考文献 / 105

第三章   有色金属冶炼矿浆法净化工业废气   / 107

3.1 铜冶炼固废矿浆法 / 108
    3.1.1 概述与简介 / 108
    3.1.2 实验装置及方法 / 110
    3.1.3 原始铜渣/$KMnO_4$复合浆液同步脱硫脱硝研究 / 112
    3.1.4 热改性铜渣/H_2O_2复合浆液同步脱硫脱硝研究 / 113

3.2 赤泥矿浆法 / 119
    3.2.1 概述与简介 / 119
    3.2.2 实验装置、检测方法及原理 / 119
    3.2.3 赤泥液相催化氧化脱除二氧化硫实验研究 / 121
    3.2.4 多项联合赤泥矿浆法脱除气体 / 125

3.3 软锰矿浆法 / 127
    3.3.1 概述与简介 / 127
    3.3.2 实验装置及技术 / 128
    3.3.3 软锰矿浆烟气脱硫过程分析 / 128
    3.3.4 影响脱硫效率的因素 / 133
    3.3.5 存在的主要问题及建议 / 133

3.4 其他固废矿浆法 / 134
    3.4.1 磷矿浆同时脱硫脱硝技术 / 134

3.4.2　钢渣法同步脱硫脱硝技术　　　　　　　　　　　　　　/ 135
　3.5　本章小结　　　　　　　　　　　　　　　　　　　　　　　/ 136
　参考文献　　　　　　　　　　　　　　　　　　　　　　　　　/ 136

第四章　有色冶金固废火法处理　　　　　　　　　　　　　　/ 137

　4.1　富氧氧化法　　　　　　　　　　　　　　　　　　　　　　/ 138
　　　4.1.1　铜渣富氧氧化处理　　　　　　　　　　　　　　　　/ 138
　　　4.1.2　锰渣富氧氧化处理　　　　　　　　　　　　　　　　/ 139
　　　4.1.3　锌渣富氧氧化处理　　　　　　　　　　　　　　　　/ 140
　　　4.1.4　铅渣富氧氧化处理　　　　　　　　　　　　　　　　/ 140
　　　4.1.5　镍渣富氧氧化处理　　　　　　　　　　　　　　　　/ 141
　　　4.1.6　赤泥富氧氧化处理　　　　　　　　　　　　　　　　/ 142
　4.2　碳热还原法　　　　　　　　　　　　　　　　　　　　　　/ 142
　　　4.2.1　粉煤灰碳热还原法制备硅铁合金　　　　　　　　　　/ 143
　　　4.2.2　基于碳热还原法回收不锈钢粉尘制备铁铬镍碳合金　　/ 144
　　　4.2.3　碳热还原法制备氮化硅陶瓷　　　　　　　　　　　　/ 144
　　　4.2.4　碳热还原法从铜渣中回收铁钼合金　　　　　　　　　/ 144
　　　4.2.5　真空下碳热还原法制备碳氧化铝　　　　　　　　　　/ 145
　　　4.2.6　制备磷酸铁锂　　　　　　　　　　　　　　　　　　/ 146
　4.3　真空碳热还原热力学理论研究　　　　　　　　　　　　　　/ 146
　　　4.3.1　反应热力学　　　　　　　　　　　　　　　　　　　/ 147
　　　4.3.2　参与反应物质的基本热力学函数　　　　　　　　　　/ 148
　　　4.3.3　热力学计算　　　　　　　　　　　　　　　　　　　/ 149
　4.4　本章小结　　　　　　　　　　　　　　　　　　　　　　　/ 150
　参考文献　　　　　　　　　　　　　　　　　　　　　　　　　/ 150

第五章　有色冶金固废湿法处理　　　　　　　　　　　　　　/ 151

　5.1　萃取法　　　　　　　　　　　　　　　　　　　　　　　　/ 152
　　　5.1.1　溶剂萃取法　　　　　　　　　　　　　　　　　　　/ 152
　　　5.1.2　超临界流体萃取法　　　　　　　　　　　　　　　　/ 156
　　　5.1.3　萃取色层法　　　　　　　　　　　　　　　　　　　/ 156
　　　5.1.4　其他萃取法　　　　　　　　　　　　　　　　　　　/ 157
　5.2　氯化法　　　　　　　　　　　　　　　　　　　　　　　　/ 159
　　　5.2.1　氯气氯化法　　　　　　　　　　　　　　　　　　　/ 160
　　　5.2.2　HCl 氯化法　　　　　　　　　　　　　　　　　　　/ 161

       5.2.3　固体氯化剂氯化法　　　　　　　　　　　　　　　/ 162
       5.2.4　铜的氯化浸出法　　　　　　　　　　　　　　　　/ 163
       5.2.5　铅的氯化浸出法　　　　　　　　　　　　　　　　/ 164
       5.2.6　其他金属氯化浸出法　　　　　　　　　　　　　　/ 164
   5.3　酸浸法　　　　　　　　　　　　　　　　　　　　　　/ 165
       5.3.1　焙烧酸浸法　　　　　　　　　　　　　　　　　　/ 165
       5.3.2　加压酸浸法　　　　　　　　　　　　　　　　　　/ 166
       5.3.3　氧化/还原酸浸法　　　　　　　　　　　　　　　 / 167
       5.3.4　超声辅助酸浸法　　　　　　　　　　　　　　　　/ 168
       5.3.5　总结　　　　　　　　　　　　　　　　　　　　　/ 168
   5.4　碱浸法　　　　　　　　　　　　　　　　　　　　　　/ 169
       5.4.1　加压碱浸法　　　　　　　　　　　　　　　　　　/ 169
       5.4.2　氧化碱浸法　　　　　　　　　　　　　　　　　　/ 169
       5.4.3　超声辅助碱浸法　　　　　　　　　　　　　　　　/ 170
       5.4.4　碱浸法回收多金属　　　　　　　　　　　　　　　/ 170
       5.4.5　总结　　　　　　　　　　　　　　　　　　　　　/ 171
   5.5　本章小结　　　　　　　　　　　　　　　　　　　　　/ 172
   参考文献　　　　　　　　　　　　　　　　　　　　　　　　/ 172

第六章　钙硅等非金属氧化物建材化利用　　　　　　　　　　/ 175

   6.1　磷石膏　　　　　　　　　　　　　　　　　　　　　　/ 176
       6.1.1　工业石膏及石膏建材　　　　　　　　　　　　　　/ 176
       6.1.2　磷石膏模盒　　　　　　　　　　　　　　　　　　/ 178
       6.1.3　磷石膏水泥　　　　　　　　　　　　　　　　　　/ 178
       6.1.4　道路材料　　　　　　　　　　　　　　　　　　　/ 180
       6.1.5　高分子复合材料　　　　　　　　　　　　　　　　/ 181
       6.1.6　相变储能材料　　　　　　　　　　　　　　　　　/ 181
       6.1.7　建筑装饰品　　　　　　　　　　　　　　　　　　/ 182
   6.2　粉煤灰　　　　　　　　　　　　　　　　　　　　　　/ 182
       6.2.1　粉煤灰水泥　　　　　　　　　　　　　　　　　　/ 182
       6.2.2　粉煤灰砌块　　　　　　　　　　　　　　　　　　/ 184
       6.2.3　烧结砖和免烧砖　　　　　　　　　　　　　　　　/ 184
       6.2.4　轻骨料、玻璃陶瓷材料　　　　　　　　　　　　　/ 185
       6.2.5　混凝土　　　　　　　　　　　　　　　　　　　　/ 185
       6.2.6　保温材料　　　　　　　　　　　　　　　　　　　/ 186
       6.2.7　相变材料　　　　　　　　　　　　　　　　　　　/ 187

  6.2.8 人工轻质板材 / 187
6.3 硅钙渣 / 188
  6.3.1 水泥原料 / 188
  6.3.2 陶粒 / 189
  6.3.3 瓷砖 / 190
  6.3.4 硅酸钙板 / 190
  6.3.5 沥青混合料 / 190
6.4 脱硫石膏 / 191
  6.4.1 水泥缓凝剂 / 192
  6.4.2 石膏建材 / 192
  6.4.3 建筑石膏粉 / 192
  6.4.4 纸面石膏板 / 193
  6.4.5 石膏砌块 / 193
  6.4.6 抹灰石膏 / 193
  6.4.7 石膏条板 / 194
6.5 赤泥 / 194
  6.5.1 赤泥制备水泥 / 195
  6.5.2 赤泥用于路面施工 / 196
  6.5.3 赤泥砖 / 197
  6.5.4 赤泥作陶瓷和玻璃材料 / 197
  6.5.5 赤泥制备复合材料 / 197
6.6 本章小结 / 198
参考文献 / 199

第一章 绪 论

1.1 有色金属冶炼渣概述

我国制造业规模宏大,一直以来,矿产资源的开发和利用都是我国经济发展的重要支柱,支撑着我们的生存和社会的发展,但矿产资源是有限且不可再生的,随着社会和经济的发展,矿山的开采利用使有限的天然矿物资源日渐枯竭。在矿产资源持续性的开发和利用中还产生了大量尾矿尾渣,每年生产出大量的金属冶炼废渣,这些固体废弃物的堆存,不仅占用了大面积的土地面积,而且长期的堆存对周边环境会造成严重的污染,破坏了生态环境。

冶炼渣是矿产资源利用后遗留下来的废渣,是目前我国产生量最大的固体废弃物,按照其是否含有金属以及金属的种类主要分为黑色金属冶炼渣、有色金属冶炼渣、稀贵金属冶炼渣和非金属冶炼渣。有色金属冶炼渣包括冶炼铜、镍、铝、铅、锌等十几种主要有色金属的冶炼渣。

有色金属冶炼渣是有色金属矿物在冶炼中产生的废渣,在我国具有巨大的堆存量,造成了如占地、污染环境和地下水资源等环境问题。据相关资料统计,目前我国有色行业冶炼渣产生量巨大,且综合利用率较低,远低于发达国家的综合利用水平。受利用成本高、资源品位低、利用技术缺乏等问题的制约,到目前为止,我国的冶炼渣还是以堆存为主,占用了大量的土地,且易产生飞尘,已成为我国主要的生态环境污染源之一。

有色金属及其合金是现代工业发展的重要资源。随着天然矿物的枯竭,从冶金残渣中回收有色金属,对有色金属冶炼废渣合理的利用成为研究的热点问题,吸引了来自多学科领域的研究人员。冶炼渣的资源化可减轻对自然资源和环境的压力,从而实现更好的制造可持续性。

1.1.1 有色金属冶炼渣的来源及分类

有色金属是除铁、锰、铬三种黑色金属以外的所有金属的总称。通常所述的十大有色金属是指铜、铝、铅、锌、镍、锡、锑、汞、镁、钛,这些金属生产量大、应用比较广泛。有色金属冶炼渣是有色金属矿物冶炼过程中产生的废渣,在铜、锌等冶炼过程中会产生大量废物,其中含有潜在的有毒金属(例如锌、铜、汞等)和类金属(如砷、锑)。每年全球约产生3000万吨铜冶炼渣,其中80%以上没有经过处理就被直接倾倒。倾倒铜冶炼渣对大气、土壤和水的污染难以避免,甚至可能存在二次危害,如土壤碱化、山体滑坡等。

按照金属矿物的性质进行分类,有色金属冶炼渣可分为重金属渣(例如比较常见的铜渣、铅渣、锌渣等)、轻金属渣(如赤泥)和稀有金属渣(如锂渣)。按照生产工艺类型分类,有色金属冶炼渣可分为湿法冶金渣和火法冶金渣。湿法冶金渣就是指从含金属矿物中浸出了目的金属后的固体剩余物,火法冶金渣是指含金属矿物在熔融状态下分离出有用组分后的产物。

1.1.2 有色金属冶炼渣的现状

根据国家统计局数据显示,2022年全年我国十种有色金属累计产量达到6789.82万吨。图1-1为2018年至2022年以来我国十大有色金属产量,从图上可以看出我国有色金属产量巨大,并且保持着高速增长。有色金属的产量快速增长的同时,也会带来大量有色金属冶炼渣,例如,每生产1 t氧化铝,将产生1.5 t的赤泥。我国有色冶金渣排放量超3000万吨,而综合利用率仅60%,远不及黑色冶金渣90%以上的利用水平,造成有色冶金渣的堆存量呈指数型增长。这些有色金属冶炼渣长期露天堆存,不但占用大量土地资源、增加企业成本,且长期的风化淋溶使渣中的有害元素渗入地下水、江河和土壤中,造成严重的环境污染,危害周围人和动植物的健康。同时,渣中的有价组分也未能得到有效利用。冶金渣的减量化、无害化、资源化利用,是整个有色金属行业的共性难题,也是困扰行业绿色可持续发展的核心问题。

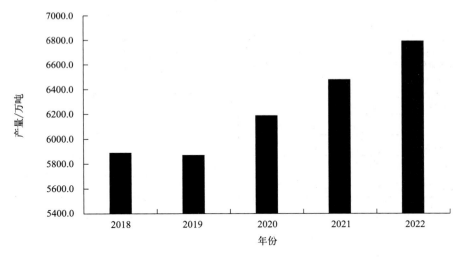

图1-1 我国十大有色金属产量

冶炼渣的综合利用主要包括两个方面:一方面,高品位矿产资源的匮乏,而冶炼渣中含有大量的未提取出来的金属元素,因此可以作为二次资源再选,经过冶炼后产生的冶炼渣也可作为原料,进一步冶炼回收其中的有价金属元素;另一方面,对于不可再选的冶炼渣,我们可以根据它们的化学组成及物理性质,将其作为非金属矿再利用。目前冶炼渣的资源化利用途径主要有有价金属回收、用作建材原料、土地复垦、填充材料等。

1.1.3 有色金属冶炼渣的性质及危害

1.1.3.1 性质

（1）铜渣

铜渣是造锍熔炼或火法吹炼过程中产生的，以氧化物、硫化物和硅酸盐为主，同时普遍含有 Cu、Fe 等金属元素的黑色玻璃状废渣，呈致密状，硬而脆，具有良好的坚固性、稳定性和耐磨性等力学性能。利用现代富氧吹炼强化炼铜工艺，每生产 1 t 铜将产生 2~3 t 铜渣。2020 年，我国精炼铜产量为 1003 万吨，铜渣排放量高达 3000 多万吨，其处理方式仍以堆存为主，累计堆存已达 3 亿吨，综合利用力度有待加大。

不同的熔炼方法产生的铜渣化学成分不同，见表 1-1。由表 1-1 可知，铜渣普遍含有 0.5%~2.0% 的 Cu、30%~40% 的 Fe、30%~40% 的 SiO_2，以及小于 10% 的 Al_2O_3、Fe_3O_4 和 CaO，矿物相主要为铁橄榄石、磁铁矿、硫化物、方镁石、黄铜矿和方石英等。特别地，铜渣的有价金属元素含量较高，具有显著的回收价值。

表 1-1 不同熔炼方法产生铜渣的典型化学成分　　　　　　单位：%

熔炼方法	Ca	Fe	Fe_3O_4	SiO_2	S	Al_2O_3	CaO	MgO
封闭鼓风炉熔炼	0.42	29.00	—	38.00	—	7.50	11.00	0.74
奥托昆普闪速熔炼（渣不贫化）	1.50	44.40	11.80	26.60	1.60	—	—	—
奥托昆普闪速熔炼（渣贫化）	0.78	44.06	—	29.70	1.40	7.80	0.60	—
因科闪速熔炼	0.90	44.00	10.80	33.00	1.10	4.72	1.73	1.61
诺兰达法熔炼	2.60	40.00	15.00	25.10	1.70	5.00	1.50	1.50
瓦纽科夫法熔炼	0.50	40.00	5.00	34.00	—	4.20	2.60	1.40
白银法熔炼	0.45	35.00	3.15	35.00	0.70	3.30	8.00	1.40
特尼恩特转炉熔炼	4.60	43.00	20.00	26.50	0.80	—	—	—
奥斯麦特熔炼	0.65	34.00	7.50	31.00	2.80	7.50	5.00	—
三菱法熔炼	0.60	38.20	—	32.20	0.60	2.90	5.90	—
艾萨炉熔炼	0.70	36.61	6.55	31.48	0.84	3.64	4.37	1.98
云南冶炼厂艾萨熔炼（电炉贫化）	0.74	41.28	8.25	29.05	0.00	3.86	3.74	1.15

（2）铅锌渣

铅锌渣是铅锌冶炼时高温熔融炉渣经水淬产生，以氧化物为主、具有金属光泽的不规则黑色玻璃态废渣，在硫酸盐或碱激发的条件下具备一定的活性。铅锌冶炼系统每生产 1 t 金属铅将产生 0.71 t 废渣，每生产 1 t 金属锌将产生 0.96 t 废渣。2020 年，我国铅、锌产量分别为 644 万吨和 643 万吨，同比增长 9.4% 和 2.7%，居世界首位，仅这一年我国新产生的铅锌渣量就高达上千万吨。由于原料和冶炼方法的不同,所得铅锌渣的主要成分略有区别,但均为 Fe_2O_3、SiO_2、CaO 和 Al_2O_3 等氧化物,以化合物、固溶体、共晶混合物等形式存在,此外还有硫化物和氟化物等。矿物组成以玻璃相为主,含有少量的乌拉硼石、镁黄长石、铝钙硅和铝铁。铅锌冶炼渣的主要化学成分如表1-2所示。

表1-2 铅锌冶炼渣的化学成分 单位:%

化学组分	CaO	SiO_2	MgO	Fe_2O_3	Al_2O_3
铅锌渣	15.8~18	27~33.8	7.4~7.6	29.6~34	11.5~15
铅渣	18.9~23.1	21.4~25.7	1.4~5.4	28.1~34	3.6~5.4
锌渣	0.5~17.9	18~34.4	0.6~1.9	13~34.3	8.2~13

(3)锡冶炼渣

锡冶炼是我国重要的发展工业,但由于多年处于粗放型生产,存在废渣处置不到位、占地面积大、未采取有效安全处置及综合利用率低的问题。废渣中主要含有生物毒性显著的镉、铬、铅和类金属砷,以及具有毒性的锌、铜、镍、锡等重金属污染物。废渣长期堆存,重金属通过雨水淋滤等多种释放途径进入土壤及周边水体等环境介质中,对生态环境及人居健康构成严重威胁。在露天堆置过程中,不仅占用大量土地资源,而且废渣中的有价金属锡以及镉、铬、铅、铜和类金属砷等具有高度迁移性的有价金属元素和有毒元素,经过自然风化和淋洗容易释放到自然环境中,对土壤、地表水、地下水等周边生态环境造成严重的污染和潜在危害,最终会直接或间接地危害人类的生命健康。

(4)赤泥

铝土矿溶出后,有价金属进入赤泥,赤泥是一种宝贵的二次资源。由于工艺有限,赤泥中的许多金属以金属氧化物的形式存在,直接排放不仅造成资源浪费,还会因碱性造成环境污染。赤泥中的氧化物主要分为两类:一是普通金属氧化物,包括 Fe_2O_3、Al_2O_3、CaO、SiO_2 和 TiO_2 等;二是"三稀"金属氧化物,包括 Ga_2O_3、Sc_2O_3、V_2O_5、Re_2O_3、ZrO_2、Nb_2O_5 等。赤泥中一般 Fe_2O_3 含量大,外观呈赤色,但有的因含铁量较少而呈棕色,甚至是白色,颗粒小,孔多且比表面积大。赤泥pH较高,其浸出液pH为12.1~13.0,赤泥的pH为10.29~11.83,赤泥颗粒直径为0.088~0.250mm,容重为0.8~1.0g/cm³,孔隙比为2.53~2.95,含水量为82.3%~105.9%,赤泥主要化学组成与含量见表1-3。

表1-3 赤泥主要化学组成与含量 单位:%

工艺	Al_2O_3	SiO_2	CaO	Fe_2O_3	Na_2O	TiO_2	K_2O
烧结法	4~8	15~22	40~50	8~20	2~10	2~8	0.1~2
拜耳法	13~25	5~35	5~35	20~40	0.5~10	0.5~6	0.1~2
联合法	5~8	20~25	25~50	2~10	2~10	6~10	0.1~2

(5) 镁冶炼渣

在镁冶炼渣中，Ca 以 CaO 和硅酸二钙（C_2S，主要是 γ-C_2S 或 β-C_2S 晶型）的矿物形式存在，同时存在少量的方镁石（MgO）。皮江法是一种外部加热的还原罐分批式硅热工艺，镁的冶炼方法大多为皮江法。白云石（$CaCO·3MgCO_3$）在旋转炉中煅烧研磨成粉末，与硅铁和萤石粉末混合形成颗粒送入还原炉。在还原炉中，MgO 被还原成镁，镁以蒸气的形式逸出，冷却和结晶后得到粗镁，还原炉中的球形镁渣在高温下排出。镁冶炼渣的矿物相是方镁石（MgO）、原硅酸钙（Ca_2SiO_4）、偏硅酸钙（$CaSiO_3$）和钙镁铝氧化物硅酸盐（$Ca_{54}MgAl_2Si_{16}O_{90}$）。镁冶炼渣的主要成分是 CaO，其含量可达 60% 左右；其次是 SiO_2，其含量在 25% 左右；然后是 MgO，其含量为 1%～13%，而且粒度越细，MgO 含量越低。镁冶炼渣的主要化学成分如表 1-4 所示。

表 1-4 镁冶炼渣的主要化学成分

化学组分	CaO	SiO_2	MgO	Fe_2O_3	Al_2O_3
含量/%	50～54.2	29.2～32.6	5.9～10.4	3.5～5	1.1～1.8

(6) 锂渣

锂渣是锂矿石提取碳酸锂及氢氧化锂过程中产生的固体废渣。根据提取介质不同，矿石提锂主要分为酸法工艺、碱法工艺、盐焙烧工艺、高温氯化工艺等。酸法工艺最为成熟，锂渣排放量相对较小，每生产 1 t 碳酸锂产品约排出 10 t 锂渣；而碱法工艺和盐法工艺排放的锂渣量较大，且成分复杂，二次利用困难。锂渣的主要矿物相为黝方石和石膏，还含有白榴石、钠长石以及少量氟化钙、石英和磁铁矿，锂渣的主要化学成分如表 1-5 所示。

表 1-5 锂渣的主要化学成分

化学组分	SiO_2	SO_3	Al_2O_3	CaO	Na_2O	K_2O
质量分数/%	32.35	17.64	17.38	13.66	7.09	6.59
化学组分	F	Fe_2O_3	MgO	ZnO	其他	
质量分数/%	1.53	1.32	0.38	0.05	2.01	

1.1.3.2 危害

有色冶金业的飞速发展，造成大量的冶炼渣固废堆弃，不仅占用了大量的土地资源，还会对周边土壤造成污染。另外堆积的冶炼渣由于颗粒较小，很容易散播到空气中，会对周围地区的环境在一定程度上造成污染。此外，冶炼渣中的重金属、提炼金属所使用的矿选剂等随着雨水的冲刷将被溶解出来，流入河流及地下水将会造成严重的污染，甚至会对周围地区人类、动物、植物的生命安全构成威胁。

1.2 有色金属冶炼渣利用现状

我国废渣处理技术水平有限,传统的方法主要是露天堆放或掩埋,这些废渣堆积会使得其中的某些有害元素直接进入水体或土壤,威胁人类健康和自然环境。冶炼废渣中的有价金属(如 Ag、W、Zn、Pb、Cr、Sn 等)是很好的二次资源,直接废弃会产生大量资源浪费。其中钨作为稀有金属,在我国的储藏量为 620.4 万吨,广泛应用于航空、航天、建筑、钢铁等领域。冶炼渣矿中有大量的 Ag、W、Zn、Pb、Cr、Sn、Cu 等有价金属,随着金属矿物的大量开采和冶炼技术的开发,产生的二次资源有待利用。对冶炼废渣的资源化、无害化处理,既能够减轻对环境的污染、解决土地资源浪费问题,又可以充分利用其中的有价金属,从而实现冶金行业的可持续发展。近年来,国内外以工业固体废弃物为原料,对再生金属资源及其他材料的研究颇多,已取得了重要成果。金属冶炼废渣中含有丰富的 Pb、Zn、Au、Ag、Ga 和 In 等金属,因此提取各种有价金属是废渣资源化利用最主要的途径。目前,金属冶炼废渣中有价金属的回收有湿法、火法、浮选以及选冶联合等手段。

1.2.1 有价金属的提取

1.2.1.1 湿法提取

湿法提取技术是根据冶炼废渣产生原理,使用合适的溶剂对冶炼过程中产生的中间产物选择性溶解,使其中的有价成分或有害杂质进入溶液中,再通过适当的工序提取其中的有价金属。湿法冶金法主要利用浸出剂从金属冶炼渣中提取和回收有价金属。在浸出过程中,金属冶炼渣中的金属化合物与浸出剂反应形成可溶性物质,进入渗滤液,然后对得到的渗滤液进行离子交换和/或溶剂萃取等成熟过程,得到目标金属。浸出是从冶炼渣中回收有价金属的重要过程,也是湿法冶金的主要内容,根据工艺方法和浸出介质分为化学浸出和生物浸出。湿法提取技术具有金属浸出率高、选择性强、能耗低和环境友好等优点,因此企业多采用湿法回收冶炼渣中的金属。湿法处理技术是指在各种药剂及条件下,将含金属冶炼渣中的有用金属溶解在浸出液中,再通过进一步工序,使有价金属选择性分离。湿法处理技术目前应用比较广泛,具有选择性强、能耗低、环境污染小的优势。

(1)酸浸

酸浸是用酸性化学溶剂从金属渣中提取有价金属的有效方法。使用氯化铵从金属渣中浸出有价金属的研究通过控制浸出温度和浸出时间,实现了锌、铜和铁的回收率分别为 91.5%、89.7% 和 88.3%。

在酸浸过程中，铜渣中 Fe 和 Si 含量高，可能会对有价金属的提取产生负面影响。酸浓度的增加可以促进浸出性能，提高金属回收率，但酸浓度过高会产生黏稠的 $SiO_2 \cdot 2H_2O$，不利于反应和过滤。结果表明，H_2O_2 能有效防止 SiO_2 的形成，H_2 冶炼渣浸出过程中的 O、$NaClO_3$ 和 $Ca(OH)_2$ 能有效抑制 $SiO \cdot 2H_2O$ 的出现。用浓硫酸固化冶炼渣除去多余水分，可避免产生黏性 $SiO_2 \cdot 2H_2O$，使金属的浸出速率大大增加。金属冶炼渣中的氧化铁对浸出和后续工艺有很大的负担，而天然氧化剂作为浸出剂可以防止 $SiO_2 \cdot 2H_2O$ 的形成。

近年来，许多实验都尝试使用新的酸作为浸出剂，如柠檬酸，它属于羟基酸族，在从冶炼渣中浸出过渡金属氧化物（如氧化铁和氧化铜）方面具有明显的优势。此外，高压氧化酸浸不仅可以提取冶炼渣中的有价金属，还可以利用黑色金属和硅。

（2）碱性浸出

碱性浸出是另一种利用碱性浸出剂从冶炼渣中提取有价金属的化学浸出方法，可以避免因炉渣中 Fe 和 Si 含量而导致的难题。$OH \cdot$ 在室温下不挥发，可作为处置冶炼渣的有效浸出剂。用氨作为浸出剂时，浸出渣颗粒内部含有大量微裂纹，可使金属得到最大浸出率。

（3）生物浸出

生物浸出法是利用细菌在生命活动中的氧化和还原性，直接或间接催化矿物氧化的方法，使矿物中的有用成分以离子或沉淀的形式被氧化还原，得到的有价金属可以浸出并从矿石中分离出来。早在 1995 年，研究人员就已经证明，生物浸出可以有效地从金属冶炼渣中回收金属。在微生物浸出领域应用较早且技术较好的典型菌株是嗜酸菌，如铁氧硫杆菌和硫氧酸杆菌。嗜酸微生物具有耐酸性，可以在 pH 0.7 的环境中存活，但最佳生长 pH 值在 1.5~2.5 之间。嗜酸微生物在浸出过程中表现出强烈的还原作用，硫化物会被氧化成硫酸盐，而一些嗜酸微生物可以将 Fe^{2+} 氧化为 Fe^{3+}，具体取决于嗜酸菌的类型。

生物浸出法根据浸出过程的机理分为直接生物浸出法和间接生物浸出法两种，两种方法都可促进金属硫化物的溶解，从而完成目标金属的回收。然而，嗜酸微生物对铜渣的处理也有很大的局限性：冶炼渣的结构和组成复杂，有些矿物不能被酸熔化。生物电化学体系是一种新型的微生物和电化学协同体系，通过电压和阴极电位转移实现金属回收，可以提高金属浸出率。为了提高浸出率，研究人员利用微生物结合电化学，通过添加螯合剂、氧化剂、络合剂和表面活性剂，提高金属浸出率使其浸出率达到 80% 以上。然而，铁沉淀物的积累会堵塞阴离子交换膜，使生物电化学体系中阴离子交换膜的电子受体逐渐迁移到阳极室中，对微生物的生长产生负面影响，这些问题可以通过调节错流过滤来控制流型和流速，或者添加化合物以改变膜的化学性质来避免。CRISPR-Cas9 是一种用于微生物遗传优化的基因编辑技术，利用合成生物学和杀毒程序来控制铜浸出，在大型反应器中可以实现优化的菌株和优化因子，在整个浸出过程中保护嗜酸菌免受噬菌体的侵害，从而实现95%～100%的金属回收率。

1.2.1.2 火法提取

火法处理技术具有原料适应性强、工艺流程短及金属综合回收率高等优势。目前，主要的火法处理技术有回转窑挥发法、烟化炉连续吹炼法、Ausmelt法、旋涡炉熔炼法及焙烧法等。火法一直在二次资源的回收中占据主导地位，具有工作温度区间大、工艺简单、反应速率快和物相分离简单等优点。火法处理后基本可以实现冶炼废渣的无害化和减量化，对环境危害程度降低。然而火法工艺的能耗较高、稳定性差且可能会再次产生二次废物污染等缺点，与低碳经济环保理念相悖，使火法工艺面临着严重的挑战，甚至有被淘汰的风险。传统冶炼金属生产流程会产生大量的金属浸出渣，对金属浸出渣的处理普遍采用回转窑挥发法。回转窑挥发的原理是将金属浸出渣和焦炭还原剂按一定比例混合后在窑体内进行还原熔炼，炉内温度一般可达到1100～1300 ℃，此工艺对锌的挥发率高达90%以上。部分学者采用回转窑富氧烟化工艺处理锌浸出渣，最终结果表明，利用富氧挥发工艺提高有价金属的回收率是可行的，在一定的条件下还可以控制锌浸出渣的处理成本和处理量。烟化吹炼工艺也可以高效回收锌浸出渣中的有价金属，烟化吹炼技术实际上是在同一炉内，利用高温使渣中可挥发的有价金属以氧化烟尘的形式挥发，再将挥发烟尘捕集回收和冶炼，渣在高温下完全熔融，水淬冷却后的固化渣可以用于生产建筑材料。该方法最大的优点就是对铅、锌、锗和银等金属的回收率高，同时能回收锡和铟等金属，兼具原料适应性强和操作简单的优点。大量研究表明，烟化法通过烟化形式可回收渣中稀贵金属，而且铅和锌以氧化烟尘的形式回收，已成为金属回收的首选工艺。

1.2.1.3 火法-湿法联合技术

相较于单独的火法、湿法技术，火法-湿法联合技术结合了两者的优势，不仅可以有效地回收锌渣中的有价金属，还能减少污染，降低能耗。该法首先通过火法将锌渣中难处理物质（如铁酸锌、硅酸锌）的结构打开，使被包裹的有价金属裸露出来，再采用湿法浸出充分回收有价金属。有学者将锌浸出渣与硫酸铁混合焙烧，焙烧温度为640 ℃，硫酸化焙烧时间为1 h，废渣中的有价金属转化为可溶性硫酸盐后，再采用水浸法提取硫酸盐中的有价金属，最终得到锌、锰、铜、镉的回收率分别为92.4%、93.3%、99.3%、91.4%。

1.2.1.4 选冶联合技术

选冶联合技术是先通过冶金工艺改变含锌冶炼渣中有用金属的物理或化学性质，再结合选矿工艺回收有价金属的方法。选冶联合技术可以避免火法及湿法工艺的缺点，同时选矿工艺具有成本低、污染小、金属回收效率高等优势。在各种选矿方法中，浮选处理成本低、环境污染小，是目前应用较广泛、研究较完备的选矿方法。金属硫化物具有天然可浮性，与其他种类的矿物相比，硫化矿浮选发展完善，浮选效果较好。重金属废物很少存在于硫化物中,而是大量存在于氧化物和氧化化合物中,可通过硫化技术处理废渣,将其中的重金属转变为硫化物,这些硫化物具有良好的可浮性且相对不溶于水溶液,然后再通过浮选回收有价金属,处理后的重金属稳定性较好。

1.2.1.5 浮选法

目前,国内外学者提出了多种硫化浮选技术来回收金属炼渣,包括表面硫化浮选技术、机械力诱发硫化浮选技术、水热硫化浮选技术、硫化焙烧浮选技术。浮选的原理实际上是利用矿物表面物理化学性质的不同或矿粒与药剂作用后矿粒表面因产生亲水性和疏水性差异而发生分离的过程。由于火法对某些贵金属元素的回收效果不好,湿法产生的渣量大,而传统的浮选法具有能耗低、处理量大和环保等众多优点,因此多采用浮选法回收贵金属,尤其是锌浸出渣中银的回收。铅锌冶炼渣中的有价金属大都以难浮硅酸盐、硫酸盐和氧化物等形式存在,浮选效果一直不理想。硫化浮选技术是指通过外加硫源或以自身为硫源将氧化物料中的有价金属部分或全部转为易浮硫化物的技术。针对硫化工艺系统地研究了金属冶炼渣中锌在硫化生成 ZnS 的过程中,硫、黄铁矿以及钠盐的添加对渣选择性硫化的可行性。通过试验研究发现,金属冶炼渣中锌的氧化物在以碳为还原剂、钠盐为添加剂、硫/黄铁矿为硫化剂的条件下进行高温硫化焙烧,可以选择性地转化为晶粒粗和结晶好的硫化物,且锌的硫化度大于 95%。研究结果表明,添加碳粉不仅可以促进选择性硫化过程,而且还能减少硫的用量和 SO_2 气体的排放,钠盐的添加有利于提高硫化反应的活性,增强硫化物的可浮性,降低混合物的熔点。

(1) 机械力诱发硫化浮选

机械力诱发硫化技术是通过不同机械力的作用,引起受力物体的结构和性质发生改变,进而可以进一步诱发硫化反应的进行,或提高反应效率。机械硫化技术常用的手段是球磨。干式机械力硫化即将矿样与硫化剂在干磨条件下进行硫化,其反应机制即自蔓延硫化机制。而湿式机械力硫化可以被看作干式硫化与表面硫化相结合,在表面硫化进行到一定程度时,矿物表面硫化物增多,阻碍了硫化剂与矿物的进一步作用,这时,引入一定的机械力,使矿物表面的硫化产物剥落,形成新的反应界面继续表面硫化。

(2) 水热硫化浮选

水热硫化技术是指在高温高压条件下,硫化剂与水发生歧化反应后,将溶解的重金属物质转化为硫化物,重新结晶后再通过浮选回收。

(3) 表面硫化浮选

表面硫化是指通过添加适当的硫化剂改变难浮选矿物的表面性质,增加矿物与药剂在浮选中的作用强度。废渣中的重金属通常较难浮选,采用合适的硫化剂改造和修饰其表面性质、结构,能改善其可浮性差的问题。表面硫化技术取得了一些成绩,但仍有许多需要解决的问题,如表面生成的硫化薄膜不稳定,易在强烈搅拌时掉落;表面硫化技术仅作用于物料表面,难以硫化大多数存在于废渣内部的重金属,因此难以实现高效处理。

(4) 硫化焙烧浮选

硫化焙烧浮选是指在惰性气氛或还原气氛下，金属氧化物在硫化剂作用下，转化为硫化物再通过浮选回收的工艺。相比于上述三种硫化方式，硫化焙烧有利于硫化物晶体的形成和生长，产物粒径大，通常为微米级，反应速率快，硫化效率高，并能从浮选中得到更好的有色金属回收结果。虽然硫化焙烧的产物粒径较上述三种硫化技术产物粒径大，但相对常规的浮选过程原料粒径要求仍较小，因此需要进一步研究使焙烧产物的粒径增大及结晶完善。

1.2.2 生产建筑材料

利用金属冶炼渣、煤矸石、尾矿及钢渣生产建筑材料是大宗固体废弃物资源化利用的重要手段，用于生产建筑材料的大宗固体废弃物一般不会产生二次污染，还能达到消除污染、变废为宝的积极效果，所以该技术发展较快。目前，学者们对建筑行业金属冶炼渣的研究已经成熟，这些建筑材料性能稳定、应用领域广泛、经济效益高，其中铜渣已广泛商业化应用于混凝土、水泥、无机聚合物、石膏板、沥青混合料等中。

(1) 冶炼渣混凝土

由于冶炼技术，冶炼渣中存在大量的金属氧化物和硅氧化物，高金属含量赋予了冶炼渣高密度和高硬度的物理性能，这是金属冶炼渣化学性能稳定的重要原因。传统混凝土使用天然砂石作为细骨料，而金属冶炼渣作为细骨料生产混凝土，解决了冶炼渣二次使用的问题，同时也增加了砂浆的流动性。但是冶炼渣混凝土面临的严重问题是高温后残余力学性能没有明显退化，导致混凝土出现严重的微裂纹，混凝土中的钢筋对环境中氯离子侵蚀的敏感性高，大大降低了混凝土与钢筋的黏结性能。

(2) 冶炼渣水泥

利用冶炼渣部分替代水泥，在产业化中取得了成果。冶炼渣中 $FeSiO_3$ 的熔点低，减少了大量的能耗，冶炼渣的使用也可以减少或避免使用矿化剂。实验表明，金属冶炼渣水泥的性能符合工业标准，其中的重金属不会引起环境问题，原子基团大的重金属对 γ 射线有屏蔽作用，在特殊性能水泥中加入冶炼渣也显示出更好的抗压强度。金属冶炼渣还增强了特殊性能水泥的强度。磷酸盐水泥硬化速度快、结构密度高，可用于建筑结构的修复、重金属的稳定和核废水处理。以铜渣和磷酸二氢钾为原料制备了磷酸铁水泥，铜渣和磷酸二氢钾的铁相依次溶解形成 $FeH_2P_3O_{10} \cdot H_2O$ 和 $FePO_4$，水化反应达到平衡后第 26 天、第 8 天、第 38 天的抗压强度分别达到 9.47 MPa、5.99 MPa 和 47.5 MPa。磷酸镁水泥是一种价格高的修复水泥，具有优良的早期力学性能。铜渣中硅酸盐含量高，与 MgO 反应生成硅酸镁化合物，是磷酸镁钾水泥结构致密的关键原因。当铜渣添加量为 40% 时，反应得到的铁粉石（Fe_2SiO_4）中硅酸镁水合物含量增加，磷酸镁钾水泥抗压强度提高 30%。超高性能混凝土的微观结构密度非常高，抗压强度超过 150 MPa。采用缓慢冷却的金属冶炼渣作为水泥替代品，高温养护 36 h 后，超高性能混凝土的抗压强度显著提高。但铜渣水泥在低温环境下游离水量较大，抗渗性变弱，干燥收缩率变大，低温地区的环境安全性和经济效益有待进一步评估，开发适合低温地区的铜渣水泥也是未来的发展方向之一。

（3）无机聚合物

矿渣基无机聚合物是由有色金属矿渣通过碱活化形成的可持续无机黏合剂，是碱活化材料的一个亚类。过去，金属冶炼渣经常与水泥混合作为建筑材料，冶炼渣中的无机聚合物使普通硅酸盐水泥产量增加了80%，金属冶炼渣综合值增加。无机聚合物具有更快的缩合速率，更好的力学、物理和热性能，还能有效固定有毒重金属元素，是传统水泥的优良替代品。

无机高分子形成过程中的内部变化非常复杂，包括初级固相的破坏、单元的形成、单元之间的相互作用以及固化过程中的解聚、重排和缩聚，冶炼渣中的金属在无机高分子形成过程中也经历了一系列的变化。炉渣经碱化溶解，溶液中的铁以单体或二聚体的形式存在，形成低聚物，当溶液达到饱和时，低分子聚合物与聚合物交联逐渐形成无机聚合物。无机聚合物与冶炼渣的制备反应中，例如炉渣中的Fe^{2+}碱化后被氧化成Fe^{3+}，$Fe(OH)_2$由Fe^{2+}形成的硅铁网络以层状或片状随机分布，炉渣以黏结剂形式存在，未反应的玻璃状炉渣将保留在无机聚合物基体中。冶炼渣的化学成分和物理结构对无机聚合物的性能有重要影响。水冷冶炼渣中非晶粒比例较大，有助于提高无机聚合物的强度。金属冶炼渣活化参数对无机聚合物的性能有重要影响。$CaO-FeO-SiO_2$是无机聚合物的前体，可作为碱性活化剂被液态水玻璃有效溶解，但温度和储存时间会影响其性能，且液态水玻璃具有腐蚀性。无机聚合物的出现为有色金属冶炼行业的可持续发展提供了一种低能耗、低排放的新型替代材料，打破了有色金属冶炼渣的传统价值，在获得高性能材料的同时获得了巨大的经济效益。然而，有色金属冶炼渣新资源的开发尚未得到广泛开发，在循环经济的道路上存在局限性。

（4）石膏黏结材料

在有色金属冶炼过程中，可用石灰石作为原料来捕获炉内排放的二氧化硫，并中和渗滤液中的硫酸。石膏是该工艺的副产品，有色金属冶炼过程中产生的石膏是煅烧石膏（$CaSO_4 \cdot 1/2H_2O$），可通过除去结晶水而产生白色石膏粉末。由于石膏板的原料只有石膏、水和原纸，所以工业界经常将石膏生产的环保无污染的石膏板投入建筑行业。研究人员通过将有色金属冶炼渣、石膏和水混合为浆料来制备硬化石膏。硬化石膏的力学性能高于普通硬化石膏，其抗弯强度和堆积密度随着有色金属渣的添加而增加。有色金属渣硬化石膏板硬度大、密度高；由于其含铁量高，所以对电磁辐射有屏蔽作用；对硫化氢等恶臭气体也有吸附作用，因此有色金属冶炼渣硬化石膏板可作为稳定优质的建筑材料。

（5）沥青

有色金属渣中的各种氧化物使其具有更高的内聚力和摩擦力，例如二氧化硅（SiO_2）、氧化亚铁（FeO）、石灰石（CaO）和氧化铝（Al_2O_3），为金属冶炼渣替代沥青混合料中的骨料提供了条件。金属冶炼渣与沥青混合料的黏结剂熔合，可以有效地包裹冶炼渣，避免有毒金属的泄漏，也增强了沥青混合料的稳定性。

有色金属冶炼渣的热性能保证了沥青混合料在不同温度下的流动特性，同时在温度变化时使新型沥青混合料具有更稳定的性能，提高了沥青混合料的耐久性。沥青混合料用有色金属渣代替20%的天然砂，在抗开裂、抗蠕变、憎水性和弹性模量方面表现更好。用有色金属渣替代原骨料可使沥青混合料的抗疲劳性、回弹性和拉伸性能提高20%，不同温度下沥青混合料的间接拉伸强度和残余强度均有所提高。有色金属渣增强了沥青混合料的力学性能，所以不会对沥青路面的力学性能产生负面影响。数据表明，有色金属冶炼渣的加入可以显著改善矿物骨料之间的黏结性能，如果铜渣的置换量为68%，则沥青路面的车辙抗性可提高127%；金属冶炼渣的加入使沥青路面在潮湿和老化条件下具有更高的强度，并且冶炼渣的尺寸越大，沥青路面越坚固。

1.2.3 填充材料的利用

近些年来，我国矿产开采速度明显加快，随之产生的开采废弃物量不断上升，同时开采过后矿坑采空区存在塌方等潜在地质危害，使用廉价工业固废与胶结剂和骨料等混合充当矿山充填胶凝材料的研究发展迅速。以往大多使用水泥作为充填材料，但水泥生产成本较高，且本身就是高污染、高能耗行业，而工业固废是廉价且有潜在利用价值的资源，所以将工业固废应用于矿山充填材料中是一种环境效益与经济效益并存的处理措施。

矿山在采矿完毕后，必须对矿山中的矿井、矿坑进行填埋处理，采用金属冶炼渣制备井下填充材料用于采矿区充填具有明显的针对性。其主要思路是金属冶炼渣磨成粉末状后与硅酸盐水泥共同组成凝胶材料，此外还可以采用粉煤灰、矿粉或掺合料来提高填料浆的含水量和流动性。一些研究对镍渣的胶凝特性进行了研究，同时以矿山充填体强度指数为评判标准，探讨了磨矿细度、激发剂对镍渣激发作用及胶凝作用的影响，并对其激发机理进行了分析。试验结果表明，当镍渣添加量占85%时制备的胶结剂可以替代水泥用作井下矿坑填充。以水淬镍渣尾砂为研究对象，开展了新型充填胶凝剂的研究。结果表明，镍渣尾砂、脱硫石膏、电石渣、水泥熟料的比表面积分别为620 m^2/kg、200 m^2/kg、200 m^2/kg、300 m^2/kg，其掺量分别为85%、5%、5%、2%，并外加3%硫酸钠时，制备的填充材料可以取代水泥，应用于金川矿山的胶结充填采矿。有研究通过机械激发和化学激发相结合的方式，使用铅锌冶炼渣制备了矿山充填胶凝材料，通过单因素实验，确定球磨时间为70 min；通过多种激发剂激发效果对比，选择硅酸钠作为激发剂，掺量为3%；设置冶炼渣与水泥熟料质量比为80:20，制备出的胶凝材料3 d抗压强度为2.68 MPa，28 d抗压强度为3.97 MPa，优于同等配比下灰砂比为1:4的普通硅酸盐水泥作胶凝材料的效果，且该方法制备出的充填材料流动性好。

1.2.4 催化剂材料的制备

随着现代工业的发展，能源、环境、资源等问题日益突出，寻找高效、低成本的能源转化催化剂成为科学家们研究的热点。其中，金属催化剂以其优良的活性、选择性以及协同效应，在各种化学反应中起着至关重要的作用，被广泛应用于石油化工、煤化工、精细化工等工业领域。工业废弃物的再利用已成为未来发展的热点话题，利用有色金属冶炼渣制备金属催化剂不仅避免了贵金属的流失和有害金属的威胁，还节省了大量的自然资源和能源，减轻了冶金残渣的固废堆弃压力，引起了研究人员极大的兴趣。

目前已有利用铜渣、赤泥等冶金残渣开展的催化剂研究，铜渣在催化领域越来越受到关注。铜渣作为催化剂的使用也日趋成熟。研究人员发现，铜渣在 200~300 ℃下对汞的氧化过程具有催化作用。实验表明，利用过渡金属氧化物在铜渣中的协同作用，最终可用氯化氢从烟气中除去汞。由于铜渣制备的催化剂成本低、活性高，使用铜渣作为催化剂将是实现工业生产"闭环"、避免工业固废物对资源的浪费和环境污染的关键。

1.3 有色金属冶炼渣的可持续发展

有色金属是我国重要的战略资源，在国民经济、科技发展及国防建设中起着举足轻重的作用。2020 年我国铜、铝、铅、锌等十种有色金属总产量高达 6188.40 万吨，有色金属冶炼固废产量逐年攀升，加之历年堆存量已达数亿吨，其规范处置及资源化利用任重道远。我国历来高度重视资源综合利用工作，资源综合利用早已被纳入生态文明建设中，生态文明建设也被放在治国理政的突出地位。随着十八届五中全会召开，增强生态文明建设被列入国家五年规划，这把可持续发展上升到了绿色发展的高度。党的十八大把生态文明建设纳入中国特色社会主义事业"五位一体"总体布局，开启了社会主义生态文明新时代。

因此应加快有色金属冶炼渣的合理处置和资源化利用，以消纳固废、降低环境危害；大力推进固体废物无害化处理和综合利用，注重提升有色金属冶炼固废在内的大宗固废综合利用和资源化水平，以全面提高资源利用效率，从而推动经济的可持续发展。这在一定程度上能缓解资源紧张的状况。目前常见的有色冶金固废资源化主要有以下途径。

① 提取有价金属。从赤泥中回收有价金属，从铜渣中提取铜、锌、金、银，铜渣中包含硅酸铁、硅酸钙、少量硫化物和有色金属等。

② 回填井下。许多企业在回填过程中以废渣代替水泥、以铜渣代替黄沙作为骨料，回填法简单易用，而且省去了大量的烦琐工程。但是回填法的一大危害就是对于土壤和

地下水的污染无法避免。

③ 用作工业材料。有色金属废渣中的二氧化硅、氧化钙、三氧化二铝和氧化镁等可以用作玻璃材料；有色金属废渣中的三氧化二铁、氧化钙和二氧化硅等可以用作建材原料，其吸水率小、强度大、软化系数较高。有色金属废渣在水泥和水泥混合材料方面运用极为广泛，对提高水泥的耐磨性等性能有很大帮助。

④ 其他用途。有色金属废渣还被用作路基铺设，这是由于赤泥具有固化作用，而钒渣可以提高路基强度。此外有色金属废渣还可以生产陶瓷、化肥、化工原料。

通过对有色金属废渣处理情况进行分析与研究，发现科学、合理地应用各种先进技术，在提高废渣回收再利用等方面有着非常关键的作用，尤其是在现阶段众多高新技术和方法应用的情况之下，在技术应用的过程当中存在着粗放性的特点，因此，要求在废渣处理的过程中，需要将出现的各种问题妥善解决。其次，因为我国的废渣处理技术与一些发达国家相比还存在着一定的距离，处理技术的应用水平还偏低，质量偏低的处理技术在实际工作过程当中势必会有一些问题与漏洞，在废渣未能充分处理的情况之下就会导致污染问题的出现，所以需要不断地对处理技术进行优化与革新，并运用高效的方法来提高相关工作人员的综合素质与工作能力，以此来提升废渣处理的实际效果。

对有色金属冶金废渣的资源化进行细致的分析和深入的研究，不单单有着非常大的经济价值，更与我国节能环保、绿色发展的原则相符。

参考文献

[1] Sobanska S, Deneele D, Barbillat J, et al. Natural weathering of slags from primary Pb-Zn smelting as evidenced by Raman microspectroscopy [J]. Applied Geochemistry, 2016, 64: 107-117.

[2] Guo Z, Pan J, Zhu D, et al. Green and efficient utilization of waste ferric-oxide desulfurizer to clean waste copper slag by the smelting reduction-sulfurizing process [J]. Journal of Cleaner Production, 2018, 199: 891-899.

[3] Jia L, Fan B, Huo R, et al. Study on quenching hydration reaction kinetics and desulfurization characteristics of magnesium slag [J]. Journal of Cleaner Production, 2018, 190: 12-23.

[4] 王夏玲, 孙鑫, 孙丽娜, 等. 有色金属冶炼渣脱硫脱硝研究进展 [J]. 环境化学, 2019, 38 (5): 1082-1090.

[5] 李宇, 刘月明. 我国冶金固废大宗利用技术的研究进展及趋势 [J]. 工程科学学报, 2021, 43 (12): 1713-1724.

[6] 陈曦, 代文彬, 陈学刚, 等. 有色冶金渣的资源化利用研究现状 [J]. 有色冶金节能, 2022, 38 (5): 9-15.

[7] 李小凡, 豆志河, 张廷安, 等. 铜冶炼渣综合利用进展 [J]. 有色金属 (冶炼部分), 2021, (4): 108-118.

[8] 王光辉, 王海北, 张帆, 等. 铅锌冶炼渣综合回收利用研究 [J]. 江苏理工学院学报, 2017, 23 (2): 7-12.

[9] Saikia N, Borah R R, Konwar K, et al. pH dependent on leachings of some trace metals and metalloid species from lead smelter slag and their fate in natural geochemical environment [J]. Groundwater for Sustainable Development, 2018, 7: 348-358.

［10］ Hu H，Deng Q，Li C，et al．The recovery of Zn and Pb and the manufacture of lightweight bricks from zinc smelting slag and clay［J］．Journal of Hazardous Materials，2014，271：220-227.

［11］ 耿超，郭士会，刘志国，等．赤泥资源化综合利用现状及展望［J］．中国有色冶金，2022，51（5）：37-45.

［12］ 吴小华，李雯霏．广西高铁赤泥高值化综合利用途径［J］．中国有色冶金，2023，52（2）：104-115.

［13］ 杨慧，房辉，程志远，等．赤泥资源化综合利用研究进展［J］．中国资源综合利用，2023，41（6）：109-115.

［14］ 徐祥斌．皮江法炼镁冶炼渣用作燃煤固硫剂的试验研究［D］．江西理工大学，2011.

［15］ Yiren W，Dongmin W，Yong C，et al．Micro-morphology and phase composition of lithium slag from lithium carbonate production by sulphuric acid process［J］．Construction and Building Materials，2019，203：304-313.

［16］ 刘长有，卢金山．锂渣理化特性及其资源化利用研究进展［J］．化工矿物与加工，2023，52（6）：56-64.

［17］ Li H L，Zhang W L，Wang J，et al．Copper slag as a catalyst for mercury oxidation in coal combustion flue gas［J］．Waste Manage，2018，74：253-259.

［18］ 古明远．铅冶炼渣碳热还原综合回收有价金属［D］．北京科技大学，2022.

［19］ 刘观发．钨冶炼碱渣资源化利用研究［D］．江西理工大学，2023.

第二章
典型有色金属冶金工艺及排污现状

2.1 铜冶金

2.1.1 概述

铜是一种存在于地壳和海洋中的金属，在地壳中的含量约为0.01%，在个别铜矿床中，铜的含量可以达到3%~5%。自然界中的铜，多数以化合物即铜矿物形式存在。铜矿物与其他矿物聚合成铜矿石，开采出来的铜矿石经过选矿而成为含铜品位较高的铜精矿。

铜具有许多优良的性能，不但为人类社会进步作出了不可磨灭的贡献，且随着人类文明的发展不断被开发出新的用途。铜既是一种古老的金属，又是一种充满生机和活力的现代工程材料。铜以品种繁多的金属、合金和化合物形式被人们利用，已渗入生产和生活的各个方面，成为人类21世纪飞速发展不可缺少的重要金属。

自然界中的铜分为自然铜、氧化铜矿和硫化铜矿。自然铜及氧化铜的储量少，世界上80%以上的铜是由硫化铜矿精熔炼得到的。硫化铜矿的含铜量极低，一般在2%~3%。

世界铜矿资源丰富，截至2018年，世界铜储量为8.47亿吨，主要分布在智利、秘鲁、美国、墨西哥、中国、俄罗斯、印度尼西亚、刚果（金）、澳大利亚和赞比亚等国家。

我国铜冶炼行业生产集中度较高，矿产铜生产主要集中在江西铜业集团有限公司、铜陵有色金属集团股份有限公司、云南铜业（集团）有限公司、广西金川有色金属有限公司、山东阳谷祥光铜业有限公司等7家大型企业，其矿产铜产量约为全国矿产铜总产量的73%。

铜矿物原料的冶炼方法可分两大类：火法冶炼与湿法冶炼。目前世界上的精铜80%是用火法冶金从硫化铜精矿和再生铜中产生的，湿法冶金生产的精铜量只占20%，我国湿法冶炼精铜（电积铜）产量较低，约为火法冶炼总量的0.8%。

2.1.2 铜冶金工艺流程

2.1.2.1 火法冶炼

当前，全球矿铜产量的75%~80%是以硫化形态存在的矿床，经开采、浮选得到铜精矿。硫化铜矿几乎全部采用火法冶炼工艺。火法冶炼适应性强，冶炼速度快，能充分利用硫化矿中的硫，能耗低，特别适合处理硫化铜矿。

除原料的前期制备及含硫烟气的烟气制酸等工序以外，硫化铜精矿的冶炼方式大致分为三个步骤：第一步是硫化铜精矿熔炼形成铜锍；第二步是铜锍吹炼形成粗铜；第三步是粗铜精炼形成纯铜（阴极铜）。

近30多年来，我国铜工业规模和技术装备水平发展迅速。在火法冶炼方面，自江西铜业集团有限公司贵溪冶炼厂1985年引进奥托昆普闪速熔炼技术开始，国内其他主要铜冶炼企业也先后引进了先进的铜冶炼技术和装备，多家大型铜冶炼厂的技术和装备已经达到了世界先进水平，污染严重的鼓风炉、电炉、反射炉已逐步被淘汰，取而代之的是引进、消化并自主创新的闪速熔炼技术和诺兰达、艾萨、奥斯麦特等富氧熔池熔炼新技术。

云南铜业（集团）有限公司（原云南冶炼厂）引进的艾萨熔炼技术，经过消化创新，其能耗和炉龄均达到了世界同类冶炼法的先进水平；江铜贵溪冶炼厂采用闪速炉冶炼工艺，其冶炼能力从引进时的8万吨达到目前的30万吨以上，其生产技术达到了世界先进水平。中条山有色金属集团有限公司侯马冶炼厂引进的奥斯麦特双炉操作系统，其吹炼炉为世界第一座工业化生产炉；金川有色金属有限公司自主创新的年产25万吨合成炉的投产、大冶有色金属集团控股有限公司引进的诺兰达法、铜陵有色金属集团股份有限公司的闪速炉和奥斯麦特法主要指标超过或达到设计水平，2007年新建成的阳谷祥光铜业有限公司采用的闪速熔炼及闪速吹炼工艺更是将铜冶炼技术推上一个新的台阶。到2014年底，我国骨干铜冶炼企业已全部采用国际先进的冶炼工艺。这些先进生产工艺的产能占全国总产量的95%以上。

以硫化铜精矿为原料的火法铜冶炼工艺流程如图2-1所示，主要包括以下工序。

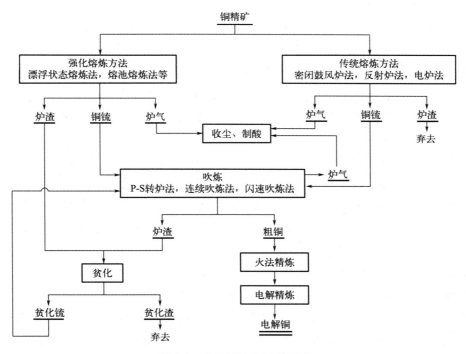

图2-1 火法铜冶炼工艺流程

(1) 制备工序

制备工序的目的是将铜精矿、燃料、熔剂等物料进行预处理，使之符合不同冶炼工艺的需要。

(2) 熔炼工序

熔炼工序是火法铜冶炼过程中的一个重要工序，目的是制出一种主金属硫化物和铁硫化物的共熔体——锍。由于硫化精矿的主金属含量还不够高，除脉石外，常伴生有大量铁的硫化物，其含量超过主金属，所以用火法由精矿直接炼出粗金属，但在技术上仍存在一定困难，在冶炼金属回收率和产品质量上也不容易达到要求。生产上利用铜对硫的亲和力近似于铁，而对氧的亲和力却远小于铁的物理化学性质，在氧化程度不同的造锍熔炼过程中，使铁的硫化物不断氧化成氧化物，随后与脉石造渣而除去。主金属经过这些工序进入锍相得到富集，品位逐渐提高。硫化铜精矿的造锍熔炼属于氧化熔炼。造锍熔炼可在反射炉、鼓风炉、电炉、闪速炉中实现。

随着国家对环保和节能减排调控力度的加大，我国铜工业骨干冶炼企业通过科技攻关和技术改造，大力引进和自主创新先进生产技术和装备，从产业结构上优化能源消耗、促进节能降耗。逐步淘汰了污染严重的鼓风炉、电炉和反射炉炼铜技术。自铜陵有色金属集团股份有限公司 2007 年 12 月关闭了第一冶炼厂鼓风炉后，烟台鹏晖铜业有限公司、赤峰金剑铜业有限责任公司等国内冶炼企业也相继于 2007～2008 年期间进行了采用先进铜冶炼工艺代替密闭鼓风炉的改造工程。同时国内其他采用鼓风炉炼铜技术的企业也正在筹划对落后产能进行改造。2008 年，中国有色工程设计研究总院与山东东营方圆有色金属有限公司共同开发方圆氧气底吹熔炼多金属捕集技术，这是我国自主研发、具有自主知识产权并首先运用于大规模生产实践的多金属综合提取重点先进技术，填补了国家在该领域的空白，也是世界炼铜工艺的重大突破。

富氧强化熔炼工艺是目前铜火法冶炼的主流技术，包括闪速熔炼工艺和熔池熔炼工艺，其中熔池熔炼工艺又分为顶吹、底吹和侧吹工艺。铜闪速熔炼工艺及熔池熔炼工艺流程如图 2-2 及图 2-3 所示。

① 闪速熔炼工艺。浮选精矿是细磨的炉料，颗粒直径约有 90% 小于 0.074 mm，具有很大的单位表面积，化学和物理过程能以极快的速率在这种表面上进行。有的熔炼方法没有充分利用被处理炉料的巨大活性表面积，如鼓风炉熔炼必须把铜精矿烧结成块或加水混捏成糊状；电炉熔炼要求把铜精矿预先制成粒状。这两种熔炼方法中，细粒铜精矿不仅无助于过程的强化，还会阻碍熔炼过程的顺利进行。又如，在适合处理粉状炉料的反射炉内，炉料成堆放置，料坡表面只是全部颗粒表面积微不足道的一部分，炉内气体仅与传热条件极为不良的料坡表面接触，大大限制了反射炉的生产能力。

闪速熔炼工艺克服了上述缺点，其特点是把焙烧、熔炼和部分吹炼合并在一个设备中进行。闪速熔炼是将预热空气和干燥精矿以一定比例加入反应塔顶部的精矿喷嘴中，在喷嘴内空气和精矿发生强烈的混合，并以很大的速度呈悬浮状态垂直喷入反应塔内，布满整个反应塔截面，当炉料进入炽热的反应塔后，立即燃烧。

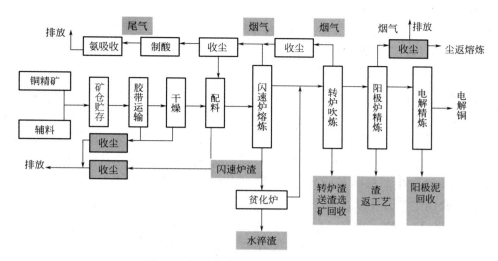

图 2-2　闪速熔炼工艺和主要排放污染物

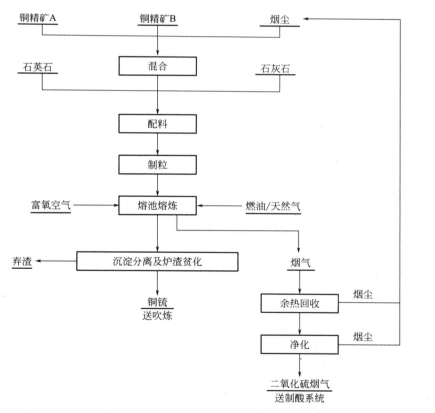

图 2-3　熔池熔炼工艺和主要排放污染物

放热反应使塔内温度升高到了熔炼所需的温度，闪速熔炼把强化扩散和强化热交换这两个因素配合起来，大大强化了熔炼过程，使闪速炉的生产能力显著提高，并降低了燃料率、缩小了熔炼设备的尺寸。

闪速熔炼的生产过程是用富氧空气或热风,将干精矿喷入专门设计的闪速炉的反应塔内,精矿粒子在空间悬浮的 1～3 s 内,与高温氧化性气流迅速发生硫化矿物的氧化反应,并放出大量的热,完成熔炼反应即造锍的过程。反应产物落入闪速炉的沉淀池中进行沉降,使铜锍和渣得到进一步的分离。

闪速熔炼工艺是现代火法炼铜的主要工艺之一,目前世界上约 50% 的粗铜冶炼采用闪速熔炼工艺。我国目前采用闪速熔炼工艺的冶炼厂主要有江西铜业集团有限公司贵溪冶炼厂、金川有色金属有限公司铜冶炼厂和山东阳谷祥光铜业有限公司冶炼厂,2014 年底该工艺产能约为 290 万吨/年,占全国粗铜产能的 36%。闪速法铜冶炼工艺技术为《国家重点行业清洁生产技术导向目录》(第二批)中公布推广的清洁生产技术。

② 熔池熔炼工艺。

a. 富氧顶吹熔池熔炼工艺。富氧顶吹熔池熔炼工艺是通过喷枪把富氧空气强制鼓入熔池,使熔池产生强烈搅动状态,加快了化学反应的速率,充分利用了精矿中的硫、铁氧化放出的热量进行熔炼,同时产出高品位冰铜。熔炼过程中不足的热量由燃煤和燃油提供。

富氧顶吹熔炼工艺熔炼系统由三个炉子组成,即熔炼炉、贫化炉和吹炼炉。铜精矿、熔剂、返料、燃料煤经配料仓按预定要求计量配料后送制粒机加水制粒,以含水 9%～10% 的黏团料方式,由加料皮带从炉子顶加料口投入炉内。经过制粒获得混有燃料煤的混合铜精矿,一旦粒料加入熔融层,粒料中的水分马上就挥发掉,粒料变成粉末与冰铜和渣混合,被激烈地搅动并进行反应,形成气、固、液三相快速传质传热,熔炼炉就变成一个高速反应器。熔炼需要的富氧空气通过喷枪鼓入熔池,为了便于生产期间的温度控制,还可用喷枪加入燃油对炉温进行微调,熔炼产生的冰铜和炉渣混熔体由炉子底部的放铜口(或虹吸锍口)及溜槽放出,进入贫化电炉澄清分离。熔炼炉含尘烟气经余热锅炉降温和粗收尘后(其中余热锅炉部分黏结烟尘在锅炉的振打作用和重力影响下回到熔炼炉)进入电收尘器进一步收尘,出口烟气进入硫酸厂制酸。余热锅炉收下的烟尘返配料系统,电收尘器收下的烟尘实现开路单独处理,贫化炉渣定期水淬。冰铜分批送吹炼炉吹炼成粗铜;吹炼渣返贫化炉或水淬,水淬渣返回熔炼配料,粗铜进精炼炉。吹炼炉烟气与熔炼一样,经余热锅炉、电收尘后,与熔炼炉净化烟气合并一起送硫酸车间制酸。

目前主要富氧顶吹熔炼工艺为奥斯迈特炉和艾萨炉熔炼技术。我国铜陵的金昌冶炼厂、中条山有色金属有限公司侯马冶炼厂、赤峰金剑冶炼厂采用奥斯迈特熔炼工艺,云南铜业(集团)有限公司使用的是艾萨炉熔炼工艺。

b. 富氧侧吹熔炼工艺。富氧侧吹熔池熔炼的生产过程是通过侧吹炉两侧的风口向炉内鼓入富氧压缩空气,在富氧压缩空气的作用下,熔体在侧吹炉内被剧烈搅拌,由炉顶加入混矿,通过炉气干燥后,在熔体内形成气-液-固三相间的传质、传热过程,完成造渣、造锍反应,形成的渣锍共熔体在贫化前床内澄清分离,得到水淬渣和冰铜。形成的高温烟气经余热锅炉生产蒸气,烟气送制酸。

该工艺技术具有效率高、能耗低、对原料的适应性强、处理能力大、环保、操作简单、投资少等优点。单台熔炼炉的粗铜产能可达 15 万吨/年。

富氧侧吹熔池熔炼是一种富氧强化炼铜工艺，这就使得熔炼炉烟气量大大减少，提高了熔炼炉的热效率；同时可以充分利用熔炼的反应热，大大减少了燃料消耗。熔炼烟气 SO_2 含量为 8%～14%，有利于制酸，硫的总捕集率达到 98.45%，制酸尾气 SO_2 经脱硫后排放浓度低于 400 mg/m^3，满足达标排放要求。处理后的制酸污水可循环利用。

目前烟台鹏晖冶炼厂拟采用该工艺技改；赤峰金峰冶炼厂新建使用双侧吹（金峰炉）工艺；铜陵有色金属集团股份有限公司内蒙古分公司拟采用双闪工艺（闪速熔炼＋闪速吹炼）。

c. 富氧底吹熔炼工艺。该工艺技术为我国自主开发的铜熔炼工艺技术。混合矿料不需要干燥、磨细，配料后由皮带传输，连续从炉顶加料口加入炉内的高温熔池中，氧气和空气通过底部氧枪连续送入炉内的铜锍层，氧气以大量的小气泡动态地悬浮于熔体中，有很大的气-液相接触面积，有极好的反应动力学条件，连续加入的铜精矿不断地被迅速氧化、造渣。硫生成二氧化硫从炉子的排烟口连续地进入余热锅炉，经电收尘后进入酸厂处理。炉内形成的炉渣从端部定期放出，由渣包吊运至缓冷场，缓冷后进行渣选矿。形成的铜锍从侧面放锍口定期放出，由铜锍包吊运到 P-S 转炉吹炼。

目前国内采用该技术的企业有东营方圆有色金属有限公司和山东恒邦冶炼股份有限公司。

（3）吹炼工序

冰铜吹炼的目的是除去其中的铁和硫及部分其他有害杂质，以便获得粗铜。吹炼过程中金和银富集于粗铜中。吹炼作业是将压缩空气在有石英熔剂存在的情况下，吹过炉内熔融的冰铜，过程所需的热主要由吹炼过程中发生的放热反应供给。

吹炼过程由两个阶段组成。在第一阶段中，FeS 强烈氧化，生成 FeO 并放出 SO_2 气体。FeO 与加入炉内的石英熔剂造渣，冰铜逐渐被铜富集。反应方程式如下：

$$2FeS+3O_2 \longrightarrow 2FeO+2SO_2+Q \qquad (2\text{-}1)$$

$$2FeO+SiO_2 \longrightarrow 2FeO \cdot SiO_2+Q \qquad (2\text{-}2)$$

总反应式为：

$$2FeS+3O_2+SiO_2 \longrightarrow 2FeO \cdot SiO_2+2SO_2+Q \qquad (2\text{-}3)$$

这是一个强烈的放热过程。一些 FeO 形成后尚未与 SiO_2 接触造渣，就被空气进一步氧化。反应如下：

$$6FeO+O_2 \longrightarrow 2Fe_3O_4+Q \qquad (2\text{-}4)$$

此反应的放热量，比 FeS 氧化造渣反应放热量还多 1 倍。根据这一特点，在第一阶段如熔池温度不够高，可暂不加石英，空吹一段时间，使 FeO 进一步氧化成 Fe_3O_4 以提高炉温。

吹炼过程中形成的 Fe_3O_4，在熔池表面存在 SiO_2 的条件下，可被 FeS 还原造渣。反应如下：

$$3Fe_3O_4+FeS+5SiO_2 \longrightarrow 5(2FeO \cdot SiO_2)+SO_2-Q \qquad (2\text{-}5)$$

冰铜和炉渣密度不同且相互溶解度有限，会在转炉停风时分层，炉渣定期倒出。第一阶段进行到得到含铜75%以上和含铁千分之几的富冰铜为止,其产物是白冰铜、炉渣、炉气和烟尘。在第一阶段除Cu_2S外,冰铜中的其他金属硫化物多数先后氧化,或进入炉渣,或进入烟尘。这一阶段以生成大量炉渣为特征,故又称造渣期。

在第二阶段中,白冰铜继续吹炼至获得粗铜,不需加入熔剂。在这一阶段中,Cu_2S氧化成CuO,并与未氧化的Cu_2S相互反应生成Cu和SO_2,直至与铜结合的硫全部除去为止。反应方程式如下:

$$Cu_2S + \frac{3}{2}O_2 \longrightarrow Cu_2O + SO_2 + Q \qquad (2-6)$$

$$Cu_2S + 2Cu_2O \longrightarrow 6Cu + SO_2 - Q \qquad (2-7)$$

总反应式为:

$$Cu_2S + O_2 \longrightarrow 2Cu + SO_2 + Q \qquad (2-8)$$

这一阶段以不生成或生成极少量炉渣为特征,故又称造粗铜期。

由密闭鼓风炉、反射炉、电炉或闪速炉熔炼产出的冰铜,以熔体状态注入转炉中,然后往冰铜熔体中鼓入大量空气,在一定时间内加入适量石英熔剂,进行吹炼,最后得出粗铜。

吹炼得到的粗铜送火法精炼,吹炼炉渣含铜较高,必须进一步处理。如果用反射炉、电炉熔炼冰铜,吹炼炉渣以熔融状态返回反射炉、电炉;如果用密闭鼓风炉熔炼冰铜,吹炼炉渣凝固破碎后返回鼓风炉;如果用闪速炉熔炼冰铜,则吹炼炉渣与闪速炉渣合并处理。吹炼炉气,可汇集到熔炼冰铜炉气中处理。冰铜吹炼的工艺流程如图2-4所示。

① P-S转炉吹炼技术。转炉的铜锍吹炼过程中,向转炉中连续吹入空气,当熔体中FeS氧化造渣被除去后,炉内仅剩Cu_2S(即白冰铜),Cu_2S继续吹炼氧化生成Cu_2O,Cu_2O再与未被氧化的Cu_2S发生交互反应获得金属铜。

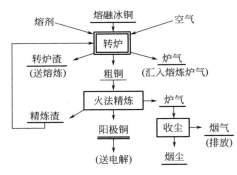

图2-4 冰铜吹炼的工艺流程

该工艺为分周期、间断作业,适用范围广,无论生产规模大小、铜锍品位高低均可应用该工艺。其缺点是炉体密闭性差、漏风大,烟气SO_2浓度低,设备台数多,物料进出需要吊车装运,低空污染较严重。

② 闪速吹炼技术。闪速吹炼工艺技术是将熔炼炉产出的熔融的铜锍进行水淬,磨细并干燥后在闪速炉中用富氧空气进行吹炼得到粗铜,基本原理和工艺过程与闪速熔炼相同,但是加入的是高品位铜锍,吹炼过程连续作业。该工艺适用于年产20万吨粗铜以上的大规模工厂。

闪速吹炼与闪速熔炼炉搭配使用即双闪工艺。该工艺为连续吹炼技术,取消了一般吹炼工艺用吊车吊装铜包及渣包等操作,且设备密封性能好,无烟气泄漏,彻底解决了铜冶炼行业吹炼工序低空污染问题,大大降低了无组织排放造成的SO_2和含重金属烟尘污染程度。目前国内有山东阳谷祥光铜业有限公司和铜陵有色金属集团股份有限公司采用此种工艺。

③ 顶吹浸没吹炼工艺。顶吹浸没吹炼炉由炉顶加料孔加入干铜锍、熔剂，或从底部熔池面上流入铜锍。富氧空气或空气进行吹炼作业。吹炼炉喷枪垂直插入固定的炉身，即奥斯迈特炉。该工艺目前在中条山有色金属集团有限公司侯马冶炼厂和云南锡业股份有限公司冶炼厂应用。

④ 侧吹连续吹炼工艺。侧吹连续吹炼炉在正常作业时，铜锍由密闭鼓风炉的前床或沉降电炉的虹吸口经溜槽加放炉内，石英由炉顶水套上的气封加料口加入炉内吹炼区，压缩空气通过安装在炉墙侧面的风口直接鼓入熔体内，熔体、压缩空气、石英三相在炉内进行良好的接触及搅动，使氧化、造渣反应进行得很快，直到炉内熔体含铜量达到77%左右（接近白铜锍），反应时间为4~5 h，这一过程称为造渣期。造渣后，在不加铜锍和熔剂的情况下，继续大风量吹风1~2 h，形成约150 mm的粗铜层后，开始放粗铜铸锭。连续吹炼炉每个吹炼周期包括造渣、空吹和出铜三个阶段，操作周期为7~8 h。

该工艺仅适用于5万吨/年及以下规模的铜工厂，进料为液态铜锍，铜锍品位宜低。密闭鼓风炉炼铜工厂多半应用侧吹连续吹炼技术，如富春江冶炼厂原鼓风炉熔炼工艺。目前红透山矿冶炼厂、滇中冶炼厂等使用鼓风炉工艺的小厂还在使用。

（4）火法精炼工序

冰铜吹炼产出的粗铜中，除含有98.5%~99.5%的铜外，还含有0.5%~1.5%的杂质。这些杂质主要是镍、铅、砷、锑、铋、铁、硫和氧，尽管数量不多，但对铜的使用性能、加工性能有不良的影响。另有一定数量的具有回收价值的稀贵金属。要除去有害杂质，回收有价金属，必须对粗铜进行精炼。

粗铜的火法精炼是在精炼炉中将固体粗铜熔化或直接装入粗铜熔体，然后向炉中鼓入空气，使熔体中对氧亲和力较大的杂质如锌、铁、铅、锡、砷、锑、镍等发生氧化，以氧化物的形态浮于铜熔体表面形成炉渣，或挥发进入炉气而除去，残留在铜熔体中的氧经还原脱去后，铜即可浇注成电解精炼用的阳极板。火法精炼工艺流程如图2-5所示。

（5）电解精炼工序

火法精炼产出的阳极铜中铜的品位一般为99.2%~99.7%，还含有0.3%~0.8%的杂质，杂质主要为砷、锑、铋、镍、钴、铁、锌、铅、氧、硫和金、银、硒、碲等。有些杂质含量虽不多，但能使铜的使用性能或加工性能变坏。如铜中含砷只要达0.0013%，就可使铜的电导率降低1%；含铅只要达0.05%，即变热脆，难以加工，火法精炼难以把这些杂质除去到能满足各种应用的要求。有些杂质本身具有回收价值，如金、银、硒、碲等，而火法精炼时难

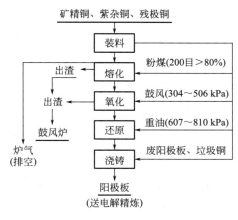

图2-5　火法精炼工艺流程

以回收。为了提高铜的性能,使其达到各种应用的要求,同时回收其中的有价金属,必须进行电解精炼。

电解精炼的目的就是把火法精炼铜中的有害杂质进一步除去,得到既易加工又具有良好使用性能的电解铜,同时回收金、银、硒、碲等有价金属。

铜的电解精炼是以火法精炼铜为阳极,纯铜片为阴极,硫酸和硫酸铜的水溶液为电解液,在直流电的作用下,阳极上的铜和电负性比铜更大的金属电化溶解,以离子状态进入电解液;电负性比铜小的金属和某些难溶化合物不溶于电解液而以阳极泥形态沉淀;电解液中的铜离子在阴极上析出,成为阴极铜,从而实现铜与杂质的分离;电解液中电负性比铜大的离子积聚在电解液中,在净液时除去;阳极泥进一步处理,回收其中的有价金属;残阳极送火法精炼重熔。铜电解精炼工艺流程如图 2-6 所示。

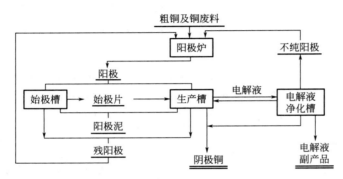

图 2-6　铜电解精炼工艺流程

① 常规电解精炼工艺。常规电解精炼工艺采用铜薄片(厚度为 0.3~0.7 mm)经加工安装吊耳后制成铜始极片作为阴极,电解过程中铜离子析出于始极片上成为阴极铜。一片始极片仅能使用一个铜电解阴极周期,所以电解车间还需要配备种板槽,专门生产制作始极片用的铜薄片。种板槽所用的阳极和电解槽用的阳极一样,采用的阴极板又称母板,材质有三种:不锈钢板、钛板或轧制铜板。当铜在阴极上沉积到合适的厚度后,将其从种板槽吊出剥下即送去制作始极片,母板送回种板槽循环使用。

② 不锈钢阴极电解精炼工艺。最早的不锈钢阴极电解精炼工艺——ISA 法电解工艺是澳大利亚汤斯维尔铜精炼公司于 1979 年开发的,目前国外已有 ISA 法、KIDD 法、OT 法、EPCM 法,国内也相继开发出多种不锈钢阴极板。该技术使用不锈钢阴极板代替铜始极片作阴极,将产出的阴极铜从不锈钢阴极板上剥下,不锈钢阴极板再返回电解槽中使用。由于不锈钢阴极板平直,所以可采用高电流密度进行生产。同常规电解相比,不锈钢阴极电解工艺流程简单,生产效率高,产品质量好,因此具有常规电解及周期反向电解不可比拟的优点,是先进的电解精炼工艺技术。

(6)熔炼炉渣处理工序

采用富氧熔炼后,熔炼强度大增,熔炼炉内炉渣和铜锍分离不完全,渣含有价金属较高。为了节约资源,熔炼炉渣还需后续处理,以降低有价金属损失。熔炼炉渣后续处理方法有沉降分离法和选矿法。

① 沉降分离法。沉降分离法是将炉渣流入沉降（或贫化）炉中，静止状态下停留一定时间，使炉渣和铜锍分离。沉降炉多数为电炉，也有用回转炉的。沉降炉产铜锍和熔炼炉产铜锍合并送吹炼处理。沉降炉渣经水淬后送渣场堆放或利用。沉降炉烟气经收尘后，可达标排放。

② 选矿法。选矿法是熔炼炉渣先进行缓冷，使渣中的硫化亚铜晶体长大；缓冷渣经破碎、磨矿、浮选，产出渣精矿，渣精矿返熔炼处理，尾矿送渣场堆存。

2.1.2.2　湿法冶炼

湿法炼铜技术的发展使大量难以用火法处理的低品位氧化矿、废矿堆及浮选尾矿能够有效地浸出，并经萃取富集成适合电积的溶液，成为炼铜的重要资源。炼铜的主要原料是硫化铜矿。目前，我国湿法炼铜产量约占总产量的5%，全球电积法铜产量占总产量的20%。湿法炼铜的产量呈逐年递增趋势，智利是最大的湿法炼铜生产国，年产量达111.6万吨，其次为美国，年产量为53.06万吨。火法处理硫化矿的优点是生产率较高、能耗较低、电铜质量好、有利于回收金银等。火法炼铜技术在炼铜工业中一直处于主导地位，然而随着铜矿的大量开采，富矿越来越少，能满足火法炼铜要求的精矿来源越来越少，这就阻碍了火法炼铜的发展。并且，随着人们环境保护意识的增强，传统的火法炼铜逐渐暴露出来的生产成本高和SO_2对环境的污染等问题，使湿法炼铜在近20年来获得长足发展。

随着矿石的开采，含铜较高的硫化铜矿已日趋枯竭，开采品位越来越低。因此，低品位硫化矿、复合矿、氧化矿和尾矿将成为炼铜的主要资源。如把贫矿精选之后使其符合火法要求，选矿费用将成倍提高，经济上不合理。

只要以硫化铜矿为原料，不管采用何种火法处理方法，都不同程度地存在着SO_2对大气的污染问题。闪速熔炼过程产出的SO_2虽已得到较有效的控制与利用，但也未达到无污染的程度。要控制火法炼铜带来的大气污染，必须增设环保设施，因此增加了基建投资。

基于上述原因，随着浸出法及萃取剂的发展，湿法炼铜除处理氧化矿外，还开始处理硫化矿。湿法处理硫化矿具有无SO_2污染、过程较简单、易于实现机械化和自动化、投资少、铜的回收率高等优点。

湿法炼铜一般分为两个过程，首先借助溶剂的作用，使矿石中的Cu及其化合物溶解并转入溶液中；然后用萃取-电积、置换-电积、氢还原或热分解等方法将溶液中的铜提取出来。常用的溶剂有酸性溶剂和碱性溶剂，一般情况下，酸性溶剂适合处理含酸性脉石如SiO_2的氧化矿石，碱性溶剂适合处理含碱性脉石如$CaCO_3$、$MgCO_3$的氧化矿石。湿法炼铜工艺大致可分为三类：铜矿直接浸出、铜矿硫酸化焙烧后浸出、铜矿还原焙烧后浸出。在三类工艺中，只有第一类是完全的湿法炼铜。

相比于火法炼铜，湿法炼铜有以下优点：

① 可以处理低品位铜矿。美国采用堆浸处理的铜矿石品位甚至低到0.04%。过去认为无法处理的表外矿、废石、尾矿等均可作为铜资源被重新利用，因此大大扩大了铜

资源的利用范围。

② 湿法炼铜工艺过程简单,能耗低,因此生产成本低。

③ 投资费用低、建设周期短。国外大型湿法炼铜厂的单位投资费用约为火法炼铜的1/2。我国湿法炼铜厂由于设备简陋,单位投资费用更低。

④ 环境污染小。湿法炼铜工艺没有 SO_2 烟气排放,硫化矿加压浸出时硫以固体形式产出,避免了硫酸过剩问题。尤其是地下溶浸技术不需要把矿石开采出来,不破坏植被和生态。

⑤ 阴极铜产品质量高。溶剂萃取技术对铜的选择性很好,因此铜电解液纯度高,产出的阴极铜质量可以达到 99.999%,再加上采用了 Pb-Ca-Sn 合金阳极以及在电解液中加 Co^{2+} 等措施,有效地防止了铅阳极的腐蚀,保证了阴极产品的质量。

⑥ 生产规模可大可小,适合我国企业的特点。

近年来湿法炼铜的研究方向已经从氧化矿和废石转向了硫化矿,甚至把以黄铜矿为主要成分的铜精矿作为挑战目标,相信在不久的将来可以实现采用湿法冶金技术处理任何铜矿,而且在投资和成本上能与火法冶金展开竞争。

(1) 铜矿浸出体系的选择

① 酸性浸出。酸浸常用的浸出剂有硫酸、盐酸和硝酸。对于铜矿浸出,硫酸是最主要的浸出剂。湿法炼铜中,硫化铜精矿一般要先进行硫酸化焙烧。焙烧的目的是使铜的硫化物转化为可溶于水的硫酸盐和可溶于稀硫酸的氧化物,铁的硫化物转化为不溶于稀酸的氧化物,产出的 SO_2 制硫酸用。

焙砂中的铜主要以 $CuSO_4$、$CuO \cdot CuSO_4$ 及少量 CuO、Cu_2O、Cu_2S 的形态存在。焙砂在浸出时,$CuSO_4$ 溶解于水,成为硫酸铜水溶液;$CuO \cdot CuSO_4$、CuO 在硫酸作用下,以 $CuSO_4$ 进入溶液,反应如下:

$$CuO \cdot CuSO_4 + H_2SO_4 \longrightarrow 2CuSO_4 + H_2O \qquad (2-9)$$

$$CuO + H_2SO_4 \longrightarrow CuSO_4 + H_2O \qquad (2-10)$$

要使 $CuO \cdot CuSO_4$ 溶解,必须有足够的硫酸,但不能过量,否则会引起铁的氧化物的溶解。当浸出液中酸浓度为 1~3 g/L 时,铜的浸出率较高,而铁的溶解很少。Cu_2S 可溶解于 5% 的稀酸中,但作用缓慢。浸出渣的含铜量一般在 0.5%~1.5% 之间,还含有铁的氧化物、铅、铋和贵金属等。

用硫酸浸出氧化铜矿时,主要采用堆浸。铜主要应以孔雀石、硅孔雀石、赤铜矿等形态存在,矿石含铜品位为 0.1%~0.2%。脉石成分应以石英为主,一般 SiO_2 含量均大于 80%,而碱性脉石 CaO、MgO 含量低,二者之和不大于 2%~3%。浸出过程的主要化学反应如下:

$$Cu_2(OH)_2CO_3 + 2H_2SO_4 \longrightarrow 2CuSO_4 + CO_2 + 3H_2O \qquad (2-11)$$

$$CuSiO_3 \cdot 2H_2O + H_2SO_4 \longrightarrow CuSO_4 + SiO_2 + 3H_2O \qquad (2-12)$$

$$3Cu_2O + 7H_2SO_4 \longrightarrow 6CuSO_4 + 7H_2O + S \qquad (2-13)$$

② 细菌浸出。细菌浸铜技术是从低品位难选硫化矿、半氧化矿中提取铜的一种可行的生物化学冶金方法。细菌主要是氧化亚铁硫杆菌,可在多种金属离子存在和 pH 值为

1.5～3.5 的条件下生存和繁殖。氧化亚铁硫杆菌在其生命活动中会产生一种酶素，此酶素是 Fe^{2+} 和 S 氧化的催化剂。细菌浸出过程包括以下步骤。

a. 细菌使铁和铜的硫化物氧化。反应如下：

$$CuFeS_2 + 4O_2 \longrightarrow CuSO_4 + FeSO_4 \qquad (2\text{-}14)$$

$$2FeS_2 + 7O_2 + 2H_2O \longrightarrow 2FeSO_4 + 2H_2SO_4 \qquad (2\text{-}15)$$

b. 细菌使 Fe^{2+} 氧化成 Fe^{3+}。反应如下：

$$Fe_2SO_4 + O_2 + 2H_2SO_4 \longrightarrow Fe_2(SO_4)_3 + 2H_2O \qquad (2\text{-}16)$$

c. Fe^{3+} 是硫化物和氧化物的氧化剂。反应如下：

$$Fe_2(SO_4)_3 + 4O_2 + 2Cu_2S \longrightarrow Fe_2SO_4 + 4CuSO_4 \qquad (2\text{-}17)$$

$$2Fe_2(SO_4)_3 + CuFeS_2 + 3O_2 + 2H_2O \longrightarrow 5FeSO_4 + CuSO_4 + 2H_2SO_4 \qquad (2\text{-}18)$$

$$Fe_2(SO_4)_3 + Cu_2O + H_2SO_4 \longrightarrow 2FeSO_4 + 2CuSO_4 + H_2O \qquad (2\text{-}19)$$

细菌浸出时可采用就地浸出和堆浸的方法。浸出周期较长，需数月或数年。细菌浸铜有两种方法，一是细菌直接浸出，二是细菌在代谢过程中将矿石中的硫和铁转变成 H_2SO_4 和 $Fe(SO_4)_3$，然后与铜矿物反应。

③ 氨浸出。氨浸用氨和氨盐的水溶液，可用于氧化铜矿，并适合处理碱性脉石如 CaO、MgO 含量高的铜矿石。反应如下：

$$CuO + 2NH_3 \cdot H_2O + (NH_4)_2CO_3 \longrightarrow Cu(NH_3)_2 \cdot CO_3 + 3H_2O + 2NH_3 \qquad (2\text{-}20)$$

$$Cu(NH_3)_2CO_3 + Cu \longrightarrow Cu_2(NH_3)_2CO_3 \qquad (2\text{-}21)$$

上述反应可在常压、常温或加温（323 K）条件下进行。浸出的技术条件是原料粒度小于 0.074 mm 的占 80%以上，矿浆浓度为 30%～40%。氨浸硫化铜矿时需有足够的氧，以促进硫和低价铜的氧化。氨浸法的优点是氨不与脉石作用，所得浸出液比较纯。

（2）铜矿浸出方式

① 槽浸。槽浸是早期湿法炼铜中普遍采用的一种浸出方式，通常在浸出槽中用浓度为 50～100 g/L 的 H_2SO_4 溶液浸出含铜量 1%以上的氧化矿。浸出液中铜浓度较高时，可直接用电积法提取铜。浸出槽示意图见图 2-7。

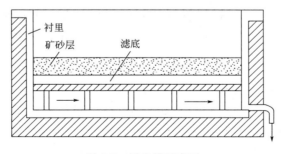

图 2-7 浸出槽示意图

② 搅拌浸出。搅拌浸出是在装有搅拌装置的浸出槽中进行，用 50～100 g/L 的 H_2SO_4 溶液浸出细粒（粒度小于 75 μm 的占 90%以上）氧化铜矿或硫化铜矿的焙砂。

搅拌浸出与槽浸相比速度快、浸出率高,但设备运转能耗高。

搅拌浸出有机械搅拌与空气搅拌两种方式,如图 2-8 所示。

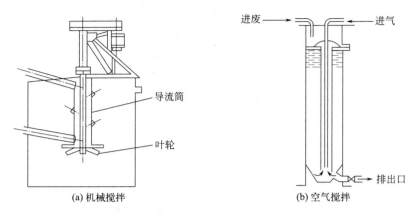

图 2-8 搅拌浸出的两种方式

③ 堆浸。矿石堆浸前应先经过破碎,控制粒度不大于 20 mm,在底部不渗漏、有一定自然坡度的堆矿场上分区分层地堆上矿石,每层堆到预定高度(1~3 m),然后喷洒稀硫酸溶液进行浸出。喷淋系统设备包括输液泵、PVC 管路、喷头等。浸出液自上而下在渗滤过程中将矿石中的铜浸出,经过一定时间的浸出,可得到含铜 1~4 g/L、pH 值为 1.5~2.5 的浸出后液,汇集于集液池,用泵送到萃取工序处理。氧化铜矿堆浸浸出率一般在 85% 左右。筑堆堆浸如图 2-9 所示。

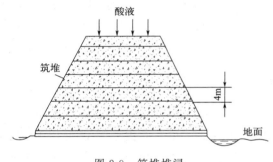

图 2-9 筑堆堆浸

a. 就地浸出。就地浸出又称为地下浸出,可用于处理矿山的残留矿石或未开采的氧化铜矿和贫铜矿。地下浸出是将溶浸剂通过钻孔或爆破后,注入埋藏于地下的矿体中,有选择性地浸出有用成分铜,并将含有有价成分的溶液通过抽液钻孔抽到地表后送电积厂处理。

b. 加压浸出。对于在常压和普通温度下难以有效浸出的矿物常采用加压浸出的方式。加压浸出即在密闭的加压釜中,在高于大气压的压力下对矿石进行浸出。加压浸出釜如图 2-10 所示。

(3) 湿法炼铜工艺

① 堆浸-萃取-电积工艺。用酸性或碱性溶剂从含铜物料中浸出铜,浸出液经萃取得到含铜富液,然后通过电解沉积产出金属铜的炼铜技术称为堆浸-萃取-电积法。此项技术发展迅速的主要原因:首先是建厂投资和生产费用低,生产成本低于火法,具有较强的市场竞争力;其次是以难选矿、难处理的低品位含铜物料为原料,独具技术优越性;再次是无废气、废水和废渣污染,符合清洁生产要求;最后是拥有可靠的特效萃取剂市场供应。浸出的方式有堆浸、槽浸、地下浸等多种,浸出剂有酸性硫酸溶液和碱性氨液

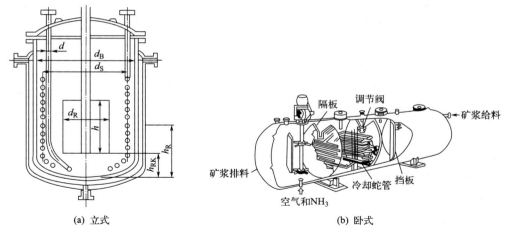

(a) 立式　　　　　　　　　(b) 卧式

图 2-10　加压浸出釜

等，应用最广最普遍的是硫酸溶液堆浸，细菌浸出法适合硫化铜矿中铜的提取。浸出-萃取-电积法工艺流程如图 2-11 所示。

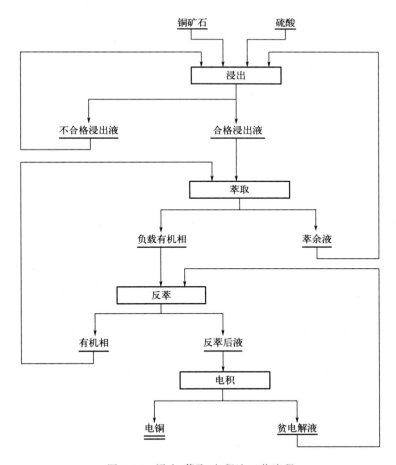

图 2-11　浸出-萃取-电积法工艺流程

a. 氧化铜矿堆浸。用硫酸溶液堆浸的铜矿石要求铜的氧化率较高，即铜应主要以孔雀石、硅孔雀石、赤铜矿等形态存在。脉石成分应以石英为主，一般 SiO_2 含量均大于 80%，碱性脉石 CaO、MgO 含量低，二者之和不大于 2%～3%，矿石含铜品位为 0.1%～0.2%。浸出过程的主要化学反应如下：

$$Cu_2(OH)_2CO_3 + 2H_2SO_4 \longrightarrow 2CuSO_4 + CO_2 + 3H_2O \tag{2-22}$$

$$CuSiO_3 \cdot 2H_2O + H_2SO_4 \longrightarrow CuSO_4 + SiO_2 + 3H_2O \tag{2-23}$$

$$Cu_2O + H_2SO_4 \longrightarrow Cu + CuSO_4 + H_2O \tag{2-24}$$

氧化铜矿堆浸浸出率一般在 85% 左右。

硫化矿用稀硫酸浸出的速率缓慢，但有细菌存在时可显著地加快浸出反应。因此，硫化矿可采用细菌浸出法。

b. 萃取与反萃取。常用的铜萃取剂有 Acorga P5100、Acorga M5640、LIX973N、LIX984 等。萃取前首先用稀释剂，常用 260# 煤油将萃取剂溶解，按体积配制成 5% 的有机相，然后将有机相与水相即浸出液混合，铜转入有机相，萃取剂释放出 H^+，萃取反应为：

$$2RH(有机相) + Cu^{2+}(水相) \longrightarrow R_2Cu(有机相) + 2H^+ \tag{2-25}$$

式中，RH 为萃取剂；R_2Cu 为萃铜络合物。

萃铜后的有机相，即负载有机相，用电积后返回的含硫酸 0～200 g/L 的废电解液进行反萃，铜进入反萃液成为富铜液即电解原液，萃取剂再生循环使用。

c. 萃取设备。常用的萃取设备有萃取塔、离心萃取器、混合澄清萃取箱等。其中以结构简单、投资少、操作方便、效率高的浅池式混合澄清萃取箱应用最广。萃取箱的一端为混合室，有机相和水相分别进入混合室，机械搅拌使其充分混合后进入澄清室，两相由于密度不同在此分层，上层为负载有机相，下层为水相，分别经澄清室另一端的溢流堰排出。萃取作业的主要技术条件与指标为：浸出液中 Cu^{2+} 的浓度 $\geqslant 1$ g/L，pH 值为 1.5～2.0；有机相中萃取剂体积占 5% 左右，稀释剂 260# 煤油占 95%；混合时间为 3 min；反萃剂中 H_2SO_4 浓度为 160～210 g/L，Cu^{2+} 浓度为 30～35 g/L；萃取剂消耗小于 3 kg/t(Cu)。

d. 电解沉积。电解沉积即用不溶性阳极，在直流电作用下，使电解液中铜沉积到阴极上。电解槽中插入用 Pb-Ca-Sn 合金制成的阳极板和用纯铜始极片或不锈钢制成的阴极。电解液从槽的一端流入，另一端流出，连续流过电解槽。沉积了铜的阴极定期取出，纯铜阴极洗涤后即为产品，而不锈钢阴极上沉积的铜片需用剥片机剥下，不锈钢阴极可循环使用。

电解沉积的主要技术指标为：电流密度 150～180 A/m^2；槽电压 2～2.5 V；电解液中 Cu^{2+} 的浓度为 45 g/L，H_2SO_4 浓度为 150～180 g/L；阴极周期 7～10 d；电解沉积铜纯度大于 99.95%；电耗 3000～4000 kW·h/t(Cu)。

此外，细菌浸出得到的溶液含铜较低，含铁较高，提取溶液中的铜也可用废铁置换，置换反应为：

$$Cu^{2+} + Fe \longrightarrow Cu + Fe^{2+} \tag{2-26}$$

② 氨浸-萃取-电积工艺。铜矿氨浸-萃取-电积即氧化铜矿或硫化铜精矿氧化焙烧后的焙砂用氨浸出铜，经萃取后电积铜。本工艺适合处理碱性脉石如 CaO、MgO 含量高的铜矿石或焙砂。浸出的技术条件是原料粒度小于 0.074 mm 的占 80% 以上；矿浆含量为 30%~40%；浸出剂含 NH_4^+ 2~3 mol/L、CO_2 0.6 mol/L；浸出温度为 60~90 ℃，浸出压力为 1 MPa。氨浸在加盖浸出槽中进行，焙砂用加压釜，浸出矿浆经浓密机液固分离后，浸出液送去萃取，底流过滤后的浸出渣堆存，滤液返回洗涤滤渣。浸出液可用 LIX54、LIX54100 等萃取剂萃取，此类萃取剂负载能力高、黏度小、反萃取容易，萃取与反萃取流程如图 2-12 所示。电解沉积铜在硫酸溶液中进行，电解废液用于反萃。

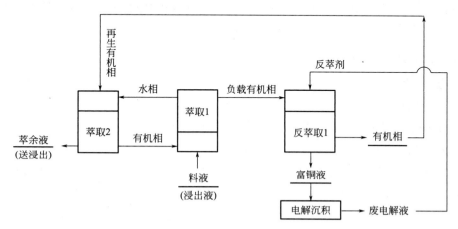

图 2-12　萃取与反萃取流程

③ 高压氨浸法工艺。高压氨浸处理 Cu-Ni-Co 硫化矿的流程如图 2-13 所示。此法是在高温、高氧压和高氨压下浸出精矿，使铜、镍、钴等有价金属以络合物的形态进入溶液，铁则以氢氧化物形态进入残渣。此法所用溶液腐蚀性较小，适于处理 Cu-Ni-Co 硫化矿。

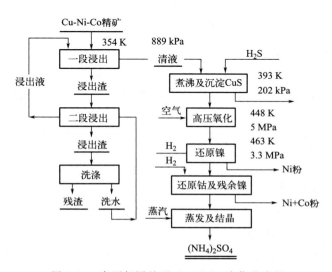

图 2-13　高压氨浸处理 Cu-Ni-Co 硫化矿流程

2.1.2.3 再生铜冶炼

从废金属和废料中提取出的金属，相对于从矿石或精矿中生产的原生金属而言，称为再生金属；从铜和铜合金废料中生产的铜，称为再生铜。再生铜实际上是指废铜的回收利用。铜具有优良的再生特性，是一种可以反复利用的资源。从理论上讲，铜可以100%被回收利用。在所有金属中，铜的物理属性决定了其再生性能最好。

废铜按其来源分为两类，一类是新废铜，即工业生产中产生的下脚料和废品；另一类是旧废铜及杂铜。再生铜的生产方法主要有直接利用和间接利用法。

每吨再生铜所消耗能源为原生铜的20%，同时减少环境污染。特别是在我国原生铜远不能满足需求的情况下，铜的再生更为重要。

（1）再生铜的分类及利用方式

① 再生铜的分类。再生铜生产所用的原料主要是铜和铜基合金废料，这些废料统称为废杂铜。按杂铜成分的不同，可分为以下几类。

a. 黄杂铜。黄杂铜主要杂质是锌，其含量最低为2.8%，最高达41.8%；其次含铅0.3%~6%、锡1%~3%、镍0.2%~1.0%等。

b. 青杂铜。青杂铜主要杂质是锡和铅，一般含锡量为3%~8%，最高可达15%；含铅量为1.5%~4.5%，此外还含有3%~5%的锌、0.5%~6.5%的镍。

c. 白杂铜。白杂铜主要杂质是镍及少数钴，白杂铜中镍和钴的总含量为0.5%~44%，含锌18%~22%。

d. 紫杂铜。紫杂铜是指导电铜材加工过程中产生的废料，如铜线锭的压延废品、拉线时的废线等，其化学成分符合二号铜的要求；还有回收的线圈、电线及其他管材、板材等，其化学成分部分符合三号铜的要求，大部分品位在90%~98%之间。

e. 炮铜废料。炮铜是指枪炮弹壳等，是黄铜的加工品，因此，其主要杂质是锌。由于这类废料中往往会混入一些未爆炸的信管、炸药等，有爆炸的危险，应单独作为一类。

② 再生铜的管理。废杂铜的管理，对杂铜的合理应用及简化生产工艺，提高熔炼过程的技术经济指标，均非常重要。废杂铜的管理需做到以下几方面：

a. 废杂铜进厂后，按生产工艺要求对其进行分类堆放。

b. 为生产安全起见，对炮铜应严格要求，所有炮铜废料要预先爆炸处理后，才准进炉熔炼。

c. 根据熔炼工艺的要求，将大块物料分解或加工成要求的尺寸。将粉状物料压块或者制团处理。

（2）再生铜冶炼工艺

不同种类的杂铜，应采用不同的工艺流程进行处理。生产再生铜的方法主要有两类。一类是将废杂铜直接熔炼成不同牌号的铜合金或精铜，这类方法叫直接利用法。另一类是废杂铜首先经火法处理铸成阳极铜，然后电解精炼成电铜，并回收其他有价金属，这类方法叫间接利用法。

① 杂铜的直接利用方法。直接利用的原料通常是废纯铜或废纯铜合金，大多数产品为铜线锭、铜箔、氧化铜或铜合金等。

a. 废纯铜生产铜线锭。废纯铜多为导电铜材加工过程产生的废料，如铜线锭压延废品、铜杆剥皮废屑和拉线过程产生的废线等。废纯铜化学成分要符合标准，铜和银的含量应不少于 99.90%。熔炼废纯铜一般采用碱性炉衬的反射炉，也有用感应电炉或坩埚炉，也可用竖炉。竖炉由一圆柱形的钢筒构成，内衬镁砖，炉体周围均匀地装有数排燃烧器，紫杂铜从上部炉门加入炉内，含硫在 0.1% 以下的油或气体燃料和预热空气混合均匀后，通过燃烧器喷入炉内，控制炉内呈中性或微还原性气氛，炽热气体将炉内的铜料在下降过程中加热，在底部熔化后放出，然后铸锭。竖炉熔炼较反射炉熔炼能耗低。

熔炼过程由加料、熔化、氧化、还原和浇注五个工序组成。因废铜中杂质含量比电解铜高，用空气作氧化剂，使杂质氧化除去。熔炼工艺条件和一次资源熔炼基本相同。用废纯铜生产铜线锭，铜的回收率可达 99.70% 左右。

b. 纯净杂铜生产铜合金。生产铜基合金的杂铜可分为两类。一类是能区分牌号的铜合金废料，另一类是化学成分符合国家标准二号铜和三号铜要求的紫铜废料。用第一类杂铜生产铜合金时，是将已进行严格分类的各种合金废料，按其性质与原生金属配合熔炼成各种铜合金。如将黄铜废料熔炼成黄铜；青铜废料熔炼成青铜；白铜废料熔炼成白铜。紫铜废料既可生产精铜，也可生产铜合金。生产铜合金时，化学成分符合国家标准二号铜要求的可以产出高级合金；而化学成分符合三号铜要求的，只能生产普通铜合金。

熔炼生产工艺过程包括配料、熔化、除气、脱氧、调整成分、精炼、浇注等工序。铜合金的配料需注意在熔炼过程中各种元素的烧损率不同，有些元素如磷、铍等需以中间合金形式加入。熔炼铜合金的设备有反射炉、感应电炉和坩埚炉等。

c. 废纯铜生产铜箔。废纯铜生产铜箔的工艺流程为：废铜线在 773K 下焙烧除去油脂，然后置于氧化槽中，用含铜 40~42 g/L、H_2SO_4 120~140 g/L 的废电解液或酸洗液，在 353~358 K 下连续鼓入空气进行溶解；当溶液含铜量上升至 80 g/L 以上后，用不锈钢或钛做成的辊筒为阴极，用钛制成的不溶阳极为阳极，在电解槽中进行电解沉积。电积时阴极电流密度为 1600~2250 A/m^2，温度为 313 K，辊筒阴极上即可产出 20~35 mm 厚的铜箔。

d. 铜灰生产硫酸铜。以铜灰为原料生产结晶硫酸铜的工艺流程如图 2-14 所示。

铜灰大多是铜材在拉丝、压延加工过程中表层脱落下来的铜粉，含铜 60%~70%、氧化铜 20%~30%，表面有润滑油和石墨粉等组成的油腻层。铜灰先在回转窑中焙烧，即 573 K 点火时燃烧，在 973~1073 K 下通入空气使铜粉氧化，生成易溶于酸的氧化铜或氧化亚铜。焙烧熟料经筛分，获含铜约 90% 的细料，送入鼓泡塔用废电解液溶解其中的铜。

氧化铜粉和废电解液自塔顶进入，与塔内自下而上的空气与蒸汽的混合气体逆向运动，在塔的上部空间形成气-液-固三相流态化层，生成的硫酸铜夹带有未反应完全的铜粉从塔的溢流口流出，进入固液分离器，分离出的铜粉再返回鼓泡塔，浸出液送入带式水冷结晶机，获结晶硫酸铜浆液。浆液经增稠、离心过滤、晶体烘干，最后获含铜96%~98%的硫酸铜产品，即$CuSO_4 \cdot 5H_2O$。鼓泡塔用不锈钢焊制，其结构如图2-15所示。

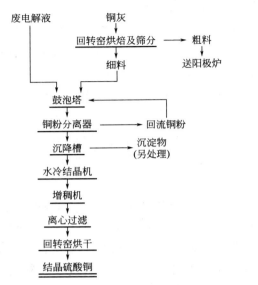

图2-14 以铜灰为原料生产结晶硫酸铜的工艺流程　　图2-15 鼓泡塔结构

② 杂铜的间接利用方法。间接利用法处理含铜废料通常有三种不同的流程，即一段法、二段法和三段法。熔炼产品为阳极铜，再经电解精炼生产电解铜。一段法适合处理成分不复杂的紫杂铜，二段法适用于处理含锌高的黄杂铜和含高铅、锡的青杂铜，三段法主要用于处理残渣或用于大规模生产的工厂。

a. 一段法。一段法是将分类后的杂铜直接加入反射炉内精炼成阳极铜或精铜的方法。一段法的优点是流程短、设备简单、建厂快、投资省，但该法在处理成分复杂的杂铜时，产出的烟尘成分复杂、难以处理；同时精炼操作的炉时长，劳动强度大，生产率低，金属回收率低。因此，一段法只适合处理一些杂质较少且成分不复杂的杂铜。

b. 二段法。二段法是杂铜首先在鼓风炉内还原熔炼，然后在反射炉内精炼成阳极铜；或杂铜首先在转炉内吹炼成次粗铜，然后在反射炉中精炼成阳极铜。由于这两种处理方法均需经过两道工序，故称为二段法。鼓风炉还原熔炼得到的铜杂质含量较高，呈黑色，故称为黑铜。同样，杂铜在转炉吹炼得到的粗铜杂质含量也较高，为与矿粗铜区别，称为次粗铜。

一般情况下，含锌高的黄杂铜、白杂铜等采用鼓风炉-反射炉流程处理较为合理，锌可从烟尘中以氧化锌状态被回收。高锌杂铜的处理工艺流程如图2-16所示。

含铅、锡高的青杂铜，多采用转炉-反射炉流程处理。因为这一流程不但可吹炼出品位较高的次粗铜，为反射炉精炼创造条件，同时还可从烟尘中回收铅和锡。处理青杂铜的工艺流程如图2-17所示。

c. 三段法。杂铜首先在鼓风炉内还原熔炼成黑铜，然后在转炉内吹炼成次粗铜，最

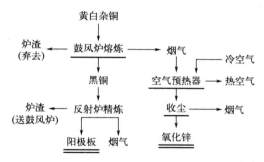

图 2-16 高锌杂铜的处理工艺流程

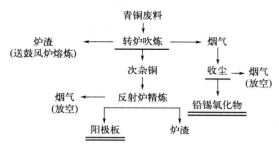

图 2-17 处理青杂铜的工艺流程

后在反射炉中精炼成阳极铜。这一流程中，原料需经过三道工序处理后才能产出阳极铜，故称为三段法。

三段法的优点是原料的综合利用好、产出的烟尘成分简单且易处理、次粗铜品位高、精炼炉操作较容易、设备生产率较高等；缺点是过程复杂、设备多、投资大、燃料消耗量大。除大规模生产和处理某些废渣外，一般杂铜的处理多采用二段法。紫杂铜、黑铜、次粗铜的精炼渣和转炉吹炼高铅、锡杂铜及低品位黑铜的炉渣，可采用三段法，其工艺流程如图 2-18 所示。

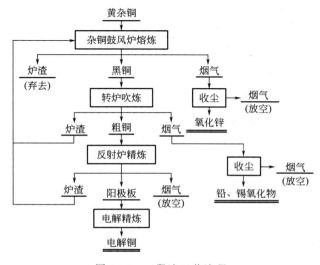

图 2-18 三段法工艺流程

废渣在鼓风炉熔炼时产出的铜比一般黑铜品位低，为与黑铜区别，把它称作次黑铜；另外废渣中的杂质含量，尤其是铅和锡含量较高，不宜直接在反射炉内精炼，故将次黑铜在转炉内吹炼，脱除部分铅和锡后，再在反射炉内精炼，这样可简化反射炉的精炼操作，延长反射炉的寿命，次黑铜中的铅和锡可得到较好的回收。

2.1.3 铜冶金工艺产排污节点

2.1.3.1 火法炼铜工艺产污环节

硫化铜精矿火法冶炼工艺流程及产污环节如图 2-19 所示。

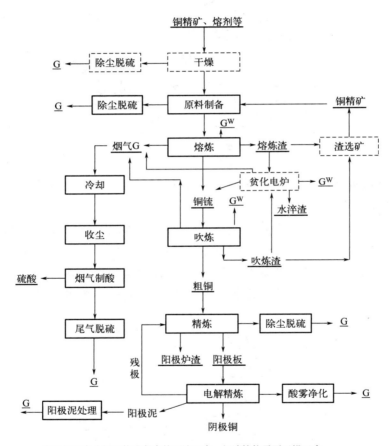

虚线框图内为铜冶炼过程中的可选工序，闪速熔炼需要干燥工序。
精炼炉氧化期间产生的烟气送烟气制酸系统，其余时段送脱硫系统

图 2-19 硫化铜精矿火法冶炼工艺流程及产污环节

G—工艺烟气；G^W—环境集烟废气

2.1.3.2 湿法炼铜工艺产污环节

湿法炼铜工艺流程及产污环节如图 2-20 所示。

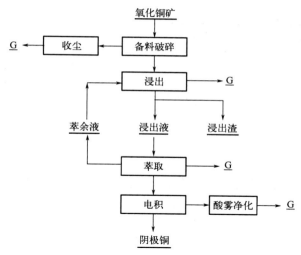

图 2-20　湿法炼铜工艺流程及产污环节
G—废气排放节点

2.1.3.3　铜冶炼过程中造成的大气污染

（1）综合排放

铜冶炼过程中产生的大气污染物主要为颗粒物、SO_2、硫酸雾，主要大气污染物来源及排污单位基准排气量分别见表 2-1 和表 2-2。

表 2-1　铜冶炼过程中主要大气污染物来源

冶炼方法	工序	污染源	主要污染物
火法炼铜	干燥	干燥窑	颗粒物（含重金属 Cu、Pb、Zn、Cd、As）、SO_2
	配料	精矿上料、精矿出料、转运	颗粒物（含重金属 Cu、Pb、Zn、Cd、As）、SO_2
		抓斗卸料、定量给料设备、皮带运输设备转运过程中扬尘	颗粒物（含重金属 Cu、Pb、Zn、Cd、As）、SO_2
	熔炼	熔炼炉	颗粒物（含重金属 Cu、Pb、Zn、Cd、As）、SO_2
		加料口、锍放出口、渣放出口、喷枪孔、溜槽、包子房等处泄漏	颗粒物（含重金属 Cu、Pb、Zn、Cd、As）、SO_2
	吹炼	吹炼炉	颗粒物（含重金属 Cu、Pb、Zn、Cd、As）、SO_2
		加料口、粗铜放出口、渣放出口、喷枪孔、溜槽、包子房等泄漏处	颗粒物（含重金属 Cu、Pb、Zn、Cd、As）、SO_2
	精炼	精炼炉	颗粒物（含重金属 Cu、Pb、Zn、Cd、As）、SO_2
		加料口、出渣口	颗粒物、SO_2

续表

冶炼方法	工序	污染源	主要污染物
火法炼铜	烟气制酸	制酸尾气	SO_2、硫酸雾
	渣贫化	炉窑	颗粒物、SO_2
		加料口、锍放出口、渣放出口、电极孔、溜槽、包子房等处泄漏	颗粒物、SO_2
		渣水淬	颗粒物、SO_2
	渣选矿	备料工段	颗粒物
		选矿工段	酸雾
	电解	电解槽	硫酸雾
		电解液循环槽等	硫酸雾
	电积	电解槽及其他槽罐	硫酸雾
	净液	真空蒸发器	硫酸雾
		脱铜电解槽	硫酸雾
湿法炼铜	备料	破碎机等	颗粒物
		搅拌浸出槽等	酸雾
	浸出	堆浸	酸雾
	萃取	萃取槽等	酸雾、萃取剂、溶剂油
	电积	电解槽	酸雾

表 2-2 铜冶炼排污单位基准排气量

序号	产排污节点	排放口	基准烟气量/(m^3/t 产品)
1	熔炼炉、吹炼炉	制酸尾气烟囱	8000
2	阳极炉(精炼炉)	制酸尾气烟囱/精炼烟囱	1000
3	炉窑等	环境集烟烟囱	7500

（2）火法铜冶炼工艺排放

火法铜冶炼废气中污染物来源及分类见表 2-3。

表 2-3 火法铜冶炼废气中污染物来源及分类

废气类别	工序	产排污节点	排放口	主要污染物	颗粒物浓度/(mg/m^3)	SO_2/(mg/m^3)	NO_x/(mg/m^3)	硫酸雾/(mg/m^3)
含尘废气	原料制备及输送	精矿上料、精矿出料、转运、抓斗卸料、定量给料设备、皮带输送设备转运过程扬尘	原料制备排气筒	颗粒物	1000~10000	—	—	—
	渣选矿	备料	备料排气筒	颗粒物	1000~10000	—	—	—

续表

废气类别	工序	产排污节点	排放口	主要污染物	颗粒物浓度/(mg/m³)	SO_2/(mg/m³)	NO_x/(mg/m³)	硫酸雾/(mg/m³)
含SO_2废气	原料制备及输送	干燥窑	干燥窑排气筒	颗粒物、SO_2	20000~80000	50~600	—	—
	熔炼	熔炼炉	—	颗粒物（含重金属Cd、Pb、As、Hg）、SO_2	50000~130000	120000~500000	100~200	—
	吹炼	吹炼炉	—	颗粒物（含重金属Cd、Pb、As、Hg）、SO_2	40000~100000	120000~430000	100~200	—
	精炼	阳极炉	阳极炉（精炼）排气筒	颗粒物、SO_2、NO_x、硫酸雾、Pb及其化合物、As及其化合物、Hg及其化合物、Cd及其化合物、氟化物	200~3000	2000~20000	100~200	—
	烟气制酸	制酸尾气	烟气制酸排气筒	颗粒物、SO_2、NO_x、硫酸雾、Pb及其化合物、As及其化合物、Hg及其化合物、Cd及其化合物、氟化物	0~300	100~1000	20~100	20~200
	渣贫化	渣贫化	渣贫化排气筒	颗粒物、SO_2、NO_x、硫酸雾、Pb及其化合物、As及其化合物、Hg及其化合物、Cd及其化合物、氟化物	8000~30000	100~3000	—	—
	环境集烟	环境集烟	环境集烟排气筒	颗粒物、SO_2、NO_x、硫酸雾、Pb及其化合物、As及其化合物、Hg及其化合物、Cd及其化合物、氟化物	300~2000	10~1500	50~200	—
含硫酸雾废气	电解	电解槽及循环槽	车间排气筒	—	—	—	—	10~80
	净液	真空蒸发器及脱铜电解槽	车间排气筒	—	—	—	—	10~50

注：熔炼炉和吹炼炉产生的工艺烟气直接制酸。含SO_2废气中熔炼、吹炼、精炼、烟气制酸、渣贫化及环境集烟的Pb及其化合物、As及其化合物、Hg及其化合物、Cd及其化合物的含量分别为60~800 mg/m³、10~80 mg/m³、10~100 mg/m³、1~4 mg/m³。

(3) 湿法铜冶炼工艺排放

湿法铜冶炼废气中污染物来源及分类如表 2-4 所示。

表 2-4　湿法铜冶炼废气中污染物来源及分类

废气类别	产排污节点	排放口	主要污染物
含硫酸雾废气	浸出、萃取、电积	车间排气筒	硫酸雾

2.1.4　铜冶金固废性质及特点

2.1.4.1　固体废物产生环节及特点

火法铜冶炼的工艺流程为铜精矿—熔炼—铜锍—吹炼炉吹炼—粗铜—阳极炉精炼浇铸—阳极板—电解精炼－99.99%纯度阴极铜。火法工艺铜冶炼时，铜精矿中含有的硫会发生氧化，形成二氧化硫；在冶炼烟气的工艺流程中，制酸系统会将硫酸回收，随即大多数元素会到冶炼渣与烟尘内，即形成固体废物。综合分析火法铜冶炼工艺流程可见，尾矿和白烟尘、铅滤饼、砷滤饼等流程中会产生一定量的固废，如果铜冶炼企业中有燃煤锅炉，则产生的煤渣也属于固废，故而固废回收要高度关注固废产生的各环节。

（1）铜冶炼炉渣

铜冶炼过程中的炉渣主要有三个来源，分别是熔炼炉渣、吹炼渣和精炼渣。精炼渣通常情况下都可以直接返回配料系统中进行循环使用。部分企业将已经贫化后的吹炼渣也返回配料系统中循环使用。炼铜炉渣的冷却方式有自然冷却方式、水冷式及保温冷却。铜冶炼渣中的铜结晶粒大小和炉渣的冷却快慢有着密切的联系。空气冷却后的铜渣外表为黑色，绝大部分呈现致密块状，又脆又硬。随着炼渣内含铁量的变化，炼渣密度也会随之改变。因此，不同的炼铜工艺产生出来的炼铜炉渣包含的化学组成也不会相同。

（2）铜冶炼烟尘

熔炼过程中会产生烟气，这种高温烟气中含有二氧化硫与烟尘，且二氧化硫的浓度高。实际冶炼中采用余热锅炉和电除尘器以及硫酸系统对热量进行回收，同时也能有效回收烟尘以及二氧化硫。通常回收烟尘大都是返料，不过烟尘中的砷和铅等杂质会对冶炼造成不同程度的影响，一般把电除尘器中收集的烟尘进行适当的开路，这样能确保冶炼系统稳定运行。烟尘含砷和铅、锌等物质的量较高时，通常可观察到灰白色的白烟尘，白烟尘中的含砷量是铜精矿带入砷量的 10%。

铜冶炼过程中通过烟气净化系统收集到的烟尘中目标金属含量很高，可以返回熔炼炉循环利用。转炉烟气除尘器收集到的白烟尘中 Pb 等金属含量较高，属于危险废物，一般出售给有资质的企业进行有价金属回收利用。

（3）冶炼酸泥

制酸系统一般是用两转两吸的工艺，主要包括烟气净化和干吸、转化以及尾气处理等。烟气净化的过程中会产生固废，包括铅和砷滤饼等。含有高浓度二氧化硫的烟气要先进行严格的净化除杂，以提高硫酸品质。烟气净化通常采用稀酸洗涤工艺，处理后会产生含铅量高的底泥，这种底泥为铅滤饼。洗涤工艺产生的废酸主要是以硫化二钠法对其进行沉淀，这种沉淀物中含有较高量的砷，即硫化滤饼。上述两种固废具有非常相似的性质，一般硫化滤饼的质量是铅滤饼的3~5倍，硫化滤饼和砷滤饼的成分包括$PbSO_4$、Cu和As等。烟气转化和尾气处理时都会生成固废。烟气转化过程中要采用催化剂，这种物质的成分主要是五氧化二钒，一般用相应时间后要对其进行更换，随即产生废催化剂。通常不会有较大产量的废催化剂，年产量<100 t。再者是部分铜冶炼企业会对制酸处理后的尾气做加深处理，获得相应的脱硫渣。随即进行废酸处理后液处理，该过程中会产生一定量的固废。我国多数铜冶炼企业用石灰石-石灰进行两段中和法对上述过程中的固废进行处理，并能对其他重金属废水进行有效处理。处理后会产生石膏渣和中和渣，前者主要是石灰中和废酸产生的硫酸根离子，而且纯度较高，一般生成量大；后者的成分较为复杂，主要是生产废水的重金属离子。

① 铜冶炼阳极泥。电解处理会生成阳极泥，这种阳极泥中含有大量的金、银和铂等物质，我国的铜冶炼企业在电解处理阶段，通常会将阳极泥在专门的车间进行回收，目的是将其中含有的贵金属有效提炼和回收，所以铜冶炼过程中要设置专门的车间，用以处理上述阳极泥。

② 铜冶炼废水处理污泥。处理铜冶炼废水产生的污泥含有丰富的有价金属，不仅可以成为二次原料返回熔炼炉，也可以出售给有资质的企业进行有价资源回收。

③ 铜冶炼废旧内衬及耐火材料分析。当熔炼炉、转化炉及阳极精炼炉、电解槽等出现磨损问题，内衬需要进行更换时，被替换下来的大量废旧内衬里面可能有大量的铜渗透在其中。这些废旧的内衬可以作为二次原料进入转化炉，也可以利用科学方法进行处理。

2.1.4.2 危险废物产生环节及特点

（1）铜冶炼工艺

铜冶炼最常用的工艺是闪速熔炼+闪速吹炼工艺（双闪工艺）+双底吹连续炼铜工艺（图2-21）。该工艺通常由铜精矿熔炼、火法精炼和电解精炼三个工段组成。将铜精矿（黄铁矿和黄铜矿）、熔剂（石英石或石英砂及石灰石）和含铜配料经干燥后送熔炼炉进行造锍熔炼，经熔炼炉熔炼产出铜锍，再经吹炼炉吹炼产出粗铜，粗铜经阳极炉精炼并浇铸成阳极板，阳极板再经电解精炼得到纯度为99.99%的阴极铜。

再生铜冶炼工艺大多衍生于原生矿铜冶炼，成分更复杂（主要有铜及其合金的生产、加工和消费过程中所产生的废品、边角屑末和废仪器设备部件等），熔炼过程热量消耗高，其冶炼工艺与原生矿铜又有所区别。再生铜冶炼通常将杂铜、石英石、石灰石等造渣剂送顶吹转炉熔炼、倒渣、吹炼，产出熔融粗铜，并用天然气作燃料和还原剂对粗铜进行还原精炼，得到阳极铜，进而浇铸成阳极板，阳极板电解提纯得到铜。

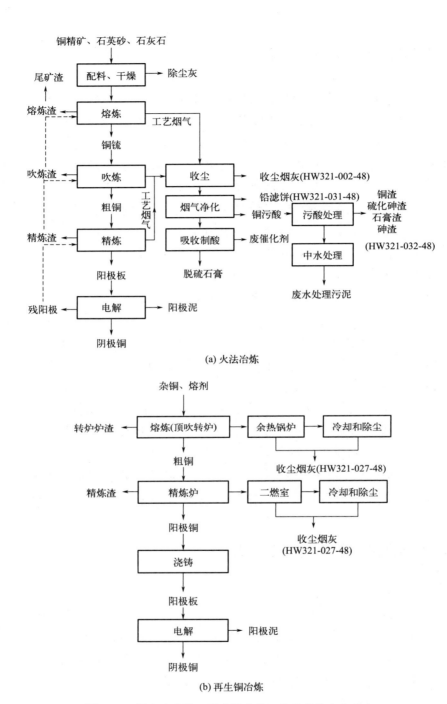

图 2-21 铜火法冶炼、再生铜冶炼工艺及废物产生节点

(2) 铜火法冶炼和再生铜冶炼过程中的危险废物

《国家危险废物名录》HW48 大类危险废物中，关于铜火法冶炼和再生铜冶炼产生的废物共有四种，分别是铜火法冶炼过程中烟气处理集（除）尘装置收集的粉尘（HW321-002-48）、铜火法冶炼烟气净化产生的酸泥（铅滤饼）（HW321-031-48）、铜火

法冶炼烟气净化产生的污酸处理过程产生的砷渣（HW321-032-48）和铜再生过程中集（除）尘装置收集的粉尘和湿法除尘产生的废水处理污泥（HW321-027-48）。其产生节点见图2-21。

铅滤饼来自火法炼铜烟气洗涤和沉降，由制酸系统中对圆锥沉降槽底流进行的固-液分离产生。稀硫酸洗下烟尘杂质沉降分离后即为铅滤饼（HW321-031-48，又称净化酸泥）。洗涤后污酸进入收集槽，大颗粒自由沉淀形成铜渣，收集槽上清液和铜渣滤液进入硫化工序，使砷等重金属离子与硫离子反应生成硫化砷渣（主要成分为CuS和As_2S_3），硫化砷渣滤液与石灰乳进行中和反应，离心滤渣为石膏渣，此后高砷污酸继续与石膏和铁盐共沉淀，形成的渣称为砷渣（HW321-032-48）。铅滤饼和砷渣中的重金属浸出浓度如图2-22所示。

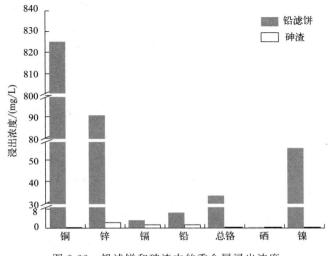

图2-22 铅滤饼和砷渣中的重金属浸出浓度

研究表明，铅滤饼中除有高含量的铜外，铅的浸出浓度也很高，达到7.50 mg/L，超过《危险废物鉴别标准 浸出毒性鉴别》（GB 5085.3—2007）中的限值（5.00 mg/L）；锌的浸出浓度达91.0 mg/L，接近标准限值（100 mg/L）。此外，由于铜精矿含有微量的汞，冶炼过程中，汞在冶炼炉高温环境下（1200～1300 ℃）挥发进入冶炼烟气中，在烟气降温洗涤过程中沉降进入烟灰，继而进入烟气净化系统和铅滤饼中，使铅滤饼中汞的含量超过0.1%。由此可知，铅滤饼的主要危害物质是铜、铅和汞。砷渣是硫化砷渣滤液、石膏和铁盐的共沉淀物，其铜和砷的含量分别高达15.9%和27.0%，远超出GB 5085.3—2007中规定的毒性物质含量、类别毒性及累积毒性限值。火法炼铜产生的收尘烟灰（HW321-002-48）主要来源于铜精矿熔炼、铜硫吹炼、粗铜精炼三个工段的烟气收尘工序。旋风收尘器和布袋收尘器所收集的烟灰中锌的含量高达35%，铜的含量达24%，铅含量达1.8%。再生铜冶炼收尘烟灰（HW321-027-48）来源分别是顶吹转炉烟气收尘和精炼炉烟气收尘。锌是这两种收尘烟灰的主要污染物，含量约为25%；其次为铅，含量约为2%。

2.2 铅锌冶金

2.2.1 概述

冶金是指从矿物中提取金属或金属化合物，用各种加工方法将金属制成具有一定性能的金属材料的过程和工艺。铅和锌是国民经济发展过程中不可或缺的重要金属元素，在人类生活和工业生产中被广泛地应用。我国铅锌冶炼企业规模和数量逐年扩大，冶炼技术取得了重要进展，使铅锌冶炼行业迅速发展。铅锌冶炼工艺复杂，会产生大量废气、废水和废渣等有害物质，对环境造成严重污染。我国在 2010 年产出的冶炼废渣量大约是 3.15 亿吨，其中仅铅锌冶炼渣的产生量就达到了 430 万吨。铅锌冶炼渣的传统露天堆置或简单填埋处理，不但占用大面积的土地，造成土地资源紧缺，而且冶炼渣中的金属元素会进入空气、水体和土壤，成为重要污染源。我国铅锌矿产资源的主要特点是大矿少、小矿多，富矿少、贫矿多等，铅锌冶炼渣含有丰富的金属资源，包括铁、铅、锌等有价金属以及镓、铟、金和银等稀贵金属，需结合各种铅锌资源的特性，选择高新技术冶炼工艺，以达到铅锌矿中有价金属的回收，实现资源的高效经济利用，提高资源综合利用及大气污染、水土重金属污染防治水平。

在 2003 年以前的 10 年里，世界铅精矿的年产量一直徘徊在 300 万吨金属量左右，其中西方国家的精矿产量在 200 万吨金属量左右。2003 年开始，随着我国铅精矿产量的快速提升，世界铅精矿产量也有了较大的突破，但西方国家仍维持在 200 万吨金属量左右。西方铅精矿产量增长不多主要得益于再生铅的发展。铅的火法冶炼方法可以简单概括为传统法和直接炼铅法。传统法即烧结-鼓风炉熔炼法；直接炼铅法即取消硫化铅精矿烧结，生精矿直接入炉熔炼的方法。目前，国内新建铅冶炼厂均以直接炼铅法为主。

直接炼铅法分为熔池熔炼和闪速熔炼，熔池熔炼主要包括德国研发的 QSL 法、澳大利亚研发的氧气顶吹浸没熔炼法、瑞典研发的卡尔多法和我国自行研发的水口山法；由苏联开发的基夫赛特法和我国自行研发的铅富氧闪速熔炼法属闪速熔炼范畴。

与此同时，近年来全球锌产量基本保持稳定的增长趋势，2006 年全球锌精矿产量（金属量）突破了 1000 万吨。除中国外，加拿大、日本、韩国、澳大利亚、西班牙、德国、美国、墨西哥等是金属锌的主要生产国。锌的冶炼方法分为火法和湿法两大类。现有的火法炼锌方法有三种：竖罐炼锌、电炉炼锌和密闭鼓风炉炼锌。竖罐炼锌能耗较高，伴生金属银、铜的回收效果较差，目前只有葫芦岛锌冶炼有限公司和陕西东岭锌业股份有限公司尚在生产使用，金属锌年产量近 20 万吨；电炉炼锌电耗高，锌直收率低，目前只有少数几家采用，其中生产规模最大的马关云铜锌业有限公司，年产金属锌 5 万吨；密闭鼓风炉炼锌（ISP）对原料适应性强，能同时回收铅锌，适合于铅锌混合矿的处理,是目前唯一还具有一定竞争力的火法炼锌方法,但烧结时的污染很严重,目前也只有陕西东岭锌业股份有限公司、白银有色集团股份有限公司西北铅锌冶炼厂和中冶葫芦岛有色金属集团有限公司等几家冶炼厂在生产使用。相对于火法工艺而言,湿法炼锌具有劳动条件好、环保,生产易于连续化、自动化、大型化等优点,是目前我国锌冶炼的主流工艺。2015年我国精炼锌的产量近666万吨,其中的95%是由湿法冶炼生产。湿法炼锌的原料90%以上是浮选硫化锌精矿,其生产过程通常包括焙烧、浸出、净化、电积、熔铸五个大的环节,根据浸出工艺的不同,可以简略分为常规浸出法、热酸浸出法和直接浸出法三大类。在氧化锌矿的处理中,还原挥发-浸出-净化-电积则是目前的主流技术。湿法炼锌一直在向着大型化、连续化、自动化、高效化、清洁化和综合利用的方向发展,以期创造更大的经济效益、社会效益和环境效益。

2.2.2 铅锌冶金工艺流程

2.2.2.1 铅冶炼

铅的主要生产工艺有火法冶炼和湿法冶炼。铅的湿法冶炼工艺还未成熟,在工业化中还没有实现大规模的应用,基本上是火法冶炼。国内较先进的铅冶炼工艺主要是底吹氧化+底吹还原+烟化挥发工艺、底吹氧化+侧吹还原+烟化挥发工艺、富氧顶吹+侧吹还原+烟化挥发工艺,这些工艺合理利用富铅渣的热能,取消铸锭的方式替代传统鼓风炉,大幅度降低了铅冶炼综合能耗,使我国的铅火法冶炼技术达到国际领先水平。

目前较为先进的富氧顶吹+侧吹还原+烟化挥发的炼铅工艺的铅回收率达到99.5%,银粗炼直收率为99%,粗铅冶炼综合能耗为160 kgce/t,远低于行业许可标准,达到火法铅冶炼行业的领先水平,工艺流程如图2-23所示。

富氧顶吹采用成本较低的粉煤做燃料,结合顶吹熔炼工艺优势,同时处理多种含铅物料,物料主要成分如表2-5所示。

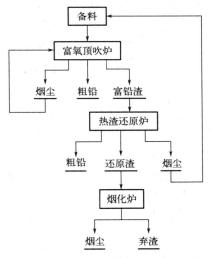

图 2-23 富氧顶吹+侧吹还原+烟化挥发工艺流程

表 2-5 富氧顶吹工艺原料主要成分 单位:%

原料	Pb	Zn	Fe	SiO$_2$	CaO	S
硫化铅矿	62.89	3.77	6.15	0.74	1.45	21.69
高品位氧化铅矿	68.73	1.81	2.36	0.64	9.28	11.60
低品位氧化铅锌矿	35.60	18.37	1.47	8.34	6.53	5.42
锌冶炼烟尘浸出渣	33.40	6.23	5.75	7.45	4.12	10.67

续表

原料	Pb	Zn	Fe	SiO₂	CaO	S
锌冶炼焙砂浸出渣	4.94	15.72	18.68	3.33	3.66	9.26
高氟氯烟尘	30.44	32.08	5.66	4.48	0.50	5.50
艾萨炉自产烟尘	50.00	0.60	0.14	0.11	0.50	14.53
侧吹还原炉烟尘	44.89	29.32	0.11	0.28	0.08	0.91

此工艺的技术及装备水平已达到国内领先但仍有一些不足之处。若为独立铅冶炼系统，则富氧顶吹烟气中 SO_2 含量为 $4.5\%\sim 8.5\%$，波动较大，会导致制酸系统转化率很难达到要求，处理制酸尾气需投入大量的中和剂，成本较高，产出废水量大。烟化炉产生的烟气中含有 SO_2，需处理后再排空，处理成本较大。此外，烟化炉弃渣虽然可以做建筑材料，但产出的烟尘在转运或堆存过程中会产生粉尘，安全环保风险大。

2.2.2.2 锌冶炼

锌冶炼工艺有火法冶炼和湿法冶炼。全火法炼锌工艺由于能耗高、污染大和规模小等原因，没有新的发展。湿法炼锌工艺已经成为当前国内最主流的冶炼工艺，其产量占国内锌总产量的 85% 以上。锌湿法冶炼工艺有全湿法锌冶炼和半湿法锌冶炼，全湿法锌冶炼工艺发展较快。锌精矿直接氧化加压浸出的全湿法锌冶炼工艺已运用成熟，在国内已有 14 万吨/年的全湿法冶炼生产线成功投运。目前国内较为先进的锌冶炼工艺采用的是 3.2 m² 大极板锌电积技术结合全自动机械化剥锌技术，可减少土地使用面积，降低作业劳动强度，推动锌湿法冶炼产能和装备向大型化方向发展。

全湿法锌冶炼工艺主要有硫化锌精矿常压浸出工艺和氧压浸出工艺。常压浸出温度低，反应时间长，生成的单质硫形态不好，浮选分离困难，而氧压浸出恰好可以弥补常压浸出的缺点。氧压浸出技术有云南冶金集团氧压浸出技术与加拿大氧压浸出技术，都是两段高温高压平衡氧压浸出，精矿中的硫均按单质硫的方向转化，但两种氧压技术处理物料成分区别较大，主要体现在浸出渣中铁的形态不一样。云南冶金集团全湿法锌冶炼工艺流程如图 2-24 所示，主要原料成分如表 2-6 所示。

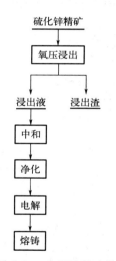

图 2-24 全湿法锌冶炼工艺流程

表 2-6 氧压浸出工艺主要原料成分

原料	Pb/%	Zn/%	Ag/(g/t)	As/%	Cu/%	Fe/%	S/%
锌精矿 1	1.64	45.84	246	0.091	0.75	10.96	31.32
锌精矿 2	0.37	49.44	60	0.02	0.2	8.07	27.46
锌精矿 3	0.41	45.16	239	0.018	0.24	9.52	31.18
锌精矿 4	0.53	53.56	40	0.049	0.4	8.76	30.92
锌精矿 5	0.99	48.03	245	0.28	0.91	10.25	27.24

全湿法锌冶炼工艺流程简单，建设投资少，锌浸出率达到98%以上，但不适合处理氟、氯、汞及铟、锗等含量较高的锌精矿。实际生产中，浸出渣率在58%左右，浸出渣中不但含有可回收利用的铟、银等贵金属，还有铅、锌、砷、镉等重金属，若为独立冶炼系统，弃渣中的有价金属得不到回收利用，同时会对土壤、地下水和职业健康带来严重影响。

火法炼锌和半湿法炼锌都要经过焙烧。半湿法锌冶炼工艺利用焙烧炉使锌精矿中的有用成分转变成氧化物，同时除去易挥发的砷、锑、硒、碲等杂质，得到性质优良的焙烧矿。焙烧过程中产出的 SO_2 浓度比较高的烟气，将送往硫酸厂生产硫酸。

云南驰宏锌锗股份有限公司根据矿山原料结构，建成13.2万吨/年的半湿法锌冶炼生产线，采用氧化锌烟尘和硫化锌焙烧矿作为浸出原料，实现了常规锌湿法工艺和氧化锌处理工艺的融合。其工艺流程分为硫化线和氧化线，其中硫化线主要是焙烧＋浸出工艺，氧化线主要氧化锌烟尘浸出工艺。驰宏锌锗半湿法锌冶炼工艺流程如图2-25所示。

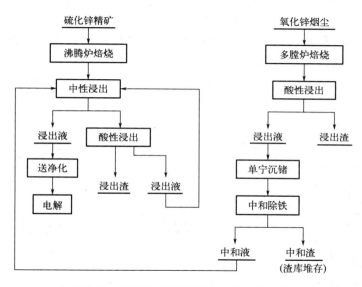

图 2-25 半湿法氧硫联合锌冶炼工艺流程

焙烧＋浸出工艺主要处理锌精矿，锌精矿经沸腾焙烧产出焙烧矿送中性浸出，产出的烟气送制酸系统生产工业硫酸，焙砂经中性浸出产出中上清液送净化生产新液。主要原料成分如表2-7所示。

表 2-7 焙烧＋浸出工艺主要原料成分

原料	Pb/%	Zn/%	Ge/(g/t)	S/%	Ag/(g/t)	As/%	Cd/%
锌精矿	1.85	51.85	69	32.57	55	0.24	0.11
铅锌混合回收矿	11.52	35.75	52	35.11	239	—	0.07

氧化锌烟尘经多膛炉焙烧后，送氧化锌烟尘浸出处理，浸出液经沉锗、中和除铁后产出硫酸锌溶液，氧化锌浸出工艺原料成分如表2-8所示。

表 2-8　氧化锌浸出工艺原料主要成分

原料	Pb/%	Zn/%	Ge/(g/t)	F/%	Cl/%	As/%	S/%
自产氧化锌烟尘	10.42	46.56	801	0.169	0.403	1.95	3.13
外购氧化锌烟尘	24.23	44.78	460	0.236	0.574	0.98	4.48

对半湿法锌冶炼的传统工艺升级改造后形成了国内先进的氧硫联合工艺，结合 3.2 m² 大极板自动剥锌技术，锌锭产能突破 15 万吨，锌冶炼回收率超过 99%，锌冶炼综合能耗远低于 900 kgce/t。超大极板锌电解技术和自动剥锌等集成技术的配套运用，使国内湿法锌冶炼技术和装备大幅度提升。但若为独立锌冶炼系统，浸出渣中的铅、锌、锗、银等有价金属就得不到有效回收，浸出渣堆存会造成环境污染。浸出渣出售价格低廉，会对企业造成经济损失。

据统计，铅锌冶炼行业每年产生的冶炼废渣有数百万吨，废渣中含有大量可回收利用的有价金属，但长期堆存给环境带来很大隐患。废渣的无害化处理工艺主要是火法处理工艺，而锌冶炼的主流工艺为湿法，铅冶炼的主流工艺为火法。铅锌联合冶炼配备火法与湿法工艺后，可以同步处理铅锌冶炼弃渣，达到铅锌冶炼渣的资源化处理。此举不但可以有效地回收有价金属资源，还可以减轻冶炼弃渣带来的环境压力，是铅锌冶炼行业可持续发展的必要途径。铅锌联合冶炼的工艺流程如图 2-26 所示。

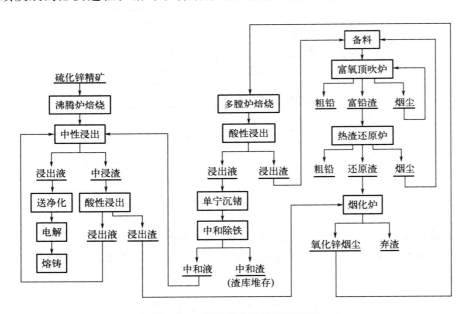

图 2-26　铅锌联合冶炼工艺流程

铅锌联合冶炼工艺可使铅锌金属回收率达到 99% 以上，湿法冶炼弃渣通过火法处理，利用铅火法冶炼工艺使铅锌金属有效分离，实现银的综合回收。通过烟化挥发产出富集有价金属的烟尘，利用湿法锌冶炼工艺产出锗精矿，实现了金属综合回收利用，减少了有价金属流失。同时要根据市场合理调控铅锌物料处理量，避免市场给企业带来的部分风险，使企业经济效益最大化。针对铅火法冶炼和锌湿法冶炼特点，建立辅助系统处理烟气、废水，对火法高温烟气进行余热回收，达到能源最大化的循环利用，最大程度地降低铅锌冶炼综合能耗，实现资源的有效利用。辅助系统的工艺流程如图 2-27 所示。

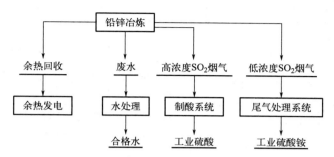

图 2-27　铅锌联合冶炼辅助工艺流程

铅锌联合冶炼配套辅助系统不但实现了铅锌原料中资源的最大化利用，还降低了"三废"对环境的压力。但原料中的 Ca、Mg、Ag、F、Cl 等杂质元素随湿法浸出进入流程，增加了氧化锌烟尘浸出液除杂的难度，氧化锌烟尘线需要先进的除杂技术，以确保湿法锌电解系统生产的平稳运行。

2.2.3　铅锌冶金工艺产排污节点

（1）铅冶炼

包括备料、制酸系统（熔炼炉烟气）、还原炉、烟化炉、熔铅锅、电铅锅、反射炉、锅炉、环境集烟等。

（2）湿法炼锌

包括备料、制酸系统（沸腾焙烧炉烟气）、浸出槽、净化槽、多膛炉、回转窑、锌熔铸、锅炉等。

（3）电炉炼锌

包括备料、制酸系统（沸腾焙烧炉烟气）、电炉、烟化炉（回转窑）、锌精馏系统、锅炉、环境集烟等。

（4）竖罐炼锌

包括备料、制酸系统（沸腾焙烧炉烟气）、焦结炉、竖罐蒸馏炉、旋涡炉、锌精馏系统、锅炉等。

（5）密闭鼓风炉熔炼法

包括备料、制酸系统（烧结机烟气）、烧结机头、破碎机、密闭鼓风炉、烟化炉、熔铅锅、电铅锅、反射炉、锌精馏系统、锅炉、环境集烟等。

废气和废水的产排污节点及对应排放口见表 2-9。

表 2-9　产排污节点、排放口及污染因子一览表

一、废气排放

1. 铅冶炼废气有组织排放

产排污节点	备料排气筒	排放口类型	污染因子	备注
制酸系统（熔炼炉烟气）	制酸尾气烟囱	主要排放口	颗粒物、二氧化硫、硫酸雾、铅及其化合物、汞及其化合物、氮氧化物（以 NO_2 计）	
还原炉＋烟化炉	脱硫尾气烟囱	主要排放口	颗粒物、二氧化硫、铅及其化合物、汞及其化合物、氮氧化物（以 NO_2 计）	部分排污单位还原炉烟气送制酸
熔炼炉、还原炉、烟化炉环境集烟	环境集烟烟囱	主要排放口	颗粒物、二氧化硫、铅及其化合物、汞及其化合物、氮氧化物（以 NO_2 计）	
熔铅（电铅）锅	熔铅（电铅）锅烟囱	一般排放口	颗粒物、铅及其化合物	
浮渣反射炉	反射炉烟囱	一般排放口	颗粒物、二氧化硫、铅及其化合物、汞及其化合物、氮氧化物（以 NO_2 计）	
锅炉	锅炉烟囱	一般排放口	颗粒物、二氧化硫、氮氧化物（以 NO_2 计）、汞及其化合物、烟气黑度	

2. 锌冶炼废气有组织排放

产排污节点	备料排气筒	排放口类型	污染因子	备注
制酸系统（沸腾炉烟气）	制酸尾气烟囱	主要排放口	颗粒物、二氧化硫、硫酸雾、铅及其化合物、汞及其化合物、氮氧化物（以 NO_2 计）	湿法炼锌
浸出槽	浸出槽排气筒	一般排放口	硫酸雾	湿法炼锌
净化槽	净化槽排气筒	一般排放口	硫酸雾	湿法炼锌
感应电炉	熔铸烟气烟囱	一般排放口	颗粒物	湿法炼锌
回转窑（烟化炉）	回转窑（烟化炉）烟囱	主要排放口	颗粒物、二氧化硫、铅及其化合物、汞及其化合物、氮氧化物（以 NO_2 计）	湿法炼锌
多膛炉	多膛炉烟囱	一般排放口	颗粒物、二氧化硫、铅及其化合物、汞及其化合物、氮氧化物（以 NO_2 计）	湿法炼锌
锅炉	锅炉烟囱	一般排放口	颗粒物、二氧化硫、氮氧化物（以 NO_2 计）、汞及其化合物、烟气黑度	湿法炼锌
制酸系统（沸腾炉烟气）	制酸尾气烟囱	主要排放口	颗粒物、二氧化硫、硫酸雾、铅及其化合物、汞及其化合物、氮氧化物（以 NO_2 计）	电炉炼锌
电炉环境集烟	环境集烟烟囱	主要排放口	颗粒物、二氧化硫、铅及其化合物、汞及其化合物、氮氧化物（以 NO_2 计）	电炉炼锌
回转窑（烟化炉）	回转窑（烟化炉）烟囱	主要排放口	颗粒物、二氧化硫、铅及其化合物、汞及其化合物、氮氧化物（以 NO_2 计）	电炉炼锌
锌精馏系统	锌精馏系统烟囱	一般排放口	颗粒物、二氧化硫、氮氧化物（以 NO_2 计）、铅及其化合物、汞及其化合物	电炉炼锌
锅炉	锅炉烟囱	一般排放口	颗粒物、二氧化硫、氮氧化物（以 NO_2 计）、汞及其化合物、烟气黑度	电炉炼锌

续表

产排污节点	备料排气筒	排放口类型	污染因子	备注
制酸系统（沸腾炉烟气）	制酸尾气烟囱	主要排放口	颗粒物、二氧化硫、硫酸雾、铅及其化合物、汞及其化合物、氮氧化物（以 NO_2 计）	竖罐炼锌
焦结蒸馏系统	焦结蒸馏系统烟囱	主要排放口	颗粒物、二氧化硫、铅及其化合物、汞及其化合物、氮氧化物（以 NO_2 计）	
旋涡炉	旋涡炉烟囱	主要排放口	颗粒物、二氧化硫、铅及其化合物、汞及其化合物、氮氧化物（以 NO_2 计）	
锌精馏系统	锌精馏系统烟囱	一般排放口	颗粒物、二氧化硫、铅及其化合物、汞及其化合物、氮氧化物（以 NO_2 计）	
锅炉	锅炉烟囱	一般排放口	颗粒物、二氧化硫、氮氧化物（以 NO_2 计）、汞及其化合物、烟气黑度	
烧结备料系统	烧结备料排气筒	一般排放口	颗粒物	ISP法
烧结机头	烧结机头排气筒	主要排放口	颗粒物、二氧化硫、铅及其化合物、汞及其化合物、氮氧化物（以 NO_2 计）	
制酸系统（烧结烟气）	制酸尾气烟囱	主要排放口	颗粒物、二氧化硫、硫酸雾、铅及其化合物、汞及其化合物、氮氧化物（以 NO_2 计）	
烧结料破碎系统	烧结料破碎排气筒	一般排放口	颗粒物	
熔炼备料系统	熔炼备料排气筒	一般排放口	颗粒物	
密闭鼓风炉环境集烟	环境集烟烟囱	主要排放口	颗粒物、二氧化硫、铅及其化合物、汞及其化合物、氮氧化物（以 NO_2 计）	
烟化炉	烟化炉烟囱	主要排放口	颗粒物、二氧化硫、铅及其化合物、汞及其化合物、氮氧化物（以 NO_2 计）	
熔铅（电铅）锅	熔铅（电铅）锅烟囱	一般排放口	颗粒物、铅及其化合物	
浮渣反射炉	反射炉烟囱	一般排放口	颗粒物、二氧化硫、铅及其化合物、汞及其化合物、氮氧化物（以 NO_2 计）	
锌精馏系统	锌精馏系统烟囱	一般排放口	颗粒物、二氧化硫、氮氧化物（以 NO_2 计）、铅及其化合物、汞及其化合物	
锅炉	锅炉烟囱	一般排放口	颗粒物、二氧化硫、氮氧化物（以 NO_2 计）、汞及其化合物、烟气黑度	
铅锌冶炼废气无组织排放				
	企业边界		二氧化硫、颗粒物、硫酸雾、铅及其化合物、汞及其化合物	
二、废水排放				
废水类别	排放口	排放口类型	污染因子	备注
生产废水	废水总排放口	主要排放口	pH值、悬浮物、化学需氧量、氨氮、总磷、总氮、总锌、总铜、硫化物、氟化物、总铅、总镉、总汞、总砷、总镍、总铬	
	车间或生产设施废水排放口	主要排放口	总铅、总镉、总汞、总砷、总镍、总铬	

注：氮氧化物（以 NO_2 计）只适用于特别排放限值区域；锅炉烟气中汞及其化合物只适用于燃煤锅炉。

2.2.4 铅锌冶金固废性质及特点

2.2.4.1 粗铅冶炼工艺

粗铅冶炼工艺产生危险废物的环节有粗铅熔炼、烟气净化、污酸处理和硫酸制备等,产生的主要危险废物为收尘烟灰、废催化剂、酸泥等。

(1) 粗铅熔炼环节

烟气收尘过程中产生的收尘烟灰,包括可返回配料系统需要暂存的烟尘和开路收集的烟尘,主要含有铅、锌、砷、镉等。

(2) 烟气净化环节

烟气净化使用氯化法除汞过程中产生的沉淀物,主要含有汞、铅、锗、锡等。

(3) 酸泥

烟气净化稀酸洗涤烟气过程中产生的沉淀物,主要含有汞、铅、锗、锡等。

(4) 污酸处理环节

铅锌冶炼烟气净化产生的污酸处理过程中产生的硫化渣,主要含有铅、镉、铊、砷等。

(5) 废滤布

硫化渣压滤过程中产生的废弃滤布,主要含有铅、砷等。

(6) 硫酸制备环节废催化剂

二氧化硫转化为三氧化硫过程中产生的废弃催化剂,主要含有五氧化二钒。

2.2.4.2 电解铅生产工艺

电解铅生产工艺产生危险废物的环节有粗铅精炼、粗铅电解、精铅熔炼铸锭等,产生的危险废物主要为阳极泥、废电解液等。

(1) 粗铅精炼环节

① 铜浮渣:在粗铅精炼过程中,铅的密度较大,会逐渐下沉,而粗铅中的铜等杂质上浮于表面形成铜浮渣,主要含有铅、砷、铜等。

② 含铅底渣:在熔铅锅中,粗铅中的铜等杂质上浮于表面,由于铅比重大逐渐下沉,而其他杂质富集在熔铅锅底部产生含铅底渣,主要含有铅、砷、锑、锡等。

(2) 粗铅电解环节

① 阳极泥:在电解液中,阳极铅形成 Pb^{2+} 向阴极转移,阳极逐渐消耗,金、银等贵金属形成阳离子而附着于残极表面成为阳极泥,阳极泥中主要含有铅、砷、金、银、锑、铋等。

② 废电解液:电解液在使用过程中产生少量含杂质的废电解液,主要含有氟硅酸和

氟硅酸铅。

（3）精铅熔炼铸锭环节

① 收尘烟灰：熔炼环节烟气收尘过程中产生的收尘烟灰。

② 阴极铅精炼渣：阴极析出铅装入精炼锅内精炼铸型后产生的精炼氧化渣，主要含有铅、锡等。

2.2.4.3　ISP工艺

ISP工艺产生危险废物的环节有粗锌熔炼、粗铅电解、烟气净化等，产生的危险废物主要为收尘烟灰、废催化剂等。

（1）粗锌熔炼环节

① 收尘烟灰：烟气收尘过程中产生的收尘烟灰，包括可返回配料系统需要暂存的烟尘和开路收集的烟尘，主要含有铅、锌、砷、镉等。

② 锌渣：精锌精炼过程中，含杂质的锌蒸气经冷凝蒸馏，使锌与其所含杂质分离产生的精馏残渣，主要含有锌等。

（2）烟气净化环节

① 废甘汞：烟气净化过程中，使用氯化法除汞后产生的沉淀物，主要含有汞、铅、锗、锡等。

② 酸泥：烟气净化过程中，稀酸洗涤烟气后产生的沉淀物，主要含有汞、铅、锗、锡等。

③ 废滤布：酸泥压滤过程中产生的废弃滤布，主要含有铅、汞等。

（3）污酸处理环节

① 硫化渣：铅锌冶炼烟气净化产生的污酸处理过程中产生的硫化渣，主要含有铅、镉、铊、砷等。

② 废滤布：硫化渣压滤过程中产生的废弃滤布，主要含有铅、砷等。

（4）硫酸制备环节

该环节产生的固体废物为二氧化硫转化为三氧化硫过程中产生的废弃催化剂，主要含有五氧化二钒。

2.2.4.4　竖罐炼锌工艺

竖罐炼锌工艺产生危险废物的环节有焙烧、蒸馏、精馏、煤气制备、烟气净化、污水处理等，产生的危险废物主要为蒸馏残渣、废催化剂、焦油渣、废水处理污泥等。

（1）焙烧、蒸馏、精馏环节

① 收尘烟灰：烟气收尘过程中产生的收尘烟灰，包括可返回配料系统需要暂存的烟尘和开路收集的烟尘，主要含有铅、锌、砷、镉等。

② 锌渣：粗锌精炼过程中，含杂质的锌蒸气经蒸馏冷凝分离，使锌与其所含杂质分

离,产生的精馏残渣,主要含有锌等。

(2)煤气制备环节

煤气车间利用中块煤通过煤气发生炉制备煤气为生产提供用气过程中产生的焦油渣,主要含有苯系物等。

(3)污水处理环节

① 废水处理污泥:粗锌精炼过程中,精馏炉排放的烟气经湿法除尘后产生的废水处理污泥,主要含有铅、砷、镉、锌等。

② 废滤布:废水处理污泥压滤过程中产生的废弃滤布,主要含有铅、砷等。

(4)烟气净化环节

① 废甘汞:烟气净化过程中,使用氯化法除汞产生的沉淀物,主要含有汞、铅、锗、锡等。

② 酸泥:烟气净化过程中,稀酸洗涤烟气产生的沉淀物,主要含有汞、铅、锗、锡等。

③ 废滤布:酸泥压滤过程中产生的废弃滤布,主要含有铅、汞等。

(5)污酸处理环节

① 硫化渣:铅锌冶炼烟气净化产生的污酸处理过程中产生的硫化渣,主要含有铅、镉、铊、砷等。

② 废滤布:硫化渣压滤过程中产生的废弃滤布,主要含有铅、砷等。

(6)硫酸制备环节

二氧化硫转化为三氧化硫过程中产生的废弃催化剂,主要含有五氧化二钒。

2.3 锡冶金

2.3.1 概述

我国炼锡厂大多采用"炼前处理-还原熔炼-炼渣-粗锡精炼"的工艺流程,使用的还原熔炼设备主要是反射炉、电炉、回转短窑、卡尔多炉和澳斯麦特炉,其中澳斯麦特炉有较广泛的工业应用前景。我国锡冶炼工艺的特点是适于处理中等品位的锡精矿,并采用烟化炉处理富锡炉渣以取代传统的二段熔炼法。

我国锡冶炼技术在很多方面居于世界先进水平。烟化炉硫化挥发直接处理富锡炉渣已被世界各国炼锡厂广泛采用。以电热连续结晶机脱除粗锡中的铅和铋,继之用真空蒸馏炉处理结晶机的副产品粗焊锡,成为我国锡火法精炼的特色之一;电热连续结晶机已成为锡火法精炼系统的标准设备,是20世纪锡冶金工业重大的发明之一。

2.3.2 锡冶金工艺流程

锡的冶炼方法主要取决于精矿（或矿石）的物质成分及其含量。一般以火法为主，湿法为辅。现代锡的生产，一般包括四个主要过程（图 2-28）：炼前处理、还原熔炼、炼渣和粗锡精炼。

图 2-28　锡冶金工艺流程

炼前处理是为了除去对冶炼有害的硫、砷、锑、铅、铋、铁、钨、铌、钽等杂质，同时达到综合回收各种有用金属的目的。炼前处理的方法包括精选焙烧和浸出等作业，根据所含杂质的种类不同，可采用一个或几个作业组成的联合流程。但是我国某些含铅、铋、铁高的锡精矿也可不经炼前处理。

还原熔炼主要是使氧化锡还原成粗锡，同时将铁的氧化物还原成氧化铁并与脉石成分造渣。为了不生成金属铁，需控制较弱的还原气氛和适当温度，这必然会限制锡氧化物的完全还原，因此炉渣含锡较高（这种渣称富渣），必须进一步处理。

炼渣用烟化炉挥发方法，这样产出的废渣含锡低，金属回收率高，同时大量减少了铁的循环。

粗锡精炼主要是除去铁、铜、砷、锑、铅、铋和银等杂质，同时综合回收有用金属。一般分为火法精炼和电解精炼。

2.3.2.1 锡精矿的炼前处理

从自然界开采出的锡矿称为锡原矿。锡原矿的锡品位一般为 0.005%～1.7%，经过选矿后，进入冶炼厂的锡精矿含锡品位一般为 40%～70%。锡精矿的质量对锡冶炼的影响很大，各国对锡精矿都有各自的质量要求，我国锡精矿的质量标准见表 2-10。大多数选厂产出的锡精矿都是经过精选才能达到规定的质量标准。

表 2-10　我国锡精矿质量标准（YS/T 339—2011）　　　　　　　　单位：%

类别	品级	化学成分（质量分数）								
		Sn 不小于	杂质不大于							
			S	As	Bi	Zn	Sb	Fe	F	Cu
一类	一级品	70	0.30	0.20	0.08	0.30	0.20	3.00	0.20	0.30
	二级品	65	0.40	0.30	0.10	0.40	0.20	5.00	0.20	0.40
	三级品	60	0.50	0.40	0.10	0.50	0.30	7.00	0.20	0.50
	四级品	55	0.60	0.50	0.15	0.60	0.40	9.00	0.20	0.50
	五级品	50	0.80	0.60	0.15	0.70	0.40	12.00	0.20	0.70
	六级品	45	1.00	0.70	0.20	0.80	0.50	15.00	0.20	0.80
	七级品	40	1.20	0.80	0.20	0.90	0.60	16.00	0.20	0.90

续表

类别	品级	化学成分(质量分数)								
		Sn 不小于	杂质不大于							
			S	As	Bi	Zn	Sb	Fe	F	Cu
二类	一级品	70	0.70	0.30	0.30	0.50	0.30	3.00	0.20	0.50
	二级品	65	1.00	0.40	0.40	0.80	0.40	5.00	0.20	0.80
	三级品	60	1.50	0.50	0.50	0.90	0.50	7.00	0.20	0.90
	四级品	55	2.00	1.00	0.60	1.00	0.60	9.00	0.20	1.00
	五级品	50	2.50	1.50	0.80	1.20	0.70	12.00	0.20	1.20
	六级品	45	3.00	2.00	1.00	1.40	0.80	15.00	0.20	1.40
	七级品	40	3.50	2.50	1.20	1.60	0.90	16.00	0.20	1.60

为确保入炉混合料的综合杂质品位控制在经济运行范围内，炼锡企业对进入熔炼炉锡原料杂质成分品位的监控一般要求较严：硫、砷、锑、铜和铋等杂质元素品位在进入熔炼炉前均需控制在1%以下。锡精矿的炼前处理通常有以下方法：

① 焙烧法脱除硫、砷、锑或磁化精矿的铁，或提高其他金属的溶解性；
② 磁选法脱铁或钨；
③ 浸出法脱钨、铋、砷、锑或其他金属杂质；
④ 烧结法转换钨、铁、铋、铅等杂质的物理或化学性质，提高金属的溶解性，与浸出法配套。

（1）锡精矿的焙烧

锡精矿炼前焙烧处理的目的是采用氧化焙烧及氧化还原焙烧的方法，促使锡精矿固体粒中的杂质硫、砷、锑等转化为 SO_2、As_2O_3、Sb_2O_3 等气态物质挥发除去，脱离精矿，即除去锡精矿中的硫、砷和锑，同时也除去部分铅；避免含杂锡精矿在高温还原熔炼过程中产生 SnS 挥发物，避免砷和锑等以金属形态进入粗锡形成各种熔点高于锡金属单质的复杂合金渣锡返回品，例如锡冶炼"硬头"渣、熔析渣、锡精炼渣等，从而提高锡冶炼产品直接回收率，降低冶炼生产成本。

硫、砷和锑在锡精矿中存在的主要形态为黄铁矿（FeS_2）、毒砂（FeAsS）、铜蓝（CuS）、砷磁黄铁矿（$FeAsS_2$）、黄铜矿（$CuFeS_2$）、砷铁矿（$FeAs_2$）、辉锑矿（Sb_2S_3）、脆硫铅锑矿（$Pb_2Sb_2S_5$）、黄锡矿（Cu_2FeSnS_4）和方铅矿（PbS）等。

锡精矿中某些硫化物受热时发生热解离，其主要反应如下：

$$FeS_2(s) = FeS(s) + \frac{1}{2}S_2 \quad (2-27)$$

$$2CuFeS_2(s) = Cu_2S(s) + 2FeS(s) + \frac{1}{2}S_2 \quad (2-28)$$

$$2CuS(s) = Cu_2S(s) + \frac{1}{2}S_2 \quad (2-29)$$

$$4FeAsS(s) = 4FeS(s) + As_4(g) \quad (2-30)$$

$$FeAs_2(s) = FeAs(s) + \frac{1}{4}As_4(g) \tag{2-31}$$

在焙烧温度条件下，锡精矿中硫化物的解离压见表 2-11。

表 2-11 锡精矿中某些硫化物的解离压

硫化物	不同温度下的解离压/Pa				
	450 ℃	550 ℃	650 ℃	750 ℃	850 ℃
FeS_2	0.02	32	10279	1060339	—
CuS	2104	116402	2696575	—	—
$CuFeS_2$	7×10^{-5}	0.01	0.6	14	190
$FeAsS$	10.2	714	19938	290370	2624557
$FeAs_2$	6.3×10^{-10}	1.18×10^{-4}	0.53	252	28134

从表 2-11 中所列数据可知，上述解离反应温度升高，其解离压增大，某些硫化物（如 FeS_2、CuS、$FeAsS$）的解离压相当大，解离出的 S_2、As_4 均呈气态挥发而部分除去。

锡精矿的焙烧方法按化学原理分类有氧化焙烧法、氯化焙烧法和氧化还原焙烧法等。氧化焙烧法是指用炉内流动空气中的氧与矿料中的硫化物在一定的条件下进行氧化反应，让精矿中的硫、砷和锑等变为挥发性强的氧化物从精矿中除去的焙烧方法；氯化焙烧法是指在炉内矿料中加入氯化钙等氯化物，使矿料中的各类物质形成溶解性或挥发性强的氯化物达到相互分离的目的；氧化还原焙烧是针对矿料中某一物质元素的化合价而言的，例如 $FeAs_2$、As、As_2O_3 和 As_2O_5，按 As 化合价由低到高的顺序有 -1、0、$+3$ 和 $+5$ 等四个化合价，因焙烧的目的是获得挥发性强的 As_2O_3 中间化合价产物，故需用入炉空气中的氧气氧化低价态物。

焙烧方法按采用的焙烧主体设备可分为回转窑焙烧、多膛炉焙烧和流态化炉焙烧等。多膛炉焙烧、流态化炉焙烧和回转窑焙烧设备如图 2-29 所示。

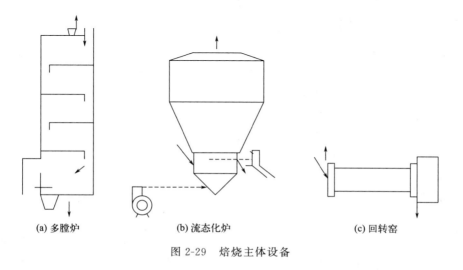

(a) 多膛炉　　(b) 流态化炉　　(c) 回转窑

图 2-29 焙烧主体设备

按物料的运动形态焙烧可划分为固定床焙烧和流态化焙烧等。固定床焙烧是指炉窑内相对静止的物料与随时流动的炉内气体通过相互碰撞、能量交换、物理化学反应等途径，进行焙烧脱杂质的工艺处理过程或作业方法；流态化焙烧是指物料分散悬浮在向上的气流中进行的焙烧工艺处理过程或作业方法。

（2）锡金矿、锡焙砂的浸出

锡精矿中的锡石矿物不溶于热的浓酸、强碱、氧化性或还原性的溶液中，这种化学稳定性是锡石采用浸出法分离可溶性杂质的基础。锡精矿往往含有铁、铅、锑、铋、钨等杂质，这种含有多种杂质的精矿送去还原熔炼时，杂质大都会进入粗锡中，使粗锡精炼发生困难，产出大量精炼渣造成锡的冶炼直收率降低。采用盐酸浸出法除去这些杂质，就是锡精矿炼前处理的目的。

酸浸能除去较多的杂质，得到的精矿进行熔炼时可产出较纯的粗锡，从而简化粗锡精炼流程，故在许多炼锡厂中得到应用。但这种方法耗酸量较多，只有在酸供应较方便、价廉的地方才能采用。

有的锡精矿含硫化矿物较多，也可以先浮选，除掉大部分硫化矿物，然后进行焙烧脱硫后再浸出，这样可以减少酸的消耗。用盐酸浸出的一般工艺流程如图 2-30 所示。

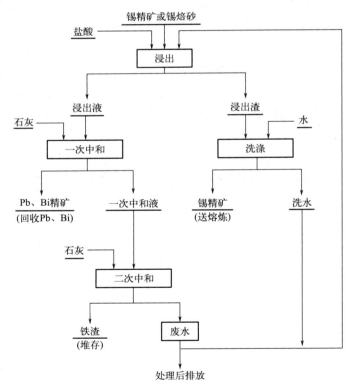

图 2-30　锡精矿浸出流程

影响浸出效率的主要因素有盐酸浓度、盐酸用量与浸出温度。提高盐酸浓度不仅可以提高溶解速率，也可以防止浸出液中的氯化物（如 $FeCl_3$、$BiCl_3$）发生水解沉淀反应。$PbCl_2$ 在盐酸中的溶解度是随盐酸浓度的提高而增加的，铅的浸出率也会随盐酸浓度的增加而提高，当酸浓度达 25% 时，铅浸出率为 94%；盐酸浓度的提高也有利砷的浸出，锑和铁的浸出率受盐酸浓度影响较小。控制盐酸浓度在 22%～25% 时，这些杂质的浸出率都比较高。当精矿含铅量高时（大于 3%），可适当加入氯化钠以提高铅的浸出率。

随着酸用量的增加，铅、铋、铁的浸出率也增加。生产中盐酸加入量一般与按浸出金属的质量比计算，其比例为 Pb：HCl＝1：1.2，Bi：HCl＝1：3.8，Fe：HCl＝1：4.4（盐酸浓度为 30%，密度为 1.15 g/cm³）。

提高浸出温度可提高溶解速率，提高杂质的浸出率。要获得较高的铅、锑、铁浸出率，应控制浸出温度在 110 ℃ 以上，实行高压浸出。一般常压浸出控制的温度为 90～95 ℃。我国部分工厂锡精矿浸出主要技术经济指标列于表 2-12。

表 2-12 我国部分工厂锡精矿浸出主要技术经济指标

精矿类别	锡回收率/%	吨锡酸耗/kg	杂质脱除率/%			
			Bi	As	Fe	Pb
锡精矿	95～99	100～400	88～90	53.1	—	—
高铋锡精矿	97～98		96			
高铁锡精矿	95～98				88～91	
高铅锡精矿	94～98				94	94～98

2.3.2.2 锡精矿的还原熔炼

不论锡精矿是否经过炼前处理，要想从中获得金属锡，都必须经过还原熔炼。其目的在于在一定的熔炼条件下，使原料中锡的氧化物（SnO_2）和铅的氧化物（PbO）还原成金属加以回收，使精矿中铁的高价氧化物 Fe_2O_3 还原成 FeO，与精矿中的脉石成分（如 Al_2O_3、CaO、MgO、SiO_2 等）、固体燃料中的灰分、配入的熔剂生成以氧化亚铁、二氧化硅（SiO_2）为主体的炉渣。

还原熔炼是在高温下进行的，为了使锡与渣较好分离，提高锡的直收率，还原熔炼时产出的炉渣应具有黏度小、密度小、流动性好、熔点适当等特点。因此，应根据精矿的脉石成分、使用燃料和还原剂的质量优劣等，配入适量的熔剂，搞好配料工作，选好渣型。若炉渣熔点过高，黏度和酸度过大，就会影响锡的还原和渣锡分离，并使熔炼过程难以进行。

工业上常使用的熔剂有石英和石灰石（或石灰）。为了使氧化锡还原成金属锡，必须在精矿中配入一定量的还原剂，工业上通常使用的碳质还原剂有无烟煤、烟煤、褐煤和木炭。要求还原剂中固定碳含量较高为好。

还原熔炼产出甲粗锡、乙粗锡、硬头和炉渣。甲粗锡和乙粗锡除主要含锡外，还有铁、砷、铅、锑等杂质，必须进行精炼方能产出不同等级的精锡。硬头含锡品位较甲粗锡、乙粗锡低，含砷、铁较高，必须经焙烧等处理，回收其中的锡。炉渣含锡 4%～

10%，称为富渣，现在一般采用烟化法处理回收渣中的锡。

还原熔炼的设备有澳斯麦特炉、反射炉、电炉、鼓风炉和转炉。从世界范围来说，反射炉是主要的炼锡设备，其次是电炉，而鼓风炉和转炉只有个别工厂使用，澳斯麦特炉正迅速被推广应用。

（1）还原熔炼的基本原理

在锡精矿的还原熔炼过程中，大都采用固体碳质还原剂，如煤、焦炭等。在熔炼高温下，当这种还原剂与空气中的氧接触时，就会发生碳的燃烧反应。根据反应过程，其反应可分为：

碳的完全燃烧反应：$C+O_2 \rightleftharpoons CO_2-39.129 \ kJ/mol$

碳的不完全燃烧反应：$2C+O_2 \rightleftharpoons 2CO-220.860 \ kJ/mol$

碳的气化反应：$C+CO_2 \rightleftharpoons 2CO+172.269 \ kJ/mol$

煤气燃烧反应：$2CO+O_2 \rightleftharpoons 2CO_2-545.400 \ kJ/mol$

精矿、焙砂原料中的锡主要以 SnO_2 的形态存在，还原熔炼时发生的主要反应为：

$$SnO_2(s)+2CO(g) \rightleftharpoons Sn(l)+2CO_2 \quad (2-32)$$

$$C+CO_2 \rightleftharpoons 2CO \quad (2-33)$$

上述反应式为固态 SnO 被气态 CO 还原产生金属 Sn 和 CO_2，而大部分 CO_2 被固定还原，产生的 CO 成为还原剂去还原固态的 SnO_2。如此循环，直至这两个反应中的固相消失为止。所以，只要在炉料中加入过量的还原剂，理论上可以保证 SnO_2 完全还原。

当两反应各自达到平衡时，其平衡气相中 CO 与 CO_2 的平衡浓度会维持一定的比值。在还原熔炼的条件下（恒压下），这个比值主要受温度变化的影响。若将平衡气相中的 CO 和 CO_2 的平衡浓度之和计为 100，则可绘出反应的 CO 含量（%）随温度变化的曲线，如图 2-31 所示。

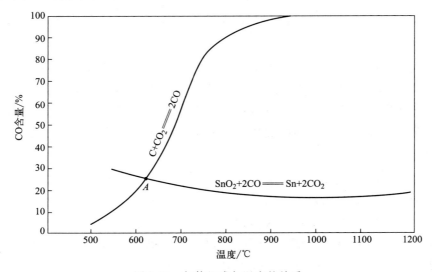

图 2-31　气体组成与温度的关系

在生产实践中，所用锡精矿和还原煤不是纯 SnO_2 和纯固定碳，其化学成分复杂，物理状态各异，另外受加热和排气系统等条件的限制，实际的 SnO_2 被还原时的温度要比 630 ℃ 高许多，往往在 1000 ℃ 以上，并且要加入比理论量高 10%~20% 的还原剂，以保证炉料中的 SnO_2 能更迅速更充分地被还原。

锡氧化物被气体还原剂 CO 还原的过程发生在气固两相界面上，属于局部化学反应类型的多相反应。在这种体系中所形成的固体产物包围着尚未反应的固体反应物，形成固体产物层，如图 2-32 所示。随着反应的进行，未反应的核不断地缩小。

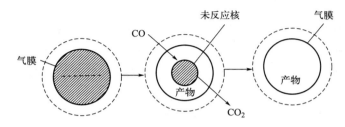

图 2-32 氧化物被 CO 还原的过程

从图 2-32 可以看出 CO 还原固体氧化锡的过程可以看成是几个同时发生的或相继发生的步骤组成：

① 沿气体流动方向输送气体反应物 CO；

② 气体反应物 CO 由流体本体向锡精矿的固体颗粒表面扩散（外扩散），气体反应物 CO 通过固体孔隙和裂缝深入到固体内部的扩散（内扩散）；

③ 气体反应物 CO 在固体产物与反应核间的反应界面上发生物理吸附和化学吸附；

④ 被吸附的 CO 在界面上与 SnO_2（SnO）发生还原反应并生成吸附态的产物 CO_2；

⑤ 气体反应产物 CO_2 在反应界面上解吸；

⑥ 解吸后的气体应产物 CO_2 在反应界面上解吸；

⑦ 气体反应物 CO_2 沿气流流动方向离开反应空间。

上述各个步骤都具有一定的阻力，并且各步的阻力是不同的，所以每一步骤进行的速率一般是不相同的。锡氧化物还原的总过程可以看成是由上述步骤所组成的，而过程的总阻力等于串联步骤的阻力之和，在由多个步骤组成的串联反应过程中，当某一个步骤的阻力远远大于其余步骤的阻力时，整个反应主要由这个最大阻力步骤所控制。由于氧化锡的还原熔炼是在高温下进行的，所以反应速率通常是由扩散过程，特别是由内扩散过程控制的。

（2）锡金矿的反射炉熔炼

锡精矿反射炉熔炼始于 18 世纪初，距今已有约 300 年的历史，在锡的冶炼史上起过重要作用，其产锡量曾经占世界总产锡量的 85%，在冶炼技术上也作了许多改进。反射炉熔炼对原料、燃料的适应性强，操作技术条件易于控制，操作简便，加上较适合小规模锡冶炼厂的生产要求，目前许多炼锡厂仍沿用反射炉生产。但其生产效率低、热效率低、燃料消耗大、劳动强度大等一些缺点是难以克服的，正迅速被强化熔炼方法取代。

锡精矿反射炉熔炼工艺是将锡精矿、熔剂和还原剂三种物料，经准确的配料与混合均匀后加入炉内，通过燃料燃烧产生的高温（1400 ℃）烟气，掠过炉子空间，以辐射传热为主加热炉内静态的炉料，在高温与还原剂的作用下进行还原熔炼，产出粗锡与炉渣经澄清分离后，分别从放锡口和放渣口放出。粗锡流入锡锅自然冷却，于 800～900 ℃下捞出硬头，300～400 ℃时捞出乙锡，最后得到含铁、砷较低的甲锡。甲锡与乙锡均送去精炼。产出的炉渣含锡量很高，往往在 10% 以上，可在反射炉再熔炼，或送烟化炉硫化挥发以回收锡。

现在锡精矿熔炼的反射炉类型繁多，可按生产情况划分：

① 按燃料种类划分，有燃煤、燃油和燃气三种。

② 按烟气余热利用划分，有热式反射炉和一般热风反射炉，前者须用重油或天然气作燃料，后者多用煤作燃料。

③ 按操作工艺划分，有间断熔炼反射炉和连续熔炼反射炉。

加入反射炉的炉料包括含锡原料、熔剂、锡生产过程的中间物料和还原剂。含锡原料有不需炼前处理的生精矿、焙烧后的焙砂矿和经浸出后的浸出渣矿，以及富渣和锡中矿经硫化挥发后产生的烟尘等。

含锡原料的锡品位越高越好，至少不低于 35%。各种原料化学成分见表 2-13。

表 2-13　加入反射炉的各种原料的化学成分　　　单位：%（质量分数）

原料名称	Sn	Pb	Cu	As	Sb	Bi	Fe	SiO_2
锡精矿	40～75	0.001～15	0.001～0.38	0.003～0.48	0.001～0.2	0.001～0.16	0.6～16.3	0.04～4.2
焙砂矿	56.13	0.10	0.03	0.21	0.07	0.07	13.07	4.73
浸出渣矿	70.23	0.09	—	—	0.031	—	—	—
硫化挥发烟尘	37.41	13.91	0.021	2.945	0.10	0.50		4.40

表 2-13 的数据表明，含锡原料的含锡品位变化很大，这主要受矿产地的影响。反射炉生产工艺的灵活性，可以适应这种原料成分波动。除了含锡原料外，反射炉还可以搭配处理本身所产生的烟尘与富渣以及粗锡精炼所产生的熔析渣、碳渣、铝渣等中间物料。搭配的数量与各厂的具体条件有关，如精矿的质量以及生产工艺、操作制度等。

反射炉熔炼生产作业有间断式和连续式两种。间断作业的反射炉熔炼包括进料、熔炼、放锡和放渣、开炉与停炉、正常维修等过程。每个生产周期一般需 6～10 h，个别情况长达 24 h。所以在整个生产过程中，各种作业应互相配合，严格操作，保证生产能顺利进行。反射炉炼的产物有粗锡（有时也有硬头）、炉渣和烟尘。反射炉熔炼的主要技术经济指标有炉床能力、锡的直接回收率、燃料消耗率、产渣率及渣含锡等。

（3）锡金矿的电炉熔炼

电炉炼锡工艺对原料适应性强，除高铁物料外，熔炼其他物料均能达到较好的效果，特别适合处理高熔点的含锡物料。电炉熔炼的一般工艺流程见图 2-33。

熔炼锡精矿的电炉属于矿热电炉的一种——电弧电阻炉。电流通过直接插入熔渣

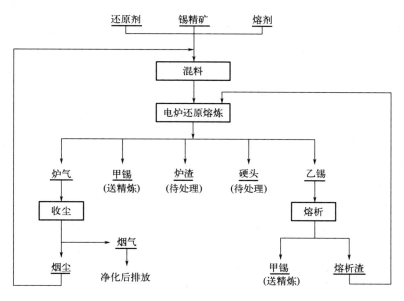

图 2-33 电炉熔炼一般工艺流程

(有时是炉料)的电极供入熔池,依靠电极与熔渣接触处产生电弧及电流,通过炉料和熔渣发热进行还原熔炼。炼锡电炉具有如下特点:

① 在有效电阻(电弧、电阻)的作用下,熔池中电能直接转变为热能,因而容易获得高而集中的炉温。高温集于电极区,炉温可达 1450～1600 ℃,因而适合熔炼高熔点的炉料,特别是对熔炼含钨、铌等高熔点金属多的锡精矿更具优越性。同时较高的炉温为渣型选择提供了更宽的范围。

② 炼锡电炉基本上是密闭的,炉内可保持较高浓度的一氧化碳气氛,还原性气氛强,因此电炉一般只适合处理低铁锡精矿。较好的密封性减少了漏入炉内的空气量,所以烟气量少,熔炼相同量炉料所产生的烟气仅为反射炉的 1/18～1/16,还原性气氛强相应地减少了锡的挥发损失,一般电炉熔炼锡挥发损失约为 1.3%,而反射炉则达 5%。同时烟气量少,带走热量也少,因此可采用较小的烟道降温系统及收尘设备。

③ 锡精矿电炉熔炼有炉床能力高 [3～6t/(m²·d)]、锡直收率高(熔炼富锡焙砂时可达 90%)、热效率高、渣含锡低(3% 左右)等特点。

锡精矿电炉还原熔炼一般产出粗锡、炉渣和烟尘,粗锡送精炼处理产出精锡,炉渣经贫化回收锡后废弃,烟尘返回熔炼或单独处理。

(4)澳斯麦特炉炼锡

澳斯麦特技术也称为顶吹沉没喷枪熔炼技术。顶吹沉没喷枪熔炼技术是在 20 世纪 70 年代初由澳大利亚联邦科学与工业研究组织(CSIRO)在 Floyd 博士领导下,为处理低品位锡精矿和复杂含锡物料而开发的,因此,也称为赛罗熔炼技术(Sirosmelt technology)。1981 年,Floyd 博士建立澳斯麦特公司(Ausmelt),将该技术应用于铜、铅和锡的冶炼,因此,该技术又称为澳斯麦特技术。后来蒙特艾萨公司使用的艾萨炉也是起源于这一技术。

顶吹沉没喷枪熔炼技术是一种典型的喷吹熔池熔炼技术，其基本过程是将一根经过特殊设计的喷枪，由炉顶插入固定垂直放置的圆筒形炉膛内的熔体之中，空气或富氧空气和燃料（可以是粉煤、天然气或油）从喷枪末端直接喷入熔体中，在炉内形成剧烈翻腾的熔池，经过加水混捏成团或块状的炉料可由炉顶加料口直接投入炉内熔池。

1996 年，秘鲁明苏公司引进澳斯麦特技术，建成世界上第一座采用澳斯麦特技术的年处理 3 万吨锡精矿、产出 1.5 万吨精锡的冶炼厂——冯苏冶炼厂（Funsur Smelter）。1997 年达到设计能力，1998 年改用富风，在炉子尺寸完全不改变的情况下，处理能力增加到 4 万吨锡精矿、产出 2 万吨精锡的水平。1999 年，该厂又上了一座澳斯麦特炉，使产锡能力进一步提高。2002 年 4 月云南锡业股份有限公司建成了世界上第二座澳斯麦特炉，设计能力为处理 50 万吨锡精矿，是目前世界上最大的炼锡澳斯麦特炉。

经沸腾、焙烧、脱砷、脱硫，再经磁选，锡精矿中 Sn 品位提高至 50% 以上，As<0.45%，S<0.5%，放置于料仓内。贫渣经烟化产出的烟尘及凝析产出的析渣焙烧后也置于各自的料仓内。各种入炉物料经计量配料后，送入双轴混合机进行喷水混捏。混捏后的炉料经计量，用胶带输送机送入澳斯麦特炉内还原熔炼。

还原熔炼过程周期性进行，通常将其分成熔炼、弱还原及强还原三个阶段。熔炼阶段需 6～7 h，熔炼结束后渣含 Sn 15% 左右；弱还原阶段需 20 min，渣含 Sn 量由 15% 降至 5%；强还原阶段需 90 min，渣含 Sn 量由 5% 降至 1% 以下。强还原作业可不在澳斯麦特炉内进行，而将经熔炼和弱还原两个过程得到的含 Sn5% 左右的贫渣直接送烟化炉处理，这样既可增加熔炼作业时间，又可提高 Sn 的回收率。

澳斯麦特熔炼炉产出粗锡、贫锡渣和含尘烟气。熔炼炉产出的粗锡进入凝析锅凝析，将液体粗锡降温，铁因溶解度减少而成固体析出，以降低粗锡中的含铁量。凝析后的粗锡通过锡泵泵入位于电动平板车上的锡包中，运至精炼车间进行精炼。凝析产出的析渣经熔析、焙烧后返回配料。这部分渣称为焙烧熔析渣。

熔炼炉产出的贫渣放入渣包，通过抓推车和抬车，送烟化炉硫化烟化处理，得到抛渣和烟化尘，烟化尘经焙烧后返回配料。这部分烟尘称为贫渣焙烧烟化尘。

熔炼炉产出的含尘烟气经余热锅炉回收余热，产出过热蒸汽。烟气经表面冷却器冷却，再经布袋收尘器收尘，收集的烟尘经焙烧返回配料入炉，这部分烟尘称为焙烧烟尘。烟气再经洗涤塔脱除 SO_2 后烟囱排放。澳斯麦特工艺的一般生产流程如图 2-34 所示。

澳斯麦特技术与传统炼锡炉相比，最大的特点是通过喷枪形成一个剧烈翻腾的熔池，极大地增强了整个反应过程的传热和传质过程，大大提高了反应速率，有效地提高了反应炉的炉床能力[炉床指数可达 18～20 t/($m^2 \cdot d$)]并减少了燃料的消耗。在澳斯麦特炉熔炼过程中，燃料随空气通过喷枪直接喷入炉体内部，燃料直接在物料的表面燃烧，高温火焰可以直接接触传热。并且由于熔体不断直接搅动，强化了对流传热，从根本上改变了反射炉等炉型熔炼主要靠辐射传热的状况，从而大幅度提高了热利用效率，降低了燃料消耗。

锡精矿还原反应过程主要是 SnO 同 CO 之间的气固反应，而控制该反应速率的主要

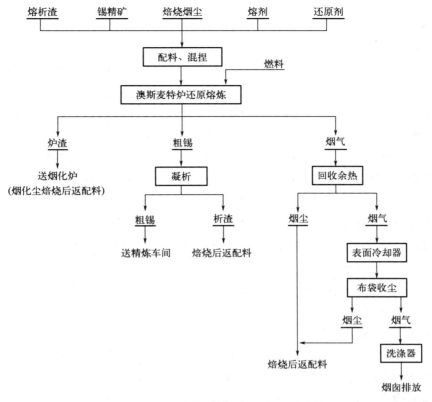

图 2-34 澳斯麦特炉炼锡的一般工艺流程

因素是 CO 向精矿表面扩散和 CO_2 向空间扩散的速率和过程。在其他炉型熔炼过程中，物料形成静止料堆，不利于上述过程的进行。而在澳斯麦特熔炼过程中，反应表面被不断地冲刷，同时燃料在物料表面直接燃烧的高温可形成更高的 CO 浓度，有力地促进了上述扩散和逸散过程，改善了反应的动力学过程，加快了还原反应的进行。澳斯麦特熔炼过程可以通过调节喷枪插入深度、喷入熔体的空气过剩量或加入还原剂的量和加入速度，以及通过及时放出生成的金属等手段，达到控制反应平衡的目的，从而控制铁的还原，制取含铁量较低的粗锡和含锡量较低的炉渣。

2.3.2.3 锡的精炼

（1）锡的火法精炼

锡精矿还原熔炼产出的粗锡含有许多杂质，即使是从富锡精矿炼出的锡，其纯度通常也不能满足用户的要求。为了达到标准牌号的精锡质量要求，就要进行锡的精炼。在多数情况下，精炼时还能提高原料的综合利用率并减轻对环境的污染。粗锡中常见的杂质有铁、砷、锑、铜、铅、铋、铝和锌等，它们对锡的性质影响较大。

① 铁：含 Fe 0~0.005% 对锡的腐蚀性和可塑性没有明显的影响；含铁量达到百分之几后，锡中有 $FeSn_2$ 生成，锡的硬度增大。

② 砷：砷有毒，包装食品的锡、镀锡薄板用的锡，含砷量限定在 0.015% 以下。砷还会引起锡的外观和可塑性变差，增加锡液的黏度。含 As 0.55% 的锡硬度增至布氏硬度 8.7，脆性也增大，锡的断面成粒状。

③ 锑：含 Sb 0.24% 对锡的硬度和其他力学性能没有显著的影响，锑含量升高到 0.5% 时，锡的伸长率便降低，硬度和抗拉强度增加，但锡展性不变。

④ 铜：用作镀层的锡中含铜量越少越好，铜不仅会与锡形成新的化合物，还会降低镀层的稳定性。含 Cu 约 0.05% 时，锡的硬度、拉伸强度和屈服点都会增加。

⑤ 铅：镀层用的锡含铅量不应大于 0.4%，因为铅的化合物有毒性。用于马口铁镀锡的精锡近年要求的含铅量更低，最好能低于 0.01%，以保证食品的质量。

⑥ 铋：含 Bi 0.05% 的锡，拉伸强度极限为 13.72 MPa（纯锡为 18.62~20.58 MPa），布氏硬度为 4.6（纯锡为 4.9~5.2）。

⑦ 铝和锌：在镀锡中含铝或锌不应大于 0.002%。含锌量大于 0.24% 时，锡的硬度增加 3 倍，但延长度会降低。

各冶炼厂生产的粗锡成分波动很大，这主要取决于锡精矿的成分、精矿炼前处理作业及冶炼工艺流程等。

一般而言，粗锡成分大体可分为三类：第一类是处理冲积砂矿所获得的纯净锡精矿，含锡量在 75% 以上，杂质很少，若采用反射炉两段熔炼，其粗锡含锡量在 99% 以上，只含少量的杂质元素；第二类是处理脉锡矿所获得的含锡量在 50% 以上的锡精矿，经过炼前处理除去部分杂质后采用一段还原熔炼，其粗锡含锡 99% 以上，含有较多的杂质元素；第三类是处理脉锡矿所获得的含锡约 40% 的锡精矿，且没有经过炼前处理，冶炼这种精矿产出的粗锡品位在 80% 左右，杂质元素含量高。粗锡的一般成分见表 2-14，锡锭的化学成应符合表 2-15 的规定。

表 2-14 粗锡的一般成分　　　　　　　　单位：%（质量分数）

编号	Sn	Fe	As	Pb	Bi	Sb	Cu
1	99.79	0.0089	0.010	0.012	0.0025	0.005	0.002
2	99.83	0.0144	0.0183	0.031	0.003	0.010	0.025
3	94.68	1.25	1.07	1.19	0.05	1.22	0.20
4	96.47	0.615	0.88	1.35	0.02	0.69	0.32
5	79.99	3.11	3.82	9.07	0.295	0.096	1.29
6	81.54	3.25	3.33	9.14	0.184	0.094	1.07

表 2-15 锡锭的化学成分（GB/T 728—2020）

牌号	Sn(质量分数)/%≥	杂质(质量分数,不大于)/%								
		As	Fe	Cu	Pb	Bi	Sb	Zn	Al	总和
Sn99.99	99.99	0.0005	0.0020	0.0005	0.0035	0.0025	0.0015	0.0003	0.0005	0.010
Sn99.95	99.95	0.003	0.004	0.004	0.020	0.006	0.014	0.0008	0.0008	0.050
Sn99.90	99.90	0.008	0.007	0.008	0.025	0.020	0.020	0.001	0.001	0.10

不同炼锡厂的粗锡含有不同的杂质，生产规模、原料供应及设备条件也各不相同，因此火法精炼流程会有所不同。对于熔炼杂质较少的高品位精矿所产的粗锡，通常只需1～2道火法精炼工序即可达到高级精炼，精炼收率甚至能达到99.45%。而处理含有较多杂质的粗锡则需要较长的火法精炼流程，如图2-35所示，每道工序针对去除一种或几种杂质，有时一种杂质需要通过多道工序逐步去除，例如砷需要在三道工序中依次去除（包括离心机除铁、砷，凝析除铁、砷，加铝除砷、锑）。

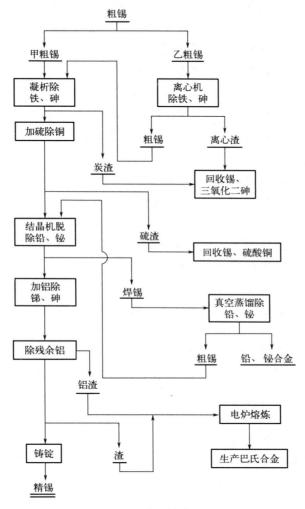

图2-35　火法精炼流程

熔析法、凝析法是根据铁、砷这些杂质在锡液中与锡生成的高熔点金属间化合物在锡液中不同温度下的溶解度不同来脱除杂质的。熔析法将铁、砷含量高的固体粗锡（生产中称为乙粗锡），加热到锡熔点以上，高熔点金属间化合物保持固体状态，而锡熔化成液体与其分开。相反，凝析法是将铁、砷含量低的已熔成液体的粗锡（称为甲粗锡）降温，使铁、砷及其化合物溶解度降低，结晶成固体析出，达到锡与铁、砷分离的目的。

分离液、固相最有效的方法之一为离心过滤法。但要在火法冶金中采用离心技术需要解决许多工艺上的困难，首先是制造离心机的材料应能承受很高的温度，而且要具有很好的耐蚀性；其次设备结构要适合液体锡与浮渣的分离。

粗锡中一般含有铅和铋。国外在 20 世纪 70 年代用氯化法即于 300 ℃下使 Pb 反应生成 $PbCl_2$ 而被除去。氯化法除铅不消耗大量的试剂，但会产出大量的浮渣，而且除铅效率低，劳动条件差，对含铅量高于 5% 以上的粗锡用此法更不适宜。国外有些工厂加钙镁除铋，国内均不采用。

我国炼锡厂的粗锡历来含铅、铋均较高，因此一直采取熔析、结晶法除铅、铋。结晶放液法在生产中已使用了 20 多年，也作过多次改进，但是结晶、放液是间断进行的，大部分是手工操作，生产率低，劳动强度大，难以达到高质量锡的要求。如何使熔析结晶法连续化、机械化，引起了国内外炼锡专家的广泛关注。

我国冶金工作者经过多年的研究试验，对结晶机的结构和温度的合理分布及自动控制均作了改进，取得了满意的效果，研制出了现今用于生产的电热连续结晶机。这一设备不仅在国内各个炼锡厂使用，而且已推广到美洲、亚洲、西欧等 10 多个炼锡厂，是我国炼锡业的独特创造。

火法精炼流程中加铝除砷、锑在结晶、熔析除铅、铋之前或之后进行，得到的除砷、锑的效果相同，但对生产实践来讲各有利弊。前者的优点是砷、锑脱除达到标准后，在连续结晶机除铅和铋时，内槽中的晶体硬度和黏度较小，可减轻螺旋器的负荷，晶体和液体的分离条件得到改善，有利于除铅、铋；同时在加铝除砷、锑后，即使操作不仔细，残留下来的铝也会在结晶机内槽中继续氧化造渣而除去。缺点是要求除锑的程度低于标准含量，否则结晶提纯时，锑会在结晶体中富集，可能使含锑合格的锡在结晶处理后反而不合格。加铝除砷、锑放在结晶、熔析除铅、铋之后的优点是加铝除锑只需达到精锡标准即可。

常压下的火法精炼有许多优点，但也存在一些问题，例如金属易于氧化产生大量的浮渣，这些浮渣的成分复杂，必须分别加以处理，增加了作业过程，降低了锡的直收率，而且在常压下操作，金属挥发进入烟尘造成飞扬损失，污染了作业环境，特别是有些杂质元素的氧化物具有毒性会对操作者造成危害。真空冶金是在密闭的容器中进行的，因此能克服常压火法精炼这一缺点。真空精炼最初用于粗铅精炼脱锌，澳大利亚皮里港炼铅厂用于在沉降薄膜反应器中脱铅，并用佩马班压法从粗铅脱银所产生的锌壳中回收锌，均取得了较好的效果。我国着重研究了焊锡的真空蒸脱，于 1977 研究成功，20 世纪 80 年代在各个炼锡厂推广使用，并取得了很好的效果，推动了我国锡精炼技术的发展。

（2）锡的电解精炼

电解精炼一次作业能除去粗锡或粗焊锡中的大部分杂质，并产出纯度很高的精锡或精焊锡，特别适于处理铋和贵金属含量高的粗锡。与火法精炼相比，锡的直接回收率高，有价杂质元素的富集比高，易于回收处理。但电解精炼的投资费用大，在电解过程中有大量金属被积压，故其发展受到限制，国内外炼锡厂采用电解精炼法的不多。

锡电解精炼采用的电解液种类繁多，概括起来可分为酸性电解液与碱性电解液。由于酸性电解液性质比较稳定,生产费用比用碱性电解液低许多,电解过程的电耗也低,容易控制阴极产品的纯度,所以各炼锡厂均乐于采用酸性电解液。

在酸性电解液中,被工厂广泛采用的有硫酸-硫酸亚锡电解液和硅氟酸电解液。锡的电解精炼可分为粗锡电解精炼与粗焊锡电解精炼,前者产出精锡,后者产出精焊锡。两者的差别主要是使用的电解液不同,前者可使粗原料中的铅进入阳极泥而不污染精锡,后者使铅与锡在阴极上析出,得到较纯的阴极锡合金——精焊锡。

粗锡电解精炼可以采用酸性电解液和碱性电解液。前者使用较多,有硫酸溶液和硫酸-硅氟酸溶液两种;后者使用较少,仅用于处理高铁粗锡(主要来自再生锡),其电解液也有氧化钠溶液和碱性硫化钠之分。下面以硫酸电解液为例叙述粗锡电解精炼,其生产工艺流程如图 2-36 所示。

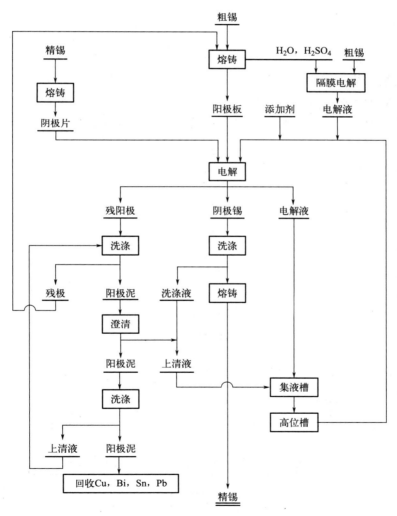

图 2-36　粗锡硫酸盐水溶液电解精炼生产流程

焊锡电解精炼的目的是将铋、砷、锑、铁等杂质含量较高的粗焊锡,通过电化学过程精炼,生产出锡和铅含量均超过 99% 的高纯焊锡。与粗锡电解精炼不同,后者主要生产低杂质的精锡，并且在电化学过程中铅不会被去除。焊锡电解精炼不仅不会去除铅，还能使铅和锡在阴极一起析出。因此，焊锡的电解精炼不能使用粗锡电解精炼所用的稀硫酸水溶液，否则铅会以 $PbSO_4$ 形式沉积在阳极，而不会在阴极析出。焊锡电解精炼采用的电解质是硅氟酸（H_2SiF_6），这样可以确保铅和锡均溶解在电解液中，并同时在阴极上析出，从而得到铅锡含量高且杂质含量低的精焊锡。

焊锡电解精炼的电化学体系为：

粗焊锡阳极 | $SnSiF_6$，Pb，H_2SiF_6，H_2O | 精焊锡

阳极发生的主要反应是铅、锡同时电化溶解，因为其电位相近。反应式为：

$$Pb - 2e^- \longrightarrow Pb^{2+} \tag{2-34}$$

$$Sn - 2e^- \longrightarrow Sn^{2+} \tag{2-35}$$

阴极发生的反应则为：

$$Pb^{2+} + 2e^- \longrightarrow Pb \tag{2-36}$$

$$Sn^{2+} + 2e^- \longrightarrow Sn \tag{2-37}$$

粗焊锡电解精炼过程中铋、铜、银、砷、锑、铁等杂质的行为均与粗锡电解精炼相似。除铁外它们大都会进入阳极泥中。粗焊锡硅氟酸电解精炼工艺在我国许多炼锡厂已得到成功应用，取代了盐酸电解精炼工艺。其生产工艺流程如图 2-37 所示。

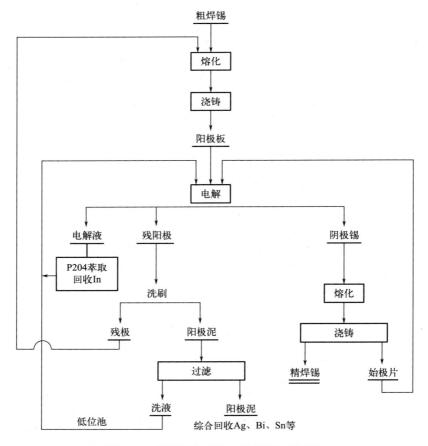

图 2-37　粗焊锡硅氟酸电解精炼生产流程

2.3.3 锡冶金工艺产排污节点

炼锡厂是以火法为主、湿法为辅的冶金过程。在精矿的焙烧和还原熔炼、甲粗锡的火法精炼、乙粗锡的熔析和乙粗锡析渣的焙烧、富渣和富中矿的烟化炉硫化挥发、粉煤制备、电热回转窑处理高砷烟尘回收白砷等过程中都不同程度地会产生含有毒物质的烟尘和气体,特别是澳斯麦特炉和烟化炉产生的烟气量大,我国某炼锡厂的澳斯麦特炉每小时产出烟气(标准状态)约 $6×10^4 \ m^3$,烟化炉产生烟气约 $9×10^4 \ m^3$,白砷炉产生烟气约 $1.5×10^3 \ m^3$。这些烟气通过收尘净化后,从烟排出的废气含有害成分铅、氟、SO_2 等的浓度未超过国家允许排放的标准限值,但其中或多或少都还含有一些有害成分,给周围环境带来污染。同时烟化炉还会产出大量的废渣,烟气在淋洗塔和水接触时,还会产出高砷污水。所以,锡冶炼和其他许多冶炼过程一样,在冶炼过程中要产出废气、废水和废渣,即"三废"。

锡精矿中除含有锡外,还含有铅、锌、铜、砷、锑、硫、氟等元素,在冶炼过程中,这些元素会不同程度地进入废气、废水和废渣之中,其中铅、锌、砷、硫、氟易挥发进入烟气。所以若不能很好地治理"三废",化害为利,而是任其排放,不但损失了有价金属,而且会污染环境,给人的身体健康带来危害。

锡冶炼的烟化炉化挥发技术已经发展到可将烟气中的锡降至 0.1% 以下。因此,在整个冶炼流程的金属平衡中,随废渣损失的锡已不是主要矛盾,而随烟气损失的锡已相对成为主要矛盾,特别是烟化炉更是如此,因为它的产品就是烟尘。锡冶炼的另一个特点是以高温作业为主,锡及其他低沸点金属和化合物(SnO、SnS、As_2O_3、Pb、Sb 等)的挥发率较高,所以烟气不但烟尘含量高,而且烟尘中有价金属和有害成分的含量也高,烟尘粒度细且多为冷凝而成的凝聚性尘粒。所以在锡冶炼的许多工序中,配置有效的收尘设备是非常必要的,不但能消除或减轻烟气所带来的污染,而且能化害为利,提高金属的回收率。我国某炼锡厂澳斯麦特炉和烟化炉的烟气量、烟气含尘浓度、SO_2 浓度和烟尘成分分别见表 2-16 和表 2-17。

表 2-16 烟气量、烟气含尘浓度及 SO_2 浓度

设备	澳斯麦特炉	烟化炉
烟气量(标态)/(m^3/h)	65738	93339
烟气含尘浓度(标态)/(mg/m^3)	68.65	190
烟气含 SO_2 浓度(标态)/(mg/m^3)	308	650

表 2-17 烟尘成分   单位:%(质量分数)

成分	澳斯麦特炉	烟化炉
Sn	42.15~45.67	41.46~49.30
Pb	7.53~8.73	9.70~12.60
Zn	14.53~15.77	8.10~9.10

续表

成分	澳斯麦特炉	烟化炉
As	3.05～3.80	3.30～3.84
Sb	0.065～0.11	0.12～0.19
S	0.56～0.82	1.11～1.34
Bi	0.15～0.16	0.24～0.42
Fe	0.65～0.87	0.75～2.83
SiO_2	2.60～3.46	1.80～3.46
CaO	0.19～0.28	0.18～0.47

2.3.3.1 废气的治理

炼锡厂澳斯麦特炉和烟化炉具有烟气量大、烟气含尘率高、烟尘粒度细并多为凝聚性烟尘（由气体冷凝而成）等特点。针对澳斯麦特炉和烟化炉的烟气和烟尘特点，一般采用电收尘器和布袋收尘器进行收尘。电收尘器对烟气的温度要求不像布袋收尘器那样严格，不需要庞大的烟气冷却装置，维持费用较低；但是基建投资费用较高，并且需要设置淋洗塔，这就不可避免地要产生大量的含锡泥浆烟尘，为了回收这部分泥浆烟尘中的锡，要对泥浆进行脱水和干燥处理，同时还要处理产生的高砷污水，增加了不少麻烦。布袋收尘器的优点是基建投资费用比电收尘低，不需要增湿设备，收尘效率高；缺点是需要安装庞大的烟气冷却装置，另外，当烟气中腐蚀性气体较高时，布袋的寿命较短。

炼锡厂澳斯麦特炉和烟化炉的烟气处理流程如图 2-38 和图 2-39 所示。烟气处理包

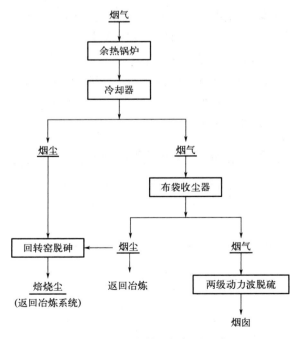

图 2-38 澳斯麦特炉烟气处理流程

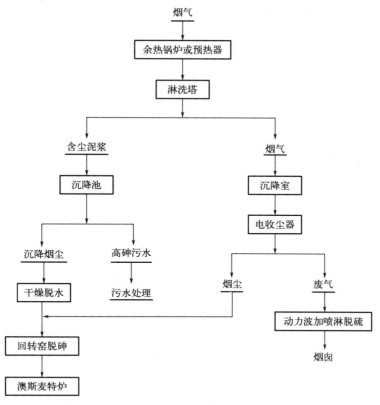

图 2-39　烟化炉烟气处理流程

括两大部分：高温烟气的冷却与含尘烟气收尘。炼锡厂采用的高温冷却设备主要有余热锅炉与表面冷却器，采用的收尘设备是布袋收尘器和电收尘器。锡精矿的焙烧脱硫与砷、硫渣的处理等冶炼过程都会产生一些含 SO_2 的烟气，需要进行脱硫处理后才能排放。

2.3.3.2　废水的治理

炼锡厂在生产过程中产出有害污水以高砷污水最为突出，产出量大，含有害成分多，含砷量较高，若不加以处理而任其排放，必然严重污染环境。我国炼锡厂均以火法生产为主，澳斯麦特炉和烟化炉在熔炼和吹炼过程中必然会产生大量的烟气，为了净化这些烟气，将烟气中所含的烟尘有效回收，化害为利，就必须对这些烟尘进行收尘处理。若采用电收尘器，烟气在进入电收尘器之前，需先通过淋洗塔，进行喷雾、降温、增湿处理，从而提高烟尘粒子的表面导电度，提高收尘效率。在淋洗塔中，通过喷嘴雾化的水仅有 45%～75% 会蒸发掉，而未蒸发的水在和烟气的接触中会将烟气中的砷、铅等有害杂质溶解，成为泥浆，一般采用沉淀法来处理，溢流水除含有砷、氟、铅外，还含有部分粒度极细的烟尘，这些烟尘以固体悬浮物形态存在于污水中，这就是高砷污水。我国某炼锡厂淋洗塔产出的高砷污水成分和国家最高允许排放浓度见表 2-18。

表 2-18 高砷污水成分和国家最高允许排放浓度（GB 8978—1996）

成分	As	F$^-$	Pb	Zn	Cd	Cu	Sn	Fe	SO$_4^{2-}$	Cl$^-$
高砷污水中的含量/(mg/L)	90～788	150～550	20.4～25.8	141～744	1～10	0.4～2.38	1.8～80	4～18	600～700	160～200
最高允许排放浓度/(mg/L)	0.5	10	1	5	0.1	1	—	—	—	—

从表 2-18 可知，高砷污水所含的有害元素及重金属杂质的量都大大超过了国家的标准，若不认真处理，随便排放，必将严重污染环境。锡冶炼厂的高砷高氟污水具有含量波动范围大、产量高、成分复杂、酸性强等特点，从而给处理带来了一定困难。

2.3.3.3 废渣的处理

近年来由于锡矿结构的变化，富中矿的规模呈扩大的趋势，因此，烟化炉渣也日益增多，以我国某炼锡厂为例，每年产出的烟化炉渣在 6×10^4 t 左右。

炼锡厂产出的"三废"中，与废气、废水相比，废渣危害性似乎小一些，因为其中的有害成分大部分已经被固化，但如不及时处理、搞好综合利用，任其堆积，也会带来严重恶果：废渣产量大，并且随着烟化炉生产规模的扩大，还有增加的趋势，这样必然增加运输费用，占用土地；废渣还含少量可溶性有害物质，会溶于雨水中，这种雨水若流入农田，会污染土地，破坏农业生产，危害人民身体健康，若流入江河湖泊，会污染水质，直接危害水生生物和人民身体健康；有的炼锡厂废渣含 FeO 高达 50%，若不能很好利用，会对国家资源造成严重的浪费。所以如何综合利用烟化炉废渣，是一个值得认真研究的问题。

目前，大部分炼锡厂的烟化炉废渣都是采用专用渣场堆存。炼锡厂工程技术人员曾对烟化炉渣的利用做了许多工作，特别是在利用其中的铁方面，曾做了脱硫、烧结等实验工作，均取得了较为满意的结果。

炼锡厂的污泥渣主要为烟化炉淋洗塔产出的高砷污水经石灰中和除砷产生的砷钙渣，其主要成分见表 2-19。

表 2-19 炼锡厂污泥渣主要成分

元素	As	Ca	Zn	Si	Mg	F	Sn	Pb
质量分数/%	9～12	12～22	12～24	4～6	7～9	9～10	0.12	1～2

污泥渣含有大量的有害物质和水分，在《国家危险废物名录》中被列为危险废物。因此，该类渣堆存处置中必须进行防渗漏、防飞扬、防流失"三防"处理。

2.3.4 锡冶金固废性质及特点

随着锡矿的不断开采，锡矿石品位逐渐下降，难选矿石逐渐增多。为了提高锡的选矿回收率，必须降低选矿富集比，降低精矿品位，产出贫锡精矿或少产高品位锡精矿，产出部分锡中矿。贫锡精矿和锡中矿大多是锡铁、锡硫结合致密，难以用物理方法使之分离而将锡富集到还原熔炼要求的品位；或因粒度太细，分选效率低，用现行传统的冶炼流程难以处理的矿物，必须研究适当的火法富集方法，得到适合还原熔炼的产品。在烟化炉处理富渣成功之前，是将富渣加石灰送进鼓风炉再熔炼，产出铁锡合金和含锡1%~3%的贫渣，铁锡合金返回和精矿一起熔炼，贫渣丢弃。

由于锡矿石多是复杂的多金属矿，除锡石外，往往还伴生着其他一些有价金属矿物，所以选矿厂所生产的锡精矿成分比较复杂，如我国某炼锡厂所处理的锡精矿未经炼前处理，其成分见表2-20。

表2-20 某炼锡厂未经炼前处理的锡精矿成分　　　　　　　　　　　　单位：%

元素	Sn	Pb	Zn	Cu	As	Sb	S	Bi
质量分数	34.32~60.11	0.14~11.76	0.037~0.488	0.034~0.49	0.18~2.82	0.0016~0.545	0.04~3.713	0.007~0.46
元素	Ag	In	Ga	Fe	MgO	SiO_2	CaO	F
质量分数	0.001~0.0068	0.002~0.0085	0.00085~0.002	2.92~25.82	0.025~0.596	0.89~17.15	0.06~1.01	0.004~0.152

虽然有的锡冶炼厂锡精矿进行过炼前处理，但也只能除去部分杂质，处理后的精矿成分仍较复杂。由于这些杂质元素的影响，在还原熔炼过程中除产出粗锡与炉渣外，还附带产出部分硬头。粗锡中含有一定量的杂质元素，所以，粗锡又分为一级粗锡和次粗锡两类（常称甲粗锡、乙粗锡）。乙粗锡再经精炼或经离心机处理产出离熔甲粗锡与离熔析渣；而各甲粗锡中仍还含有一定量的杂质元素，在火法精炼除杂质过程中，会产出碳渣、硫渣、铝渣等中间产物。某锡冶炼厂还原熔炼物料中的主要杂质投入产出分布情况见表2-21。

表2-21 还原熔炼物料中的主要杂质投入与产出平衡分布　　　　　　　　单位：%

元素		Pb	Cu	As	Sb	Bi	S	Fe	Zn
投入熔炼物料		100	100	100	100	100	100	100	100
产出	粗锡	80.40	93.32	58.63	82.31	80.98	16.55	8.38	1.58
	富渣	2.30	2.68	3.95	6.88	3.48	19.80	86.48	23.20
	硬头	0.83	1.60	8.90	0.92	0.93	2.68	2.19	0.20
	烟尘	14.58	1.57	15.39	8.55	13.46	6.54	1.58	45.30
	烟道尘	1.84	0.85	1.65	1.25	1.16	1.05	1.40	2.91
	其他	0.05	—	11.50	0.10	—	53.42	—	27.06
粗锡	甲粗锡	58.50	68.12	13.80	60.01	58.15	1.45	0.95	0.40
	乙粗锡	21.90	25.20	44.83	22.30	22.83	15.10	7.43	1.18

由表2-21可看出，80%以上的铜、铅、铋、锑以及约60%的砷进入到锡中，导致粗锡在火法精炼时会产出各种精炼渣，精炼渣的产出率与粗锡中杂质的含量有很大的关系。仍以该冶炼厂为例，火法精炼时精锡、焊锡及各种精炼渣的产出率见表2-22。

表 2-22　某冶炼厂火法精炼产物成分产出率　　　　　　　　　　　　　　　单位：%

序号	粗锡产出率	粗焊锡产出率	锅渣率	碳渣率	铝渣率	硫渣率	产出物合计	总渣率
1	55.70	17.10	13.10	8.00	2.10	4.00	100	27.20
2	45.60	24.30	16.20	6.00	2.20	5.70	100	30.10
3	51.40	17.50	17.20	5.60	2.20	6.10	100	31.10
4	48.10	7.20	31.40	6.00	1.70	5.60	100	44.70
5	42.20	19.30	26.30	4.90	1.60	5.70	100	38.50

由表 2-22 可知，精炼过程总渣率约在 30% 以上，据生产统计数据分析可得出：粗锡中每吨铜要产出 5~10 t 硫渣，8~12 t 碳渣，15~50 t 铝渣。

从火法精炼过程物料平衡及纯锡分布情况（表 2-23）可看出，进入精锡的分布率只占 50%，约有 35% 的锡进入到各种精炼渣中，造成了锡的大量积压，渣中还含有一定量的有价金属。必须对这些中间产品进行处理，以提高冶炼过程中锡的回收率，并综合回收其中的有价金属。

表 2-23　火法精炼物料平衡及纯锡分布

投入					产出				
物料名称	质量/t	Sn 含量/%	纯锡量/t	分布率/%	物料名称	质量/t	Sn 含量/%	纯锡量/t	分布率/%
甲粗锡	12988	83.90	10897	57.00	精锡	9578.7	99.95	9573.9	50.0
离心粗锡	9700	84.80	8226	43.00	粗焊锡	4379.3	66.30	2903.5	15.2
—	—	—	—	—	锅渣	5963	77.90	4645	24.3
—	—	—	—	—	碳渣	1116	75.60	844	4.4
—	—	—	—	—	硫渣	1283	64.90	832.3	1.2
—	—	—	—	—	铝渣	368	59.70	219.7	1.2
—	—	—	—	—	损失	—	—	104.2	0.5
粗锡合计	22688	84.30	19123	100	粗锡合计	22688	—	19123	100

2.4　轻金属：铝

2.4.1　概述

铝工业是现代制造业的重要组成部分，包括铝矿石的开采、铝土矿的精炼、电解冶炼以及铝产品的加工和应用。该工业首先通过露天或地下开采铝土矿，再通过拜耳法将铝土矿转化为铝氧化物（Al_2O_3），然后利用霍尔-厄鲁法将铝氧化物电解还原为铝金属。

精炼后的铝液被铸造成铝锭,进一步经过挤压、轧制等工艺制造成各种铝制品,如铝板、铝型材和铝箔。这些铝产品广泛应用于交通运输、建筑、包装、电气和电子等领域,以其轻质、耐腐蚀和可回收性为特点,显著提高了产品的性能和环保性。铝工业在带动经济增长和创造就业机会的同时,也面临着能源消耗和废料处理等环境挑战,正在向更加绿色和可持续的方向发展。

2.4.2 铝冶金工艺流程

2.4.2.1 氧化铝

氧化铝生产以铝土矿为原料,世界上主要采用碱法工艺,主要包括烧结法、拜耳法及联合法。国外90%以上的铝土矿均为高铝、低硅、高铁、易溶出的三水铝石,因此生产工艺多采用拜耳法。而我国虽然铝矿资源丰富,但除占矿石储量1.54%的三水铝石外,其余全部为高铝、高硅、低铁、难溶的一水硬铝石,品位较低。因此氧化铝生产大都采用溶出条件苛刻、流程长且复杂、能耗高、成本较高的混联法或烧结法工艺。随着各厂引进国际先进技术和设备,我国已成功开发了选矿拜耳法和石灰拜耳法,使中低铝硅比矿石的应用得到了突破。今后各个氧化铝厂必将逐步实现技术经济指标先进的以拜耳法工艺为主的工艺流程。

铝冶炼烟气属于轻有色金属冶炼废气,氧化铝厂的废气和烟尘主要来自熟料窑、焙烧窑和水泥窑等窑炉。此外,物料破碎、筛分、运输等过程也会散发大量的粉尘,包括矿石粉、熟料粉、氧化铝粉、碱粉、煤粉和煤粉灰。氧化铝厂含尘废气的排放量非常大。电解铝厂废气来源于电解槽,主要的污染物是氟化物。其次是氧化铝卸料、输送过程中产生的各类粉尘。铝厂碳素车间的主要污染物是沥青烟。烧结和联合法工艺的大气污染源主要是熟料烧成窑,其次是氢氧化铝焙烧炉。拜耳法工艺没有熟料烧成窑,氢氧化铝焙烧炉是主要污染源。国内工业生产氧化铝的技术主要有烧结法、拜耳法(包括选矿拜耳法)、联合法三种。其中,烧结法、联合法由于生产能耗较高,除少部分特种氧化铝生产仍采用烧结法外,其他均为拜耳法工艺。

熟料窑烟气温度高,湿度和黏度大,烟气含硫浓度取决于燃料煤含硫量。由于熟料碱度较高,相当于燃料烟气的脱硫剂,所以烟气中的SO_2可得到一定程度的净化,排放烟气中SO_2浓度较低。

氢氧化铝焙烧炉的燃料有天然气、人工煤气和重油等。采用回转窑焙烧氢氧化铝配备立式除尘器尾气达标比较困难。

氧化铝厂无论采用烧结法还是拜耳法生产工艺,其基本原理都是采用碱液浸出铝土矿中的氧化铝,在溶出工段需消耗大量高温高压蒸汽,故氧化铝生产企业均设有自备热电站。

燃煤锅炉吨位比较大,烟尘和SO_2排放量大,是重要的废气污染源。此外,物料破碎、筛分、运输等过程也会散发大量粉尘,包括矿石粉、熟料粉、氧化铝粉、碱粉、煤粉和煤粉灰等,这些粉尘排放节点较多且分散,也是造成环境污染的重要原因。

铝工业冶炼废气排放量大，成分也比较复杂。因为原料的来源渠道不同、选用的燃料不同、采用的熔炼技术不同，因此废气中的污染物也不同，但大多数相似。颗粒状废物主要是熔炼过程中产生的金属氧化物和非金属氧化物，如 Mg、Zn、Ca、Al、Fe、Na 等的氧化物和氯化物，还有大量碳粒灰分等，此部分构成了烟尘；气体污染物废气主要有 CO、CO_2、NO_x、SO_2、HCl、HF、烃类化合物及易挥发的金属氧化物或挥发的金属、氯气等。大部分的废气污染物经过捕集后可返回原料再利用或经过处理作为副产品使用。

铝工业主要污染源及主要污染物见图 2-40。氧化铝生产过程中的废气污染源及污染物种类、排放量见表 2-24 和表 2-25。

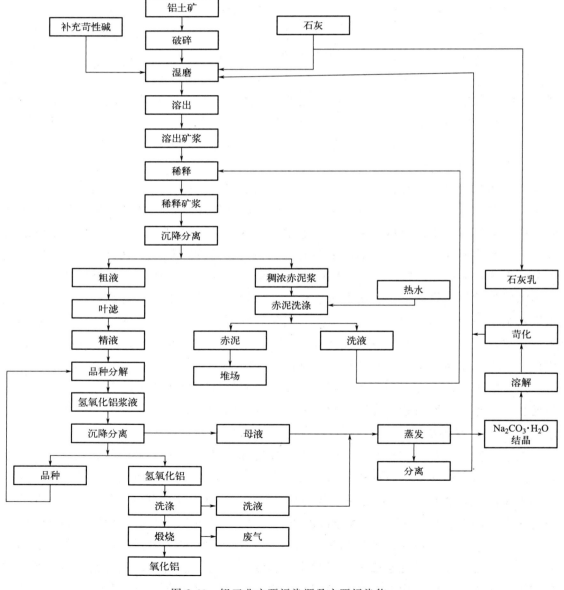

图 2-40 铝工业主要污染源及主要污染物

表 2-24　氧化铝生产过程中的废气污染源及污染物种类

工序	拜耳法	烧结法	联合法
原料堆场	颗粒物	颗粒物	颗粒物
铝土矿和石灰石破碎及储存	颗粒物	颗粒物	颗粒物
石灰炉	颗粒物、CO、CO_2、SO_2		
熔盐加热炉	颗粒物、CO、CO_2、SO_2、NO_x	颗粒物、CO、CO_2、SO_2、NO_x	颗粒物、CO、CO_2、SO_2、NO_x
烧成煤制备及煤上系统		颗粒物	颗粒物
熟料烧成窑		颗粒物、CO、CO_2、SO_2、NO_x	颗粒物、CO、CO_2、SO_2、NO_x
熟料破碎及储运		颗粒物	颗粒物
氢氧化铝焙烧炉	颗粒物、CO、CO_2、SO_2、NO_x	颗粒物、CO、CO_2、SO_2、NO_x	颗粒物、CO、CO_2、SO_2、NO_x
氧化铝储运及包装	颗粒物	颗粒物	颗粒物

表 2-25　氧化铝生产过程废气排放量

序号	系统	废气排放量/m^3	
		烧结法和联合法	拜耳法
1	原料系统（原燃料储运、制备，石灰石烧制、储运等）	3000～7000①	650～1300①
2	熟料烧成窑	3200～5000②	
3	烧成系统及熟料破碎、储运	1200～2200②	
4	氢氧化铝焙烧炉	1700～2500①	
5	氧化铝储运、包装	400～700①	

① 标态下（温度 273 K、压力 101325 Pa），生产 1 t 氧化铝所排废气。
② 标态下，生产 1 t 熟料所产废气量。

氧化铝厂焙烧炉烟气 SO_2 排放浓度取决于燃料硫含量，焙烧气源有天然气和自制煤气。由表 2-26 可知，使用天然气的焙烧烟气 SO_2 排放浓度一般在 10 mg/m^3 以下；天然气成本较高，使用自制煤气发生炉煤气的占较大比重。氧化铝厂焙烧炉烟气 SO_2 平均浓度范围为 35～180 mg/m^3。

表 2-26　氧化铝厂焙烧炉烟气 SO_2 排放浓度统计

名称	治理措施	浓度范围/(mg/m^3)	均值/(mg/m^3)		
			2014 年	2015 年	2016 年
企业 A	天然气、自制煤气＋湿气脱硫	3.06～459.52	18.42	133.11	58.28
		1.24～181.87	77.6	—	46.09
		5.18～315.76	135.36	106.69	170.02
		9.85～236.9	68.5	105.14	157.39
		1.93～315.76	57.36	57.46	118.94

续表

名称	治理措施	浓度范围/(mg/m³)	均值/(mg/m³)		
			2014 年	2015 年	2016 年
企业 B	自制煤气+湿法脱硫	1.69~256.76	56.89	66.04	114.24
		186~248	211	211	211
企业 C	天然气、自制煤气+湿气脱硫	42.77~318.3	177.6	153.86	151.07
		47.17~563.2	240.1	95.54	102.39
企业 D	自制煤气+湿法脱硫	2.17~143.9	59.14	60.03	87.06
		1.85~181.6	79.95	46.94	94.4
		1.87~134.73	52.08	55.81	35.25
		6.28~155.99	100.61	71.76	67.42
		17.68~169.43	56.87	90.98	67.86

表 2-27 氧化铝厂焙烧炉烟气 NO_x 排放浓度统计

名称	燃料类型	浓度范围/(mg/m³)	均值/(mg/m³)		
			2014 年	2015 年	2016 年
企业 A	天然气、自制煤气	38.37~245.22	109.21	105.98	137.43
		3.27~275.37	60.41	178.35	166.22
		2.19~231.52	88.25	128.21	168.79
		16.08~259.51	124.64	150.99	199.92
		42.93~255.95	19.6	114.02	173.87
企业 B	自制煤气	1.59~328.41	220.33	228.09	230.15
		247~263	257.33	257.33	257.33
企业 C	天然气、自制煤气	37.55~216.2	144.54	123.77	140.12
		46.84~233.1	173.6	129.99	68.82
企业 D	自制煤气	1.37~278.67	94.06	107.13	142.35
		1.65~394.31	234.08	68.94	152.03
		2.22~294.15	163.05	106.13	139.25
		20.21~349.35	186.6	118.23	147.51
		88.56~335.73	194.03	139.38	151.92
企业 E	天然气	10.8~14.8	12.97	12.97	12.97

表 2-28　氧化铝厂焙烧炉烟气 SO_2 和 NO_x 排放浓度统计（实测数据）

编号	燃料类型	温度/℃	SO_2[①]/(mg/m³)	NO_x[①]/(mg/m³)	O_2/%	CO[①]/(mg/m³)	粉尘浓度[①]/(mg/m³)
企业 A	煤气+天然气	175	11.4	137.6	10.3	7.5	42.1
企业 B	煤气	146	22.9	429.2	6.58	7.5	13.7
企业 C	煤气	162	5.7	129.4	6.2	22.5	53.1
企业 C	煤气+天然气	207	77.1	127.3	10	21.3	50.1
企业 D	煤气	160	45	270	6.3	—	9

① 指在标准状况下测定。

由表 2-27 和表 2-28 可知，氧化铝厂焙烧炉烟气 SO_2 平均浓度范围为 35~180 mg/m³；混烧 NO_x 浓度一般为 150 mg/m³ 左右，单烧煤气 NO_x 浓度一般为 250~430 mg/m³（图 2-41），氧化铝厂焙烧炉烟气中 NO_x 产生类型为热力型。

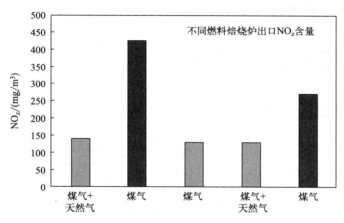

图 2-41　氧化铝厂焙烧烟气 NO_x 浓度

（1）拜耳法

拜耳法是当今世界上生产氧化铝的主要方法，其主要过程如图 2-42 所示，用苛性钠溶液和少量的石灰在一定温度和压力下溶解铝土矿中的三氧化二铝，得到铝酸钠溶液与残渣共存的混合溶液，使溶液与残渣分离，精制的铝酸钠溶液在降温、添加氢氧化铝作晶种以及搅拌等条件下，沉淀析出新的氢氧化铝，氢氧化铝经焙烧后得到氧化铝。该法适用于处理铝硅比高（氧化铝与氧化硅质量比＞10）的铝矿石。利用较高位的铝矿石与碱液、石灰及返回母液按比例混合后磨制成料浆，经预脱硅后在高温高压的条件下直接溶出铝酸钠，再经赤泥分离、种子分离、氢氧化铝焙烧等工序制得成品氧化铝。该工艺流程短，没有熟料烧成过程，综合能耗低，废气排放量少，物耗低，赤泥产生量少，经济技术指标先进；可生产砂状氧化铝，产品活性强，比表面积大，有利于电解铝烟气干法净化系统使用。拜耳法工艺的大气污染源主要来自氢氧化铝焙烧工段，其烟气产生情况与烧结法氢氧化铝焙烧工段相同。混烧 NO_x 浓度一般在 150 mg/m³（标准状况）左右，单烧煤气 NO_x 浓度一般为 250~430 mg/m³。

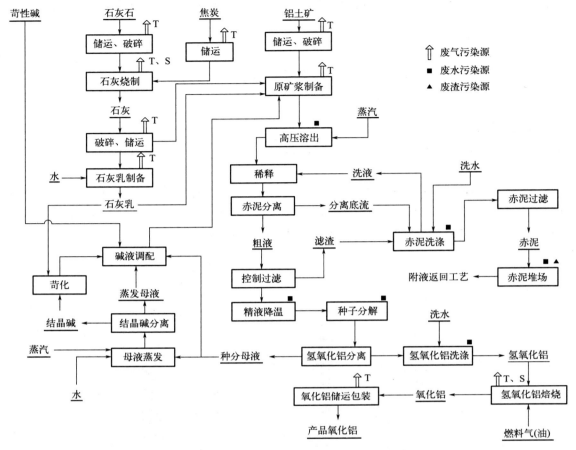

图 2-42 拜耳法氧化铝冶炼工艺流程及排污节点
T—颗粒物；S—二氧化硫

（2）烧结法

烧结法也称作碱石灰烧结法，其主要生成过程是将铝土矿、碳酸钠溶液和石灰按配料比例混合配制成生料浆，在回转窑内烧结成由铝酸钠（$Na_2O \cdot Al_2O_3$）、铁酸钠（$Na_2O \cdot Fe_2O_3$）、原硅酸钙（β-$2CaO \cdot SiO_2$）和钛酸钙（$CaO \cdot TiO_2$）组成的熟料，然后用稀碱液溶出熟料中的铝酸钠，再经过脱硅提纯溶液，精制的铝酸钠溶液一部分通入二氧化碳气体进行碳酸化分解，另一部分进行晶种分解得到氢氧化铝和分解母液，氢氧化铝焙烧后得到氧化铝。分解母液一部分用于熟料溶出，一部分经蒸发浓缩再去配制原料。该法适用于处理铝硅比低（氧化铝与氧化硅质量比＞3）、碱浸出性能较差的铝矿石。将铝土矿破碎后与石灰、纯碱、无烟煤及返回母液按比例混合，磨成生料浆，喷入烧成窑制成熟料，再经熟料溶出、赤泥分离、铝酸钠分解、氢氧化钠焙烧等工序，制得成品氧化铝。该工艺流程长、能耗高、污染物产生量大。利用低品位铝土矿原料是该工艺的最大优点，符合我国铝土矿资源的特点。烧结法工艺的废气主要来自石灰烧制工段、熟料烧成工段和氢氧化铝焙烧工段。另外，物料破碎、筛分、运输等加工过程也会产生大量粉尘。基本工艺流程见图 2-43。

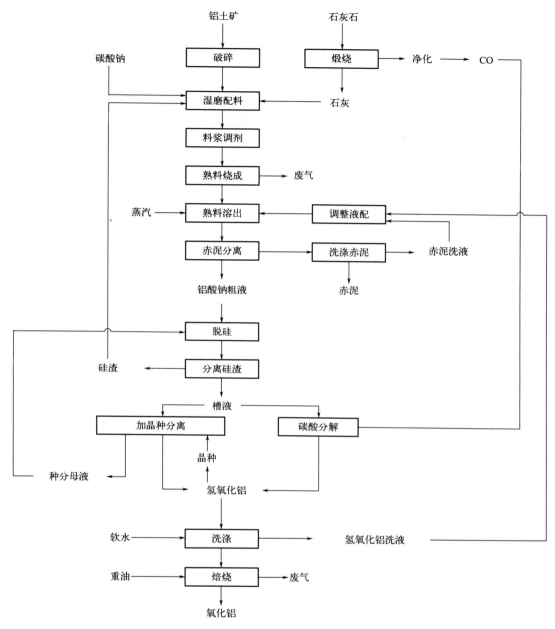

图 2-43　烧结法氧化铝冶炼工艺流程及产污节点

各氧化铝厂熟料烧成窑和氢氧化铝焙烧炉烟气污染控制措施以除尘脱硫为主。各氧化铝厂的熟料烧成窑烟气和粉尘性质较为相似,主要特点是烟气温度高(200~250 ℃)、湿度大、粉尘黏性高。氧化铝企业大气污染物排放浓度指标见表 2-29。

烧成煤含硫量是决定熟料烧成窑烟气 SO_2 浓度的主要因素。熟料具有碱性,其中又配入在高温下具有还原性的煤粉,因而会产生一定的脱硫作用,使烟气得到一定程度的净化,降低二氧化硫的排放浓度。国内氢氧化铝焙烧炉由于燃料的含硫量不同,SO_2 排放浓度(标态)变化很大,范围为 60~4600 mg/m³。

表 2-29　氧化铝企业大气污染物排放浓度指标　　　　　　　　单位：mg/m³

生产系统及设备		颗粒物	二氧化硫	氟化物	沥青烟	苯并[a]芘	污染物排放监控位置
矿山	破碎、筛分、转运	50	—	—	—	—	净化设施后的排气管道
氧化铝厂	熟料烧成窑	100	—	—	—	—	净化设施后的排气管道
	氢氧化铝焙烧炉、石灰炉	50	400	—	—	—	净化设施后的排气管道
	原料加工、运输	50	—	—	—	—	净化设施后的排气管道
	氧化铝贮运	30	—	—	—	—	净化设施后的排气管道
	其他	50	400	—	—	—	净化设施后的排气管道

（3）联合法

联合法也叫拜耳-烧结联合法，可以充分发挥拜耳法和烧结法的优点，取得更好的经济效益。联合法有并联、串联和混联等多种形式。根据我国铝土资源情况，通常采用混联法。混联法的优点是拜耳法与烧结法并存，拜耳法产出的赤泥与高硅铝土矿、石灰石作为烧结法的原料一起配料，其余部分与拜耳法、烧结法流程基本相同。采用混联法生成氧化铝时，氧化铝总回收率较高，碱的消耗较少，质量也好于烧结法。联合法基本工艺流程见图 2-44。

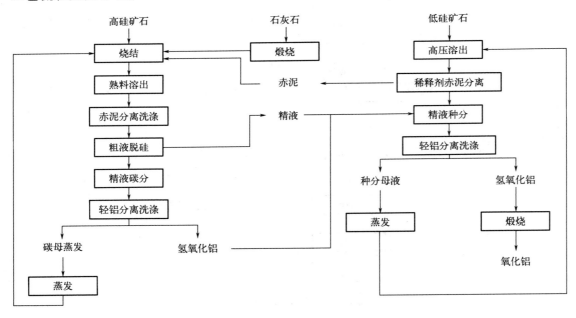

图 2-44　联合法生产氢氧化铝工艺流程

氧化铝厂废气中主要的大气污染物是粉尘和二氧化硫，余热资源主要在氧化铝熟料回转窑及氢氧化铝焙烧工艺中产生。

烧结法和联合法生产氧化铝，最主要的废气污染源是熟料烧成窑和氢氧化铝焙烧窑。熟料窑烟气量大，含尘浓度高。自备热电站排放烟尘占全厂总排放量的 2/3 以上，早期采用煤粉炉配备麻石水膜除尘器，很难满足排放标准的要求。近期新建或改扩建工程中，锅炉选型上优先采用循环流化床炉，综合利用氧化铝生产系统不能使用的碎石灰石进行炉内脱硫除尘。

（4）炭素煅烧

铝用炭素材料是铝电解用炭素材料的统称,根据在电解槽中的位置和作用不同,可分为阳极材料和阴极材料两大类。炭素阳极材料用作铝电解槽的阳极,把电流导入电解槽,并参与电化学反应;阴极材料用作电解槽的内衬,用以盛装铝液和电解质,并把电流导出电解槽外。炭素阳极材料的主要成分是碳元素,这些碳元素来自不同的生产原料如石油焦、煤沥青等,并经过各种形式的加工处理,因此其结构形态也不同。炭素阳极材料的原料来源不同,所含杂质的种类和含量也不相同,这些都会对炭素阳极在铝电解过程中的行为产生影响。

铝用炭素煅烧烟气中含有颗粒物、SO_2 和 NO_x 等大气污染物,焙烧炉烟气中含有沥青烟、粉尘(也可能为耐火料)、氟化物、SO_2 和 NO_x 等大气污染物。铝用炭素阳极生产工艺流程及产污节点如图 2-45 所示。

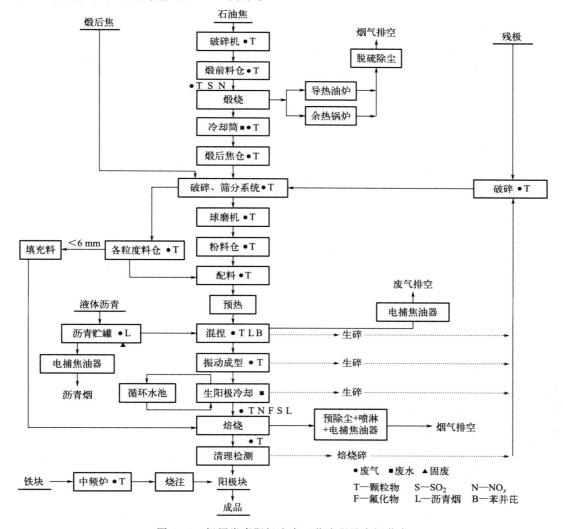

图 2-45 铝用炭素阳极生产工艺流程及产污节点

炭素煅烧工序产生的烟气量小、SO_2 浓度高，伴随有 NO_x 和粉尘。通过对不同企业煅烧烟气进行测试，当折算到氧含量为 15% 时，煅烧烟气 SO_2 和 NO_x 浓度测试结果见表 2-30。由表 2-30 可以看出，煅烧烟气 SO_2 浓度与氧含量浓度有关；罐式炉烟气中的 NO_x 浓度比回转窑煅烧烟气中的高；不同煅烧工艺及操作管理的净化系统漏风率不一样，导致烟气中氧含量变化比较大。

表 2-30 炭素厂烟气成分测试数据（氧含量换算到 15%）

编号	测试位置	O_2/%	NO_x/(mg/m³)（标准状况下）	SO_2/(mg/m³)（标准状况下）
企业 A	罐式炉锅炉出口	15.4	130	2575
企业 B	罐式炉 1 锅炉出口	17.5	146	2506
	罐式炉 2 锅炉出口	14.5	211	2591
企业 C	罐式炉锅炉出口	18.2	111	673
企业 D	回转窑出口	6.3	65	1095

当煅烧烟气氧含量折算到 15% 时，石油焦中硫含量与煅烧烟气 SO_2 浓度关系如图 2-46 所示。由图 2-46 可以看出，石油焦硫含量越高，煅烧烟气中 SO_2 浓度越高。

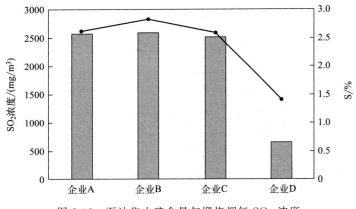

图 2-46 石油焦中硫含量与煅烧烟气 SO_2 浓度

2.4.2.2 电解铝

随着社会经济的稳步发展，电解铝及铝加工材被广泛用于建筑、电力、交通、机械、轻工、国防等各个领域，我国电解铝产业也迅速发展。电解铝工业使我国的国民经济得到了很大的提升，但也对我国的环境产生了很大影响。高消耗、高污染是我国电解铝生产的主要问题，初次污染物排放超过国际标准，土壤、农作物、牲畜、人体中有明显二次污染物积累，不仅影响食品安全，更严重危害了人类健康。现代铝工业生产中，均使用霍尔-埃鲁电解法（图 2-47）生产原铝。

电解铝生产以氧化铝（Al_2O_3）为原料、冰晶石（Na_3AlF_6）为熔剂，通入直流电进行电解，形成冰晶石-氧化铝熔盐。直流电通入电解槽，在阴极和阳极上发生电化学

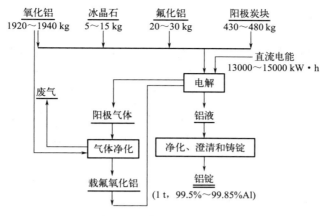

图 2-47 霍尔-埃鲁电解法

反应，得到电解产物，阴极上是液体铝，阳极上是气体 CO_2（约 75%～80%）和 CO（约 20%～25%）。电解温度一般为 930～970 ℃。氧化铝熔融于冰晶石形成的电解质熔体（或电解质）的密度约为 2.1 g/cm³，铝液密度为 2.3 g/cm³，两者因密度差而上下分层。铝液用真空抬包抽出后，经过净化和过滤，获得的原铝纯度可达到 99.5%～99.85%，可浇铸成多种商品铝锭或铝合金锭。阳极气体中还含有少量气态和固态的氟化物，需要回收利用。电解铝生产工艺流程及产污节点如图 2-48 所示。

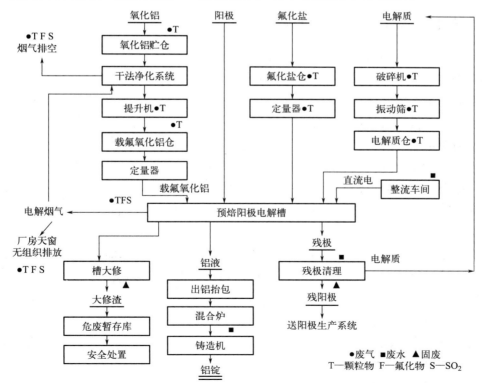

图 2-48 电解铝生产工艺流程及产污节点

2.4.2.3 再生铝

在过去五年中，我国的再生铝产业规模显示出显著增长趋势。2023 年，我国再生铝的产量接近 700 万吨，消费量约为 750 万吨，这表明市场需求持续增长。产量的增加主要得益于技术进步和生产设施的扩建，同时政府的环保政策也鼓励使用再生铝。再生铝在汽车、建筑和包装等领域的使用显著增加，尤其是在汽车轻量化和环保要求的推动下。此外，我国在国际市场上的再生铝出口量也有所增长，主要出口至东南亚、欧洲和北美地区。总之，行业的技术改进和政策支持推动了再生铝生产效率的提升和环保效益的增强。

我国废铝回收、流通、预处理和再生利用的主要区域大多是围绕着铝的回收和再生铝消费市场自发形成的，主要区域板块有浙江永康、广东南海、湖南汨罗等。近期，再生铝企业将迎来原材料供应的新一轮"井喷"行情。只要遵循市场规律、运用现代化的生产管理制度，不断进行技术创新和工艺改进，我国再生铝行业还是大有前景的。随着《中华人民共和国循环经济促进法》的出台，再生铝行业势必会在更加健全的体制下健康发展。

2.4.3 铝冶金工艺产排污节点

2.4.3.1 电解铝生产烟气特点及排放

电解铝生产的主要污染物排放情况如下：

① 电解铝在电解过程中要使用到氟铝酸钠这一物质，因此电解完成之后会产生各种各样的含氟有害气体。这些有毒有害气体对植物的生长有很大危害，较轻微的可使叶片出现黑色斑点，慢慢变黄而最终脱落，使植物的存活率大大降低；重者可在大面积范围内，使植物在很短时间内死亡。

② 粉尘危害。电解铝生产粉尘主要有石油焦粉尘、氧化铝粉尘和沥青烟尘。铸造时的送料、排料、铸后混捏机、螺旋散热机以及铸造磨粉会产生沥青烟尘和粉尘；电解厂房内、氧化铝贮运过程中会产生氧化铝粉尘；末端处理工艺的配料、筛分、粗碎等过程均有粉尘产生。

③ 电磁辐射。电解铝的电磁危害很大。手机辐射是电磁辐射的一种。而电解铝厂的电磁波辐射在十几公里之外的地区都比手机的辐射高出一千多倍。

电解铝烟气主要特点为：烟气流量大，SO_2 含量低，含有粉尘与氟化物，氧含量高，NO_x 含量极低。根据铝用阳极中硫含量的不同和不同电解槽容量烟气量的差异，电解烟气中 SO_2 的浓度也会产生一定的差异。电解烟气干法烟气净化中氧化铝对 SO_2 的脱除效率很低。净化系统排放口 SO_2 排放浓度见表 2-31。进入干法脱氟系统前的汇总管道 SO_2 与 NO_x 排放浓度如表 2-32 所示。电解槽烟气集气效率和净化效率见表 2-33。

表 2-31 净化系统排放口 SO_2 排放浓度

企业名称	污染物排放位置	SO_2/(mg/m³)	硫含量/%
企业 A	200 kA 电解排放口	120	1.3
企业 A	500 kA 电解排放口	127	1.3
企业 B	1#～6#电解排放口	70	0.8
企业 C	电解 1#、2#排放口	150～180	1.6
企业 D	电解排放口	200	1.7
企业 E	电解一厂排放口	97	1.0
企业 E	电解二厂排放口	84	1.0
企业 F	400kA 电解排放口	71	0.8

表 2-32 进入干法脱氟系统前的汇总管道 SO_2 与 NO_x 排放浓度

编号	位置	SO_2/(mg/m³)	NO_x/(mg/m³)	O_2/%	硫含量/%
企业 G	烟气汇总管	20	2.7	20.9	0.4
企业 H	烟气汇总管	100.1	2.7	20.6	1.2

表 2-33 电解槽烟气集气效率和净化效率

企业	槽型	净化技术	集气效率/%	净化效率/%	单槽排烟量/(m³/h)
中铝贵州分公司二电解	160	干法管道吸附	98.21	99.23	6000
中铝贵州分公司一电解	160	干法管道吸附	97.43	99.31	6100
中铝广西分公司	160	干法管道吸附	97.40	98.27	—
新安铝厂	160	干法管道吸附	98.00	98.70	6000
焦作万方	280	干法管道吸附	98.30	99.20	8000
郑州龙祥铝业	160	干法管道吸附	98.00	98.20	6000
三门峡天元铝业	190	干法管道吸附	98.00	99.00	6500
关铝公司	190	干法管道吸附	97.00	99.40	6000
抚顺铝业	200	干法管道吸附	98.50	99.00	6500
伊川铝业	300	干法管道吸附	98.50	98.80	9000
山西华泽铝业	350	干法管道吸附	98.50	99.00	9000

注：以上数据均为监测实际值。

2.4.3.2 再生铝工业排放水平及特点

关于我国再生铝工业污染物的排放情况尚无全面的统计数据，表 2-34 是按照国内几家大型再生铝企业的平均排污水平和再生铝产量估算的再生铝工业主要（特征）大气污染物排放总量。

表 2-34 再生铝工业主要（特征）污染物排放总量

序号	有害污染物	排放量/t
1	二氧化硫	4320
2	颗粒物	864

续表

序号	有害污染物	排放量/t
3	氟及氟化物	135
4	氯化氢	—
5	化学需氧量	270

表 2-34 中的污染物排放总量是采用国内大型企业的排污指标计算的，大型企业生产工艺较先进，管理水平较高，污染物去除率较高，其单位产品的排污量应低于国内再生铝工业平均排污水平。因此，我国再生铝工业实际的污染物排放总量必然高于表中所列的估算值，但相差不会太大。

对于国内再生铝生产企业来说，企业产生的废水主要是初期雨水、工业废水和生活污水。工业废水主要是预处理废水和生产过程中的冷却水。其中冷却水全部循环利用，而预处理废水大部分可以循环利用，小部分经过处理之后外排，目前已经有企业可以做到不外排，全部循环使用。此外，还有许多质量好的废铝不需要进行水洗过程，也就没有预处理废水。因此，企业现有的废水检测数据是很不完整的。不同企业废水检测项目也各有不同。目前企业外排的主要是生活污水、雨水、场地冲洗水和部分预处理废水。由于产生的不定量性和企业生产工艺的不同，相对于工业废水，生活废水和场地冲洗水统计难度很大。表 2-35 为再生铝行业主要污染物排放量占全国污染物排放总量的比例。

表 2-35　再生铝行业主要污染物排放量占全国污染物排放总量的比例

污染物	排放量/t	全国排放量/万吨	占总量比例/%
二氧化硫	4320	2468.1	0.018
颗粒物	864	1685.6	0.005
氟及氟化物	135	—	—
氯化氢	264	—	—
化学需氧量	270	1381.8	0.002

再生铝的原料是各种废铝，目前国内废铝回收占总利用量的 50% 以上，其余为进口含铝废料。据海关统计，2013 年进口含铝废料 250 万吨。我国铝废料出口量一直很少，2013 年仅 1347 吨。根据有关预测，2013 年以后，自 20 世纪 90 年代以来消费的铝制品陆续进入报废回收。

目前，国内再生铝厂利用的铝及铝合金废料主要来源于国外进口和国内产生。各类铝及铝合金废料的质量有明显的不同。

我国从世界上约 70 个国家和地区大量购进铝及铝合金废料，数量最多的 10 个国家和地区依次是美国、中国香港、西班牙、法国、德国、英国、日本、澳大利亚、比利时和俄罗斯。从美国进口的数量多年来都在 15 万~20 万吨。进口铝及铝合金废料的成分，只有少数分类是清晰的，大多数是混杂的。一般可分为以下几类：

① 单一品种的铝及铝合金废料。此类铝及铝合金废料一般是某一类废零部件，如内燃机的活塞、汽车减速箱壳体、汽车前后保险杠和铝门窗等。这些铝及铝合金废料在进

口时已经分类清晰，品种单一，且都是批量进口，是优质的再生铝废料。如中国亚洲铝厂进口的铝及铝合金废料均是单一品种的铝合金废旧型材废料。

② 切片。铝及铝合金切片是档次较高的铝及铝合金废料。供应商在处理报废汽车、设备和各类废家用电器时，都采用机械破碎的方法将其破碎成碎料，然后再进行机械化分选，分选出的铝及铝合金废料称为铝及铝合金切片。铝及铝合金切片质地较为纯净，容易进一步分选，运输方便，是优质铝及铝合金废料。目前在国际市场的铝及铝合金废料贸易中，切片的占有量最大，各类切片正在向标准化发展。档次高的切片是比较纯净的各种铝及铝合金混合物，绝大部分不用任何处理即可入炉熔炼，档次较低的切片一般含铝及铝合金在80%~90%，其他杂质主要是废钢铁和废铜等有色金属，还含有少量的橡胶等，经人工分选之后，可得到纯净的铝及铝合金废料。

③ 混杂的铝及铝合金废料。此类废料成分复杂，物理形态各异，除废杂铝之外，还含有一定数量的废钢铁、橡胶、废铜、废铅、废锌等有色金属和木材、塑料、石子和泥土等，部分铝及铝合金废料和废钢铁机械结合在一起。此类废料复杂，废料块较大，表面清晰，便于分选。

④ 焚烧后的含碎铝废料。此种是档次较低的一种含铝废料，主要是各种报废家用电器等的粉碎物分选出一部分废钢后再经焚烧形成的物料。焚烧的目的是除去橡胶、塑料等可燃物质。此种含铝废料一般含铝40%~60%，其余主要是垃圾、废钢铁和极少量的铜等有色金属。其中铝的粒度一般在100 mm以下，在焚烧的过程中，一些铝和熔点低的物料如锌、铅和锡等都会熔化，与其他物料形成表面琉璃状的物料，肉眼很难鉴别。

⑤ 混杂的碎铝及铝合金废料。此类废料是档次最低的铝及铝合金废料，其成分极为复杂，其中含各种铝及铝合金废料40%~50%，其余是废钢铁、少量的铅和铜（小于1%）、大量的垃圾、石子、土、塑料、废纸等，土约占25%，废钢铁占10%~20%，石子占3%~5%。

2.4.4 铝冶金固废性质及特点

2.4.4.1 铝灰的来源及成分分析

（1）铝灰的来源

铝灰中主要包括氧化物、金属铝及其化合物、炭质以及少量未燃尽的有机物质等多种类型的物质。其中，氧化铝和二氧化硅为主要组成部分，占到了总质量的70%以上；而铁、铜、锌、铅等金属元素则以不同形式分布于铝灰中。

（2）铝灰的成分分析

采用X射线荧光光谱仪对铝灰样品进行了化学元素组成和含量检测。结果表明，该铝灰中主要存在Al、Si、Fe等元素，其中Al为主要元素；同时还有少量的Mn、Ca、K、Na等元素，但含量均低于仪器检出限。此外，在样品处理过程中发现，部分颗粒物表面附着有一层薄膜状物质，经过能谱分析确认为氧化铁皮。因此可以初步判断，该铝灰属于一种高纯度的金属铝生产废弃物。铝灰中主要存在 α-Al、SiO_2 和 Fe_2O_3 等物质，这说明在铝灰中，α-Al 晶体具有较高的比表面积以及更好的吸附能力，能够与其他氧化物形成复杂的硅酸盐体系。

2.4.4.2 铝冶炼企业铝灰固废属性鉴定分析

（1）铝灰固废的物理化学特性鉴定

采用 X 射线荧光光谱仪对样品进行了元素含量测试，铝灰固废中主要存在 Al、Si、Fe 等元素，其中 Al 为主要元素，其质量分数为 60% 左右；Si 和 Fe 次之，分别占比约 15% 和 8%。此外还有少量的 Ca、Mg、K、Na 等元素。铝灰固废来源不同，各元素含量差异较大，因此需要进一步开展多元素协同作用及相互影响规律研究。样品中主要存在 α-Al、SiO_2 和 Fe_2O_3 等物质。其中，α-Al 是样品中最主要的物相，含量高达 60% 以上；同时还发现了少量的 MgO、CaO、K_2O 等化合物。这表明该铝灰固废在生产过程中部分元素被氧化或水解形成了可溶性盐类并与硅酸盐反应生成了相应的矿物质。此外，样品中未出现明显的金属单质及其他杂质相，说明样品纯度较高，可作为制备建筑材料的原料。

铝灰中颗粒物粒径主要集中在 0~5 μm，占总量的 87% 左右；其次是 10~25 μm 和 25~50 μm 两个区间，分别占比 9% 和 6%；粒径小于 5 μm 的微小粒子含量最少，仅占 4% 左右。由此可知，铝灰中以细颗粒为主要成分，且大部分为不规则形状或近球形。进一步通过扫描电子显微镜（SEM）观察了不同粒级的颗粒形貌，结果表明，铝灰中存在大量的微米级别颗粒、亚微米级别颗粒以及纳米级别颗粒等多种形态的颗粒物质。其中，亚微米级别颗粒多呈片状或者块状结构，表面较为光滑，而微米级别颗粒则呈现出一定程度的聚集现象，形成一些较大的团簇体。此外，还有少量的纳米级别颗粒，这些颗粒一般具有较高的比表面积，可能会对后续处理工艺产生影响。因此，铝灰固废的粒度组成与工业固体废物相似，但相比于其他类型的工业固废，其粒径更加均匀，同时也包含着更为复杂的颗粒形态和微观结构。针对这一特点，需要开展相应的预处理措施，以便将其转化为适用于建材、农业等领域的资源。采用 SEM 对样品进行观察和分析，结果显示，铝灰固废颗粒大小不均匀，粒径范围为 0.5~12 μm 之间；表面粗糙不平整，存在大量微小孔洞、凹凸面等缺陷。这些缺陷是原料中含有较多杂质元素所致，也可能与熔体处理过程中温度控制不当或保温时间不足等因素相关。此外，还可观察到部分颗粒呈现出明显的晶化现象，即晶体尺寸增大并出现了新的结晶形态。这种变化趋势表明在熔融状态下，铝与其他元素发生反应生成了一些新物质，导致铝灰固废的微观形貌发生改变。

利用 X 射线衍射仪（XRD）进一步探究铝灰固废的物相组成及其演变规律。实验条件为：管电压 40 kV，管电流 40 mA，Cu 靶材，步长 0.02°，扫描速率 8°/min。结果显示，样品主要成分为 α-Al 和 FeO，同时还检测到少量的 $KAl(SiO_4)_2$ 和 $NaAl(Si_3O_9)_2$ 等化合物。其中，α-Al 占比高达 80% 以上，且随着硅钙比的增加而逐渐降低。这说明铝灰固废的主要矿物组成为硅酸盐类矿物，其次为氧化铝。此外，通过对比标准卡片可知,样品中所测得的主要衍射峰均对应 β-Al_2O_3 的典型衍射峰,未发现其他未知物相的存在。因此,铝灰固废的微观结构具有一定复杂性,但并不意味着它就是一种完全不可用的工业固体废物。相反地,我们可以从其特殊的微观形貌及物相等方面入手,探索其潜在的资源化利用价值。

(2)铝灰固废的矿物学特性鉴定

采用 X 射线衍射仪对样品进行了物相结构分析,结果表明,该铝灰中主要含有冰晶石、氧化铁和二氧化硅等物质。其中,冰晶石是一种典型的低温共熔产物,常与赤铁矿伴生;而氧化铁则是由于原料中的碳质还原剂在高温条件下被氧化而来。此外,还检测到一定量的硅酸盐类化合物,如钠长石、钙长石等。这些化合物可能来自于生产过程中的部分添加剂或原材料自身成分。铝灰中主要颗粒物为 Al、Fe 等元素氧化物和少量未燃尽炭粒。其中,Al_2O_3 占比高达 50%,其次是 Fe_2O_3,约占 18%。这与文献报道的基本一致。此外,还有一定量的 KCl、NaCl、$MgSO_4$ 等盐类物质以及微量金属元素如铁、铜、锌等。进一步通过 SEM 观察铝灰微观形貌,发现铝灰表面粗糙且存在大量微小凸起和凹陷,类似于火山口状结构。这些凹凸不平的形态可能与其成分复杂、晶体尺寸较小或含有多种杂质有关。同时,铝灰内部也存在着一些孔洞和裂纹,这些缺陷会影响到其后续利用价值。此外,还发现有少量的 CaO、MgO、K_2O、Na_2O 等氧化物以及微量的金属元素如铁、钛、铜、锌等。由于不同来源的铝灰中所含金属元素种类及含量均有所差异,因此需要进一步开展化学成分分析工作,以确定各类元素是否会影响到后续的资源化利用过程。同时,考虑到铝灰中可能存在一定量的有害元素,例如铅、镉等,也应对其进行相应的检测与评估。

2.4.4.3 结语

综上所述,铝冶炼企业铝灰固废属性鉴定需要严控产能的无序过快扩张并合理布局,优化资源、能源的供应结构,实施优质、节能、低耗的产业发展战略以提高核心竞争力,加快实现废气、废水和固废的达标排放及资源化利用,实现我国铝冶炼工业稳定、健康、绿色的可持续发展。总之,铝冶炼厂所产铝灰具有很好的综合回收价值,可作为重要的二次铝土矿原料加以利用。

2.5 硅冶金

2.5.1 概述

硅是自然界中分布最广的元素之一,在地壳中的丰度仅次于氧。元素硅(Si)原来称为矽,与硒(Se)读音相近,为避免混淆,后来规定把元素 Si 称为硅。工业硅是指以含氧化硅的矿物和碳质还原剂等为原料经电炉熔炼制得的含 Si 97%以上的产物。在自然界中,硅主要是以氧化硅和硅酸盐的形态存在,有无定形和结晶形两种同素异形体。晶体硅的结构是与金刚石结构相近的正四面体型结构,每个硅原子与周围四个硅原子形成共价键,所以硅的硬度大、熔沸点高;硅的化学性质跟同一主族的碳、锗、锡和铅相似,跟第三主族的硼有对角线关系。常温下硅是具有银灰色金属光泽的绝缘体,化学性质极其稳定,不溶于任何浓度的酸,仅可溶于 HNO_3 和 HF 的混合溶液中;然而在高温熔融状态下,硅是电的良导体,同时具有较大的化学活性,可与部分金属互熔并生成硅化物,石英也能与之发生反应。自然界中的硅含有 ^{28}Si、^{29}Si 及 ^{30}Si 三种稳定同位素,平均原子量为 28.086,其中 ^{28}Si 是天然硅的主要存在形式,其含量为 92.21%;此外,还发现了 ^{31}Si 等八种人工合成的放射性同位素。

人类最早利用的较纯硅化物是石英和石英砂。石英中的透明者即水晶,最初主要作装饰品;石英砂则用于烧制玻璃。据说古埃及人在公元前 3500 年就已掌握了烧制玻璃的技术。公元前 4000 多年我国黄河流域的人们就用黏土等硅质材料制造陶瓷用品。现在人们已经知道自然界中有 200 多种氧化硅的不同变体和数千种硅与其他元素氧化物化合成的硅酸盐矿物。

由于硅和氧结合得很稳定,所以长期以来人们一直认为二氧化硅就是元素。1811 年,盖·吕萨克(Gay-Lussac)和泰纳尔(Thenard)用四氯化硅通过炽热的钾才获得不太纯净的非晶形单质硅。1823 年,瑞典化学家贝采里乌斯(Berzelius)重复上述试验也制得了非晶形单质硅,并经反复洗涤,得到了纯净的硅粉;还通过混合加热金属钾与硅氟酸钾得到硅化钾,将硅化钾放入水中分解也得到了非晶形单质硅。贝采里乌斯对硅的性质作了描述,并命名为元素硅,给予化学符号"Si",因此,1823 年被公认为硅的发现年代。1855 年,法国化学家德维尔(Deville)从混合氮化物熔盐电解中制得晶体硅。别凯托夫(Beketov)则用 $SiCl_4$ 与金属锌混合加热的方法也制得了非晶形硅。上述这些用金属热还原法制得的硅价格都很昂贵,所以单质硅在很长时期中没能得到广泛应用。直到 1907 年,保特尔(Potter)研究了硅石与碳的还原反应,才找到大规模生产工业硅的途径。20 世纪初以来,工业硅的制取从实验室研究逐渐扩大到工业规模生产。1936 年,苏联进行了制取工业硅的实验室研究,1938 年建立了生产工业硅的单相单电极容量为 2000 kVA 的电炉。1940 年,法国用单相、铝壳自焙电极电炉生产工业硅,电炉容量 2000 kVA。此外,美国、瑞典、意大利、日本等都是较早生产工业硅的国家。

我国工业硅生产的发展因历史原因起步较晚,以 1957 年苏联在辽宁省援建的第一台工业硅炉为开端,不断改进生产工艺、提高产品质量,为我国工业硅的发展奠定了坚实的技术基础;20 世纪 70 年代,国内也在东部沿海地区陆续建成十多个工业硅生产企业,硅生产能力有了大幅提升,可保证国内工业硅的自给自足;援罗工程和电子产业的兴起更是促进了我国工业硅生产装备技术的发展;随着 20 世纪 80 年代世界各国对工业硅的需求攀升,国内工业硅的生产企业数量增加以满足出口需要,尤其是对日本的出口量极大。20世纪90年代末期，竞争激烈的国际市场和亚洲金融危机使工业硅价格被压低，我国工业硅生产企业再次大批关停或转产，而在电价较低的西南地区趁势崛起；因受政策和地理因素的限制，我国工业硅企业至今仍只是主要分布在几个特殊地区，但我国的工业硅的总产量和出口量居世界首位，影响着世界的硅业及其相关行业的发展。

随着技术的发展，有着良好物化性能的硅在冶金、化工、医疗等国计民生的各方面有着广泛的应用；同时因其还有着优异的半导体性能，已广泛应用于电子工业、宇宙飞船、人造卫星等尖端技术产业、国防工业中，硅及硅材料的使用范围及消耗量也一直保持着逐年增加的趋势。冶金工业中硅可以硅单质或硅铁合金形式大量应用：工业硅作为脱氧剂可除去金属熔体中的溶氧；硅单质作合金剂可提高钢和某些合金的强度和耐蚀性；在铸铁中添加适量硅以制造高硅铁合金，可显著增强铸铁对多种化学试剂的抗腐蚀能力。有机硅在医疗、化工行业的应用也已十分广泛：可用硅橡胶作长期留置于生物体内的器官和组织替代品或短期留置于生物体内的医疗美容器械等；耐火度较高的硅树脂可用作表面耐热涂料，如固体火箭发动机壳体上的防热涂层，宇宙飞船的有机硅隔热涂层等；多孔硅具有常温下高效、多色的光致、电致发光特点，在显像技术和超高速处理技术中的应用潜力亟待发掘。在新材料的制备方面，将极细小的陶瓷颗粒和熔融硅在2000 K以上的高温下熔合制备的新型陶瓷有着更强的抗氧化性、更好的传热及抗热震性，制造出的耐高温轴承套筒等具有优异的使用稳定性。硅二极管、硅晶体管等半导体器件和硅太阳能电池等装置也因其节能环保的特点有了越来越广泛的使用。

2.5.2 硅冶金工艺流程

2.5.2.1 冶炼原理

传统的冶金法多使用石油焦、洗精煤和木炭等碳质原料还原二氧化硅，通过电热法在矿热炉中熔炼生产工业硅。碳还原氧化硅的反应如下：

$$SiO + C = Si + CO \tag{2-38}$$

这是硅冶炼主反应的表达式，也是一般计算和控制正常熔炼依据的基础。但就碳还原氧化硅的整个反应过程来说，却有着复杂的反应机制。苏联科学家进行的大量科学研究表明，在电炉中不同区域进行的主反应有所区别，见表2-36。电炉反应模型和温度分布如图2-49所示。

表2-36　炉内不同区域发生的反应

区域	反应
上部	$\uparrow CO \uparrow SiC \downarrow C \downarrow SiO_2$ $SiO_2 + 3C = SiC + 2CO$

续表

区域	反应
中部	↑CO ↑SiO ↓SiO$_2$ ↓SiC SiO+SiC ══ 2Si+CO SiO$_2$+2C ══ Si+2CO CO$_2$+C ══ 2CO SiO$_2$+3C ══ SiC+2CO
下部	↑CO ↑SiO ↓SiO$_2$ ↓SiC 2SiO$_2$ ══ 2SiO+O$_2$ SiC+O$_2$ ══ SiO+CO

注："↑"表示区域内含量上升，"↓"表示区域内含量下降。

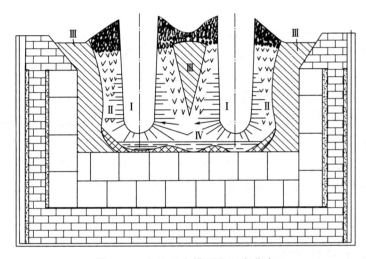

图 2-49 电炉反应模型和温度分布

Ⅰ—预热区 400~1000 ℃；Ⅱ—反应坩埚区 3000~4000 ℃；
Ⅲ—死料区 1500~2200 ℃；Ⅳ—熔融硅液区 2000~3000 ℃

根据电炉内反应温度，可将反应过程细分为以下几个区域：

① 低温反应区（1100 ℃以下）。低温反应区的气体从料面逸出时，气体中残留的 SiO 与空气中的氧接触，发生如下反应：

$$2SiO + O_2 === 2SiO_2 \tag{2-39}$$

在 1100 ℃以下 SiO 不稳定，还可能发生如下过程：

$$2SiO === SiO_2 + Si \tag{2-40}$$

但在还原剂活性表面上，优先发生下列反应：

$$SiO + 2C === SiC + CO \tag{2-41}$$

② 生成 SiC 的区域（1100~1800 ℃）。反应式(2-41)从 1100 ℃开始已能较强烈地进行，到 1537 ℃以后，能自发进行以下反应：

$$SiO_2 + 3C === SiC + 2CO \tag{2-42}$$

③ 生成熔体硅的区域（1400 ℃以上）。在 1410 ℃左右纯硅熔化（如能生成熔点更

低的 Fe-Si 合金），超过纯硅熔点后，SiO 与碳的反应强烈，生成硅：

$$SiO + C = Si + CO \tag{2-43}$$

从 1650 ℃起，下列反应向右进行：

$$SiO_2 + 2C = Si + 2CO \tag{2-44}$$

④ 分解区域（1800 ℃以上）。在 1827 ℃以上下列反应向右进行：

$$SiO_2 + 2SiC = 3Si + 2CO \tag{2-45}$$

在更高的温度下，SiC 与 SiO 一起反应而分解，生成硅和一氧化碳。

⑤ SiO 蒸发区（2000 ℃以上）。从 1750 ℃起，下列反应向右进行：

$$SiO_2 + 2C = Si + 2CO \tag{2-46}$$

此外，在较高温度下，反应式(2-46)从右向左进行，生成 C 和 SiO_2。当电极下面的反应区超过 SiO 的蒸发点（2160 ℃）之后，生成 SiO 的反应进一步加强，此时 SiO 以气态随同 CO 一起逸出，当上升的气体穿过炉缸上部的料层时，SiO 先以气态、后以微小的冷凝物形态参加上述的有关反应。

我国学者经过对这一高温反应热力学进行研究分析，认为当碳与 SiO_2 在高温下直接接触时，首先发生如下反应：

$$SiO_2 + 3C = SiC + 2CO \tag{2-47}$$

此反应开始进行温度为 1777 K。当 SiO_2 把 C 消耗完后，如果体系中仍有剩余的 SiO_2，则 SiO_2 与 SiC 发生如下反应：

$$SiO_2 + 2SiC = 3Si + 2CO \tag{2-48}$$

在 1996～2500 K 区间，此反应开始进行的温度为 2085 K。

我国学者指出，在工业硅冶炼过程中，应严格保持炉料中碳与 SiO_2 的分子比等于 2。这样在冶炼过程中就不会出现剩余 SiC 和 SiO_2，可保证冶炼过程有高的硅产出率。如果碳与 SiO_2 的分子比大于 2 且小于 3，冶炼过程就会有多余的 SiC 存在；如果碳与 SiO_2 分子比等于 3，冶炼过程中就没有多余的 SiO_2 与 SiC 反应，故得到的都是 SiC；如果碳与 SiO_2 分子比小于 2，冶炼过程会有剩余 SiO_2 存在，这部分 SiO_2 在 2190 K 以下会形成渣，在 2190 K 以上会发生如下反应，从而降低硅的产出率，造成物料损失。

$$SiO_2 + Si = 2SiO \tag{2-49}$$

各国学者进行研究的年代、看总量的角度不同，采用的实验手段和热力学数据等有差异，再加上反应过程本身的复杂性，因而求得的反应温度和对反应机理的认识并不一致。但根据多方面研究结果不难看出，碳还原氧化硅的反应过程不是像主反应式所表示的那样简单，而是中间还有一系列复杂的反应机构。

2.5.2.2 冶炼工艺流程

截至目前硅的生产方法主要有硅烷法、西门子法、冶金法、杜邦法、贝尔法、塔西内法、四碘化法、四溴化硅法和歧化法等，不同的方法制出的硅纯度不一。其中冶金法生产出的硅通常纯度不高，只能满足冶金级的工业应用，故称其为冶金级硅，也称工业硅。工业硅的生产主要是利用碳材料将硅元素从硅石中提取出来并制备成产品的一个过程。目前，电热还原法是国内外生产工业硅产品最为常见的方法。相较于其他金属冶炼工艺，工业硅的生产工艺流程相对简单，具体工艺流程如图 2-50 所示。在冶炼前期，需要对工业硅生产所用的原料进行洗选，筛分并干燥后，投入矿热炉中进行生产。硅石与石油焦、木炭、木片、洗精煤等在矿热炉中石墨电极的加热下发生高温还原反应，硅石中的二氧化硅被还原成工业硅熔体，经过出硅口进入抬包。然后在抬包中通入氧气或空气进行炉外精炼，去除工业硅熔体中的 Al、Ca 等杂质。精炼后，将工业硅液体进行浇铸，待冷却后进行人工或机械破碎，就可以得到块状、颗粒状或粉状工业硅产品。

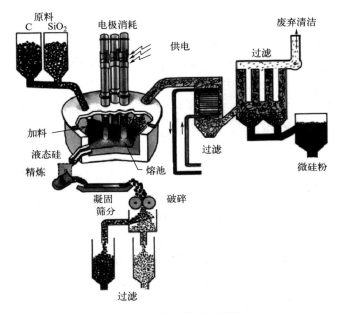

图 2-50　工业硅的生产流程

（1）原料挑选

冶炼工业硅的原料主要有硅石、碳质还原剂。由于对工业硅中铝、钙、铁含量限制严格，所以对原料的要求也特别严格。硅石中各成分的含量为：$SiO_2 > 99.0\%$，$Al_2O_3 < 0.3\%$，$Fe_2O_3 < 0.15\%$，$CaO < 0.2\%$，$MgO < 0.15\%$；粒度为 15~80 mm。

选择碳质还原剂的原则是：固定碳含量高，灰分含量低，化学活性好。此外，碳质还原剂含水量要低且稳定，不能含其他杂物。通常采用低灰分的石油焦或沥青焦作还原剂。但是，这两种焦炭电阻率小，反应能力差，因而必须配用灰分低、电阻率大和反应能力强的木炭（或木块）代替部分石油焦。为使炉料烧结，还应配入部分低灰分烟煤。必须指出，过多或全部用木炭，不但会提高产品成本，还会使炉况紊乱，如因料面烧结差而引起刺火塌料、难以形成高温反应区、炉底易开成 SiC 层、出铁困难等。

对几种碳质还原剂的要求见表 2-37。

表 2-37　碳质还原剂要求

名称	挥发分/%	灰分/%	固定碳/%	粒度/mm
木炭	25~30	<2	65~75	3~100
木块		<3		<150
石油焦	12~16	<0.5	82~86	0~13
烟煤	<30	<8		0~13

（2）配料

正确的配料是保证炉况稳定的先决条件。正确配比应根据炉料化学成分、粒度、含水量及炉况等因素确定，其中应该特别注意还原剂的使用比例和数量，误差不超过0.5%，均匀混合后依次整批入炉。炉料配比不准确会造成炉内还原剂过多或缺少现象，影响电极下插，坩埚缩小，破坏正常的冶炼炉况。目前有些公司配料系统已采用电子监控计量统计。

（3）加料

加料的基本原则是均匀入炉。沉料捣炉、推熟料操作完毕后，应将混匀的炉料迅速集中加在电极周围及炉心三角区，使炉料在炉内形成馒头形，并保持一定的料面高度和料层厚度。一次加入混合均匀的新料数量相当于 90 min 左右的用料量。

集中加料后，经一段时间焖烧，容易在料面形成一层硬壳，炉内也容易出现块料；同时炉温迅速上升，反应趋于激烈，气体生成量急剧增加。此时为了改善炉料的透气性，调节炉内电流分布，扩大坩埚，要用捣炉机或钢棒松动锥体下脚和炉内烧结严重部位的炉料，帮助炉气均匀外逸。操作一般在加料后 30 min 左右进行。至于彻底的捣炉，则要在沉料时进行。

（4）提纯

传统的冶金法是通过焦炭还原石英砂、湿法冶金和定向凝固的方式进行的，由此过程制备得到的多晶硅产品杂质含量约为百万分之一数量级。但该方法不能处理硼、磷等杂质，生产上需要增加额外的提纯步骤。

在此基础上，日本 NEDO 提出如图 2-51 所示的提纯过程：真空电子束除磷；定向凝固；等离子体除硼；二次定向凝固。经提纯后的高纯冶金级（UMG）硅纯度达到 6N。

挪威 Elken 公司提出了另一种冶金法提纯路线：造渣、湿法冶金和定向凝固。造渣过程用造渣剂形成 $CaO\text{-}SiO_2$，使 B、P 和 Fe 等杂质含量大幅降低。这种方法制备的 UMG 硅纯度可以达到 5N（纯度 99.999%）以上，但是产品质量较不稳定。

区熔法也是一种有效的提纯方法。它的原理是通过高温使一个狭窄的晶体区域熔化并使该区域沿晶体移动。根据杂质分凝原理，重复多次熔炼后，杂质将富集于硅棒两端，切除杂质富集区即可使硅材料得到提纯，如图 2-52 所示。

另外还有一种多区域水平区熔的方法。提纯过程中，将硅棒水平横置于舟内，通过周期性排列的电磁感应线圈加热硅棒形成多个熔化区域，以此实现重复多次提纯的目的。提纯时还可以通入反应性气体如湿氢等，去除硅中的非金属杂质，并带走提纯时产生的气态化合物。区熔法适合对纯度大于 5N 的硅棒进一步提纯，并可以通过多次区熔，得到电子级的硅。

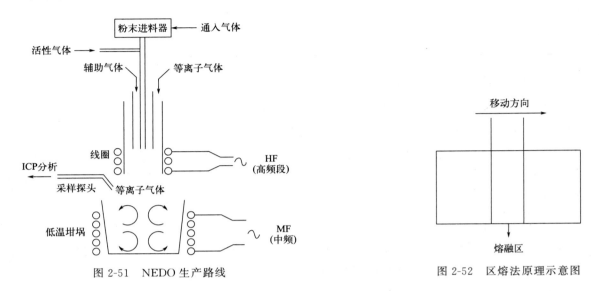

图 2-51　NEDO 生产路线　　　　　　图 2-52　区熔法原理示意图

根据长期的生产经验，我们可采取某些措施控制碳还原氧化硅的反应，使其向有利于提高产量、降低消耗的方向进行。

① 经常观察炉况，及时调整配料比，保持适宜的 SiO_2 与碳的分子比，适宜的物料粒度和混匀程度，可防止过多的 SiC 生成。

② 选择合理的炉子结构参数和电气参数，保证反应区有足够高的温度分解生成的 SiC，使反应向有利于生成硅的方向进行。

③ 及时捣炉，帮助沉料，避免炉内过热造成硅的挥发或再氧化生成 SiO，减少炉料损失，提高硅的回收率。

④ 保持料层具有良好的透气性，及时排出反应生成的气体，减少热损失和 SiO 的大量逸出。

西门子法是氯硅烷还原法的统称，是将金属硅转化成为氯硅烷中间体，然后还原成为高纯多晶硅。三氯氢硅（$SiHCl_3$，TCS）是一种比较安全的氯硅烷气体，易贮存，不易燃易爆，目前西门子法大多采用它作为提纯多晶硅的中间体。

在直接氯化过程中，工业硅（MG Si）和无水氯化氢（HCl）在高温高压（350 ℃，0.5 MPa）下生产 TCS 的原理如下：

$$Si + 3HCl \Longleftrightarrow SiHCl_3 + H_2 \tag{2-50}$$

整个过程在特定的流化床反应器中进行，TCS 的产率在 85% 以上。副反应会产生四氯化硅（$SiCl_4$，STC）和二氯硅烷（SiH_2Cl_2，DCS）：

$$Si + 4HCl \longrightarrow SiCl_4 + 2H_2 \tag{2-51}$$

$$Si + 2HCl \longrightarrow SiH_2Cl_2 \tag{2-52}$$

主要的副产物为 STC，只形成了少量的 DCS。图 2-53 是西门子法的流程，包括 TCS 合成、分离、净化、副产物气体回收等。

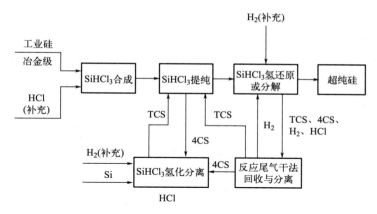

图 2-53 改良西门子法第三代技术流程

有史以来，TCS 的高效生产一直受到高温反应条件的限制。这种高放热反应在 FBR 反应器中迅速进行，并产生局部高热。较高的温度不仅会对反应容器及相关组件产生不利影响，导致 FBR 的频繁关闭和维护，还会导致副产品 STC 的过量产生。控制整个流化床的反应温度对于保持 TCS 的高选择性至关重要。从最初的开环生产发展成为目前的闭环生产，TCS 的产率可达到 88% 以上，比早期设计的 60% 有所提高。西门子法的优点是多晶硅沉积速率快，一次转换效率高。实际生产时，硅会沉积在倒 U 形的加热器上形成多晶硅棒。此外，产业界还通过反应器的设计和完善提高沉积速率，例如增加硅芯数、增加反应器体积、提高硅芯温度均一性、提高炉壁温度、调节气流大小等。

在西门子法基础上，根据相应工业（例如太阳能电池级）多晶硅的要求，德国 Wacker 公司将流化床技术应用于多晶硅生产。该技术以载有细小籽晶硅颗粒的反应床取代了巨大的 U 形加热棒。流化床中通入三氯氢硅和氢气混合气体，多晶硅会沉积于悬浮的籽晶表面，当籽晶长大到一定尺寸时落下由传送带运走。这一方法可实现连续化生产低成本的纯度为 6N 的硅材料。流化床技术优点较多：沉积速率快，一次转化效率高，对籽晶要求低。此外，在后续工艺过程中，以粒状多晶硅配合块状多晶硅混合加料可以增加装料容量，减少块状硅堆砌引起的溅液和坩埚损伤。当然，粒状多晶硅比表面积较大，容易被污染。但这种方法制备的多晶硅价格低，使用方便，目前已在工业上大规模应用。

硅烷法是以冶金级硅与 $SiCl_4$ 为原料，逐步反应得到高纯硅，并进一步在石英钟罩反应器中热分解得到高纯多晶硅。硅烷的分解温度一般为 800 ℃，所以能耗仅为 40 kW·h/kg 硅，但由于制硅烷成本高，最终的多晶硅产品的成本比 $SiHCl_3$ 法要高。另外，SiH_4 本身易燃易爆，反应产生的硅粉也是易爆物质，在设计生产线时基于安全因素考虑也将增加生产成本。

硅烷法同样可以用流化床反应器制备粒状多晶娃。以美国 MEMC 公司的工艺路线为例，首先利用钠、铝、氢气和氟硅酸为原料制备硅烷：

$$Na + Al + 2H_2 \rightleftharpoons NaAlH_4 \tag{2-53}$$

$$H_2SiF_6 \rightleftharpoons SiF_4 + 2HF \tag{2-54}$$

$$SiF_4 + NaAlH_4 \rightleftharpoons SiH_4 + NaAlF_4 \tag{2-55}$$

$$SiH_4 \rightleftharpoons Si + 2H_2 \tag{2-56}$$

粗硅烷通过分子筛等方法提纯得到纯度在 6N 以上的高纯硅烷。在热分解反应时，与三氯氢硅流化床技术相似，硅烷及氢气混合器通入流化床反应器，硅烷在流化床上热分解并沉积在籽晶表面，籽晶颗粒逐渐长大掉落至传送带被取出并封装。基于流化床技术的硅烷法生产粒状多晶硅的反应温度低，转换效率高，热分解电耗约为 10～20 kW·h/kg 硅，仅为改良西门子法的 1/8 左右。此外，流化床的生产能力还可以通过增加流化床的直径得到大幅提升，因此具有较大应用前景。硅烷流化床法生产的粒状多晶硅产品同样易被污染，此外，反应中还会产生细硅粉并附着在反应器内壁上，影响生产效率。但由于投入产出比较高，硅烷流化床技术也是竞争力较强的一种方法。

2.5.3 硅冶金工艺产排污节点

金属硅在加工过程中产排污节点主要有两处，一是在矿热炉单位，冶炼过程中会产生大量尾气，这些尾气大多属于易燃易爆、有毒有害物质；二是在提纯过程中会产生大量固体废渣，称为冶金硅渣。

在矿热炉冶炼工业硅的过程中，通常会产生含有 SiO_2 粉尘（硅微粉）、SO_2、NO_x 等有害气体的高温烟气，若直接将此高温烟气排放到空气中，会污染环境，破坏生态系统，危害人类健康和建筑物。

矿热炉表面与环境空气接触的区域为炉料预热区，加入的炉料被下层反应区逸出的高温气体加热，同时逸出气体中的可燃成分在料层表面燃烧，低挥发分煤、木炭和石油焦在此区域会与空气接触燃烧，产生氮氧化物。石油焦（含硫量 0.5%～5%）和洗精煤（含硫量 0.2%～1%）等含硫原料在高温焙烧下，会产生大量的 SO_2 气体（见表 2-38）。此外，生产过程中破碎、筛分、投料、精炼、定模浇铸等工序均会产生颗粒物排放，造成大气污染。

表 2-38 工业硅粉尘的化学组成

组分	SiO_2	MgO	CaO	Fe_2O_3	Al_2O_3	P_2O_5	Na_2O	C
含量/%	90.6～94.1	0.18～0.34	0.37～1.34	0.14～0.30	0.11～1.00	0.11～0.20	0.06～0.14	6.17～6.50

一些大型企业除尘效率较高，颗粒物排放浓度可低于 15 mg/m³；中小型企业排放浓度则超过 20 mg/m³。未安装脱硫设施的企业 SO_2 排放浓度最高可达到 455.5 mg/m³，远超过标准限值。

2.5.4 硅冶金固废性质及特点

冶金硅渣作为冶金工业的副产品，主要来源于工业硅提纯过程中产生的固体废渣。

工业硅生产中常用的精炼方法主要包括吹气精炼和合成渣精炼。吹气精炼是通过向金属硅熔体中吹入工业氧气或压缩空气将金属硅中的杂质转化为氧化物型废硅渣的方法。合成渣精炼主要是在金属硅熔体中加入一些含有钙和铝成分的助剂（如 CaO、$CaCl_2$ 和 Al_2O_3），以促进硅熔体中的杂质向废硅渣的转化。统计数据显示，目前中国冶金硅年产量近 300 万吨，相应的冶炼硅渣年产量约为 40 万吨。大量硅渣的积压不仅会造成硅渣中高价值硅能源的资源浪费，而且占用大量土地，造成严重的环境污染。因此，有必要对硅渣实施综合利用，实现有价成分的回收或获得高价值产品。

由于大多数硅渣中的硅含量往往超过 15%，因此冶金硅渣的回收利用具有重要意义。回收的硅可以用作工业硅，节省传统工业硅的制造成本。从废硅渣中回收硅的工艺主要有机械搅拌分离法、熔炼分离法、电磁分离法等。通常采用高温电阻炉和中频感应炉相结合的方法，通过控制反应温度、保温时间和搅拌速率等多个变量，从工业硅渣中分离出金属硅。废硅渣经过分选、配料、电炉熔炼等一系列处理，形成纯度达到工业级的金属硅。

在实际生产过程中，多种分离技术的结合有利于获得比单一技术处理的硅更高的纯度。例如结合电磁分离技术与炉渣处理技术，将硅渣与含氯硅酸钙渣混合，然后对混合样品进行处理，加热功率为 15 kW，熔化时间为 60 min，形成最终产品，成功地从废硅渣中分离回收金属硅，其中硅回收率为 96%，铝和铁的去除率分别为 98.1% 和 81.5%。从废硅渣中分离提纯硅，不仅有利于节约硅的生产成本，而且可以减少硅渣堆积造成的环境污染。同时，硅的回收利用往往会带来巨大的经济效益，对光伏产业的可持续发展产生积极影响。

与其他冶炼金属废渣相比，冶金硅渣表现出较低的排放量和较小的毒性特点。除少量硅渣被用来制造低附加值产品（如路基材料、陶瓷管、硅酸盐毡等）外，大量硅渣仍露天堆放，不仅占用土地，同时也造成资源浪费和环境污染。随着全球废物综合利用政策的大力推进和环境问题的日趋严重，冶金硅渣的再利用逐渐受到越来越多的关注。当务之急是找到一种方法将冶金硅渣重新利用，制备高附加值的新产品。玻璃陶瓷作为增值产品是冶金硅渣资源化利用的新策略。

近年来，利用硅渣制备功能微晶玻璃已成为当前的研究热点。废硅渣的主要成分为 SiO_2、CaO 和 Al_2O_3，与玻璃陶瓷的成分相似，因此废硅渣可以作为原料制备多功能微晶玻璃，如绝缘、吸声、防潮、隔热等。此外，在废硅渣中添加 SiC、C 或 $CaCO_3$ 作为发泡剂，还可制备出具有良好隔热、吸声功能的多孔微晶玻璃。利用冶金硅渣制备微晶玻璃的策略不仅有利于硅渣的大规模消耗以减少环境污染，而且为形成高附加值的微晶玻璃产品提供了机会。冶金硅渣生产的微晶玻璃在建筑装饰、设备和容器防腐、隔声隔热等领域具有巨大的应用潜力。利用冶金硅渣制备微晶玻璃为硅冶炼废弃物的再利用开辟了一条低成本、高附加值的新途径。

参考文献

[1] 周光召. 中国大百科全书［M］. 北京：中国大百科全书出版社，2009.

[2] T L Chu, H C Mollenkopf, S S Chu. Polycrystalline Silicon on Coated Steel Substrates [J]. Journal of the Electrochemical Society, 1975, 122 (12): 1681-1685.

[3] P Woditsch, W Koch. Solar Grade Silicon Feedstock Supply for Pv Industry [J]. Solar Energy Materials and Solar Cells, 2002, 72 (1-4): 11-26.

[4] 梁骏吾. 电子级多晶硅的生产工艺 [J] 中国工程科学, 2000, 2 (12): 34-39.

[5] 汤传斌. 粒状多晶硅生产概况 [J]. 稀有稀土金属, 2001, 3 (3): 29-31, 42.

[6] N Yuge, M Abe, K Hanazawa, et al. Purification of Metallurgical-Grade Silicon up to Solar Grade [J]. Progress inPhotovoltaics: Research and Applications. 2001, 9 (3): 203-209.

[7] E Enebakk, G M Tranell, R Tronstad. A Calcium-Silicate Based Slag for Treatment of Molten Silicon: US. 20090274608 [P]. 2009.

[8] B Ryningen O Lohne, M Kondo. Characterization of Solar Grade (Sog) Multicrystalline Silicon Wafers Made from Metallurgically Refined Material; proceedings of the 22nd European Photovoltaic Solar Energy Conference (EU PVSEC) [C]. 2007.

[9] J Plummer, M Deal, P Griffin. Silicon Visi Technology [M]. 2nd ed. Prentice Hall, 2008.

[10] D Ovrebo, W G Clark, Method and Equipment for Manufacturing Multi-Crystalline Solar Grade Silicon from Metallurgical Silicon: wO, 2008026931 [P]. 2008.

[11] Kero I, Dahl G S, Tranell G. Airborne Emissions from Si/FeSi Production [J]. JOM, 2017, 69 (2): 365-380.

[12] 王海波, 许向波, 李照果. 关于烟气脱硫系统在冶金行业中的应用探讨 [J]. 大科技, 2013 (14): 313-314.

[13] 雷仲存. 工业脱硫技术 [M]. 北京: 化学工业出版社, 2001.

[14] 朱治利. 石灰石-石膏湿法脱硫技术中的问题 [J]. 四川电力技术, 2002, 25 (4): 39-43.

[15] Navarrete I, Vargas F, Martinez P, et al. Flue gas desulfurization (FGD) fly ash as a sustainable, safe alternative for cement-based materials [J]. Journal of Cleaner Production, 2021, 283: 124646.

[16] Jian S, Yang X, Gao W, et al. Study on performance and function mechanisms of whisker modified flue gas desulfurization (FGD) gypsum [J]. Construction and Building Materials, 2021, 301: 124341.

[17] López-Flores F J, Hernández-Pérez L G, Lira-Barragán L F, et al. A hybrid metaheuristic-deterministic optimization strategy for waste heat recovery in industrial plants [J]. Industrial & Engineering Chemistry Research, 2021, 60 (9): 3711-3722.

第三章

有色金属冶炼矿浆法净化工业废气

3.1 铜冶炼固废矿浆法

3.1.1 概述与简介

近年来我国加大了对大气污染物的控制力度,二氧化硫排放量大幅下降,然而氮氧化物减排量仍不理想。具体表现在许多大中城市 $PM_{2.5}$ 中硝酸盐占比反超硫酸盐,这主要归因于非电行业和交通运输排放的 NO_x 并未得到有效控制。在这种新环境背景下,亟须把握硫硝减排重点,开展精准减排。有色冶金通常采用火法冶炼,伴随着大量有色金属冶炼烟气的排放。由于有色冶金行业大气污染控制进程起步滞后于燃煤及电力行业,加之有色金属冶炼烟气排放特点随着原矿差异变化较大,烟气治理难度陡增,成为实现工业大气污染源全面达标、降污减碳目标实施的一大障碍。其中二氧化硫(SO_2)和氮氧化物(NO_x)是有色金属冶炼烟气及制酸尾气的主要污染物,也是造成我国细颗粒物($PM_{2.5}$)的重要前驱体。目前,一般将 SO_2 含量高于3.5%的烟气用于制酸或制取硫黄,而含低浓度 SO_2 的冶炼烟气及制酸尾气进行烟气脱硫。在《铜、镍、钴工业污染物排放标准》(GB 25466—2010)和《铅、锌工业污染物排放标准》(GB 25466—2010)已明确要求在冶炼过程或烟气制酸环节中 SO_2 排放浓度不得高于 400 mg/m^3。此外,对于"两高一资"有色金属冶炼行业,《锡、锑、汞工业污染物排放标准》(GB 30770—2014)除了提出 SO_2 排放浓度需低于排放限值 400 mg/m^3 外,新增了 NO_x(以 NO_2 计)的排放限值(295 mg/m^3),而《铝工业污染物排放标准》(GB 25465—2010)提出了更加严格的 NO_x 排放标准:NO_x(以 NO_2 计)排放浓度 $\leqslant$96 mg/m^3。2019年7月生态环境部等四部门印发的《工业炉窑大气污染综合治理方案》进一步指出我国实施工业炉窑深度治理是打赢蓝天保卫战的重要举措,有色金属冶炼作为重点行业需进一步加强有色金属行业工业尾气(主要是冶炼烟气和制酸尾气)中 SO_2 和 NO_x 等污染物控制。因此,对于有色金属行业工业尾气的深度治理成为有色行业亟待解决的环境关键问题,为了深度契合生态文明建设的国家战略需求,有色金属行业烟气硫硝深度净化势在必行。

有色金属行业工业尾气由于矿物加工技术及矿物本身性质各异,成分含量变化极大、成分复杂、烟气量波动大,其中 SO_2 浓度波动较大,在0.05%~26%之间;有色炉窑中 NO_x 浓度可从几十毫克每立方米变化到上千毫克每立方米,而有色金属冶炼制酸尾气中的 NO_x(以 NO_2 计)可达 216~666 mg/m^3。因此,从技术适应性上,直接照搬燃煤和电力行业成熟的超低排放分级治理技术[烟气湿法脱硫(WFGD)+氨气选择性催化氧化(NH_3-SCR)]难以满足非电行业污染源排放特征。有色金属冶炼过程中重金属粉尘、SO_2 及 HCl 的存在也使得燃煤电厂主流钒-钛商业 SCR 催化剂存在着失活问题。而钙基石灰石-石膏法作为应用最广泛的湿法脱硫技术（市场占有率＞90％）存在着脱硫石膏固废处理处置问题，火电脱硫石膏年产约8000万吨，综合利用率仅为80％左右，大量低品位脱硫石膏难以被市场消纳，带来了严重的处理处置问题。此外，燃煤电厂超低排放技术高昂的投资与运行成本、催化剂更换成本以及较大的占地面积等问题制约了其在中小型有色工业炉窑烟气硫硝控制方面的发展。随着新法律法规的出台，有色行业硫硝污染控制成为行业关注的焦点，开发针对有色金属行业工业尾气特点的高效、绿色、低成本的硫硝协同净化技术迫在眉睫。

矿浆法是一种针对冶金及化工行业开发出的新兴资源化高效烟气治理技术，采用企业生产矿物原料或采、选、冶固废作为吸收剂进行烟气脱硫脱硝，以烟气中的SO_2、NO_x分解天然矿物及固废，替代或降低酸消耗，实现工业园区内就地消纳冶炼固废，缓解资源短缺瓶颈，为行业循环经济和清洁生产提供新途径。此外，矿浆法在副产物处理和脱除成本上更具优势。因此，选用矿浆替代湿式石灰石应用于冶金及化工行业同时脱硫脱硝符合绿色工程方向。

矿浆法烟气脱硫脱硝技术利用低品位矿物或冶炼废渣中的过渡金属氧化物作为活性位点进行催化氧化脱硫脱硝，具有投资成本低、绿色环保、运行稳定可靠、经济效益高等优点，结合有色金属冶炼行业特点已实现了初步的工业化应用。矿浆法利用矿物或冶炼固废替代了石灰石等传统湿法脱硫剂，降低了脱硫成本，实现了冶炼废渣增值化利用，并对烟气中的SO_2和NO_x实现了有效控制，形成了烟气脱硫和固废处置耦合工艺。矿浆法脱硫脱硝的技术原理如图3-1所示。

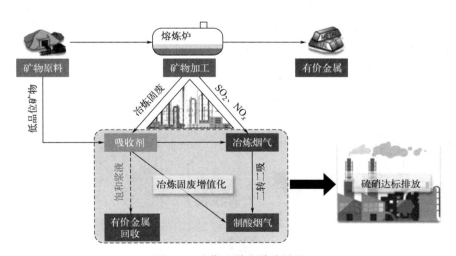

图3-1　矿浆法脱硫脱硝原理

铜冶炼属于典型的有色金属冶炼行业。我国是世界铜冶炼第一大国，主要以火法冶炼为主，占到了95％的比例。然而，平均每生产1 t精炼铜将产生2.2～3 t铜渣，目前我国年产铜渣2000万吨以上，累计堆存量超3亿吨。铜渣作为大宗工业固废综合利用率低，大量堆存渣场成库，无法创造经济效益，铜渣中的重金属渗透到土壤中会污染地下水源。因此，铜渣固废资源化利用是解决铜渣消纳难题形成新开路的关键途径。目前，铜渣因富含玻璃体且结构性能稳定等特点集中应用于建材行业中，如铜渣基碱激发胶凝材料、路基养护材料、细骨料添加剂、混凝土、微晶玻璃等，但是铜渣需要进行活性激发，在大规模工业化推广过程中仍主要作为混凝土掺合料，附加价值较低。因此，需要进一步开展铜渣的深入综合利用及高值化研究。

铜渣是典型的 $FeO-SiO_2$ 系冶炼渣，可以作为环境功能材料以实现高附加值利用开发。将铜冶炼产排环节所产生的废渣应用于有色金属冶炼行业工业尾气脱硫脱硝处理，替代传统湿法吸收剂，降低脱除成本，是实现工业园区就地消纳铜渣的有效途径及扩展固废延伸利用的新方法，同时可实现以大宗工业固废资源循环利用控制、有色金属冶炼主要污染物协同治理，达到"以废治废"的目的。

3.1.2 实验装置及方法

3.1.2.1 铜渣复合浆液实验装置及流程

铜渣浆液吸收装置如图 3-2 所示。这些实验装置被分成四个系统：模拟配气系统、液相氧化-吸收系统、烟气分析系统、尾气处理系统。模拟配气系统主要由 N_2、O_2、NO 和 SO_2 钢瓶气以及各个钢瓶配置的减压阀、质量流量计与数显仪组成。钢瓶气由质量流量计控制流量，从而获得一定浓度的模拟烟气，经过三通阀控制后混合气经混气罐被 10 L 铝箔气袋进行收集，随后经 Ecom 烟气分析仪检测 SO_2 和 NO_x 的进口浓度及进口氧含量。调配好的模拟气随后进入配制好的铜渣复合浆液中进行反应吸收，再经气袋捕集后入烟气分析仪检测其 SO_2 和 NO_x 出口浓度及出口氧含量。铜渣浆液的温度可由恒温磁力搅拌器进行控制。在反应过程中，可将 pH 计探头伸入浆液内部检测浆液 pH

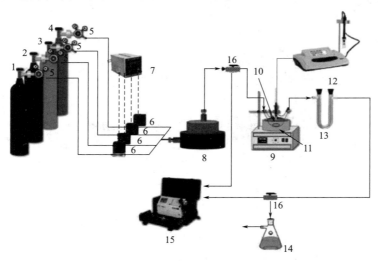

图 3-2 铜渣浆液吸收实验装置

1—N_2 钢瓶；2—O_2 钢瓶；3—1% NO 钢瓶；4—1% SO_2 钢瓶；5—减压阀；6—质量流量计；
7—数字显示仪；8—混气罐；9—油浴锅；10—三口烧瓶；11—搅拌子；12—pH 计；
13—干燥管；14—尾气吸收瓶；15—烟气分析仪；16—三通阀

变化过程。经三口烧瓶后，尾气过含无水氯化钙固体颗粒的 U 形管进行除水，随后再通过含稀硫酸/高锰酸钾混合液的尾气吸收瓶内充分去除尾气中的 SO_2 和 NO_x，以防造成环境污染。

3.1.2.2 实验分析方法

（1）脱除效率计算

矿浆脱硫脱硝的性能以 SO_2 和 NO_x 的脱除效率和吸收容量来确定，NO_x/SO_2 脱除效率按式（3-1）计算。

$$\eta_{NO_x(SO_2)} = \frac{C_{入口} - C_{出口}}{C_{入口}} \times 100\% \tag{3-1}$$

式中　$\eta_{NO_x(SO_2)}$——NO_x/SO_2 脱除效率，%；
　　　$C_{入口}$——NO_x/SO_2 进口浓度，mg/m^3；
　　　$C_{出口}$——NO_x/SO_2 出口浓度，mg/m^3。

（2）吸收容量计算

铜渣对 NO_x 和 SO_2 的吸收容量按式（3-2）和式（3-3）计算。

① NO_x 吸收容量：

$$q_{ac,NO_x} = \frac{Q \int_0^t (C_{入口} - C_{出口}) dt}{1000V} \times \frac{30}{22.4} \tag{3-2}$$

式中　q_{ac,NO_x}——NO_x 吸收容量，$mg(NO_x)/L$；
　　　Q——气体总流量，L/min；
　　　t——反应时间，min；
　　　$C_{入口}$——NO_x 进口浓度，mg/m^3；
　　　$C_{出口}$——NO_x 出口浓度，mg/m^3；
　　　V——浆液体积，L。

② SO_2 吸收容量：

$$q_{ac,SO_2} = \frac{Q \int_0^t (C_{入口} - C_{出口}) dt}{1000V} \times \frac{64}{22.4} \tag{3-3}$$

式中　q_{ac,SO_2}——SO_2 吸收容量，$mg(SO_2)/L$；
　　　Q——气体总流量，L/min；
　　　t——反应时间，min；
　　　$C_{入口}$——SO_2 进口浓度，mg/m^3；
　　　$C_{出口}$——SO_2 出口浓度，mg/m^3；
　　　V——浆液体积，L。

3.1.3 原始铜渣/KMnO$_4$复合浆液同步脱硫脱硝研究

3.1.3.1 不同产排环节铜渣化学元素及物相结构分析

本实验过程中所用不同环节铜冶炼固废有铜转炉渣、底吹炉铜渣和经二次浮选后的铜尾渣。全部铜渣均来源于山东烟台某铜冶炼厂。铜渣经过破碎、球磨后，过200目筛网，取粒径小于74 μm的铜渣粉末用于脱硫脱硝活性评价。首先对不同产排环节铜冶炼固废的化学组成通过XRF元素分析手段进行了探究。如表3-1所示，这三种不同种类铜冶炼固废的主要化学元素为Fe、Si、Zn，也包含了少量的碱性氧化物。而铜转炉渣相较底吹炉铜渣与铜渣浮选尾矿而言，铜元素含量更高而铁元素含量更少，铜转炉渣中含铜量相对较高的原因主要是在转炉冶炼过程中铜锍保存至渣相内，而铜主要以金属铜或硫化铜形式赋存。铜渣浮选尾矿经过浮选回收铜后铜含量下降，主要由铁和硅元素组成。

表3-1 不同类型铜渣化学组成　　　　　　　　　　单位:%

样品	Fe	Cu	Pb	Zn	S	SiO$_2$	Al$_2$O$_3$	CaO	MgO
铜转炉渣	28.43	8.40	5.27	2.41	0.86	33.74	1.06	0.479	0.35
铜渣浮选尾矿	33.02	0.13	0.52	3.32	0.30	34.01	3.705	1.84	3.26
底吹炉铜渣	40.25	3.65	—	2.00	2.44	23.26	5.08	1.69	2.12

3.1.3.2 不同产排环节铜渣脱硫脱硝活性评价

如图3-3(b)所示，不管是否加入高锰酸钾，脱硫效率都达到了100%。而对脱硝而言，如图3-3(a)所示，在不加高锰酸钾情况下，铜转炉渣浆液脱硝效率相比铜渣浮选尾矿与底吹炉铜渣更好，最高达到了12.3%。在加入高锰酸钾后，铜转炉渣/KMnO$_4$复合浆液取得了最高的脱硝效率，达到了58.6%；而铜渣浮选尾矿/KMnO$_4$复合浆液

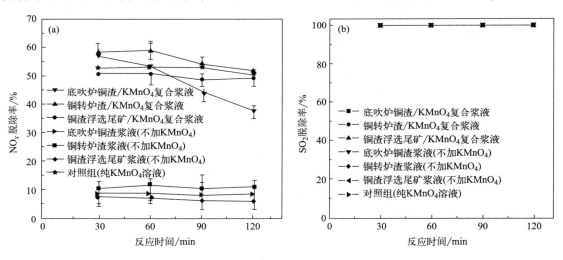

图3-3 不同类型铜渣对脱硝效率（a）和脱硫效率（b）影响

获得了最高 50.8% 的脱硝效率,不及对照组,这表明铜渣浮选尾矿中含有更高含量的铁橄榄石物相可能抑制了脱硝效率。底吹炉铜渣/$KMnO_4$ 复合浆液的脱硝活性也不及对照组,从 30 min 时 56.3% 的脱硝效率迅速下降至 120 min 时的 37.7%。这些结果表明,这三类铜冶炼固废可以作为有效脱硫剂获得良好的脱硫效果;对脱硝活性而言,铜转炉渣更占优势,这可能是因为铜转炉渣中铜含量更高,促进了整体的脱硝活性。因此,优选出铜转炉渣作为脱硫脱硝剂用于后续反应机理的探究。

3.1.4 热改性铜渣/H_2O_2 复合浆液同步脱硫脱硝研究

热改性铜渣/H_2O_2 复合浆液制备流程为:将一定质量的热改性铜渣或原始铜渣与一定量去离子水先后加入三口烧瓶内,在转速 1000 r/min 下搅拌混匀。经模拟配气充分混合后,加入一定量 H_2O_2 于三口烧瓶内,于此时计时,开始脱硫脱硝反应。小试实验的模拟配气条件为:SO_2 进口浓度为 858 mg/m³,NO 进口浓度为 313 mg/m³,O_2 浓度为 10%(体积分数),气体流量为 300 mL/min。

3.1.4.1 铜渣热改性预处理条件对脱硫脱硝活性的影响

(1)改质剂种类对脱硫脱硝活性的影响

为了减少铜转炉渣内含 Fe(Ⅱ)物相含量,增加脱硝活性物质,提高脱硫脱硝活性,同时考虑到铜渣结构中多个物相相互嵌连、结构稳定的情况,需加入不同改质剂以破坏铜渣中原有晶体结构,打破 Si—O—Si 和 Fe—S 和 Cu—S 键等,使得尖晶石八面体结构被破坏,促进铜渣氧化。选择加入的改质剂有 CaO、Na_2CO_3 和 MgO,通过与不加入改质剂热改性铜渣进行对比,筛选出最优改质剂。由图 3-4(a) 可知,未加入改质剂时,

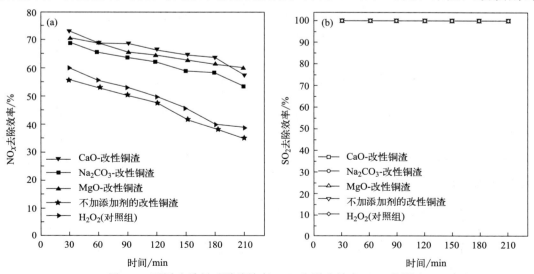

图 3-4 不同改质剂对脱硝效率(a)和脱硫效率(b)的影响
(热改性条件:焙烧温度 1000 ℃,焙烧时间 80 min,改质剂添加量 10%)

热改性铜渣/H_2O_2 复合浆液的脱硝效率与纯 H_2O_2 溶液（对照组）接近，而加入改质剂 CaO、Na_2CO_3 或 MgO 后，脱硝效率得到了明显提高，其中改质剂对脱硝促进效果排序为：CaO＞MgO＞Na_2CO_3。其中氧化钙作为改质剂达到了最高的脱硝效率，为 73.0%，反应 210 min 后仍维持在 57.9%。如图 3-4（b）所示，加入和未加入改质剂的热改性铜渣均取得了 100% 的脱硫效率。因此，优选出氧化钙作为后续实验的最佳改质剂。

（2） CaO 添加剂的量对脱硫脱硝活性的影响

通过在铜渣中混合氧化钙进行热改性预处理可以有效地改善原始铜渣的物相结构。因此，研究了不同 CaO 添加量下热改性铜渣对脱硫脱硝活性的影响。如图 3-5（b）所示，SO_2 去除效率均维持在 100%。图 3-5（a）表明添加 30% 的 CaO 时，热改性铜渣展现出了最高的 NO_x 去除效率。随着氧化钙用量从 0% 增加到 30%，NO_x 脱除率增加；CaO 用量进一步增加至 40%，脱硝率略有下降。

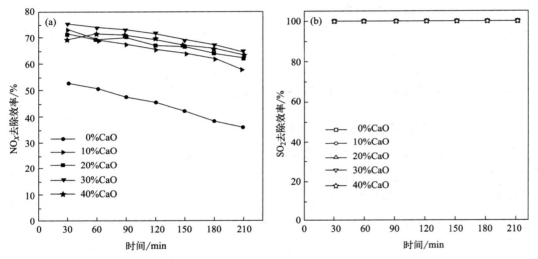

图 3-5 不同 CaO 添加量对脱硝效率（a）和脱硫效率（b）的影响
（热改性条件：焙烧温度 1000 ℃，焙烧时间 80 min）

3.1.4.2 焙烧温度对脱硫脱硝活性的影响

我们进一步考察了添加 CaO 作为改质剂后，焙烧温度对脱硫脱硝效率变化的影响。如图 3-6（a）、（b）所示，当焙烧温度从 600 ℃ 提高到 800 ℃ 时，NO_x 去除率逐渐提高，但焙烧温度进一步升高至 1000 ℃ 时，最大 NO_x 去除效率持续下降。同时，各组的 SO_2 去除效率均保持在 100%[图 3-6（c）]。

3.1.4.3 焙烧时间对脱硫脱硝活性的影响

此外，焙烧时间也会影响铜渣结构，从而影响脱硫脱硝活性。如图 3-7（b）所示，SO_2 去除效率均保持在 100%。而图 3-7（a）显示，随焙烧时间的增加，NO_x 去除效率先增高后降低，但总体脱硝效率比较接近，说明焙烧时间对铜渣物相结构改变较小。在

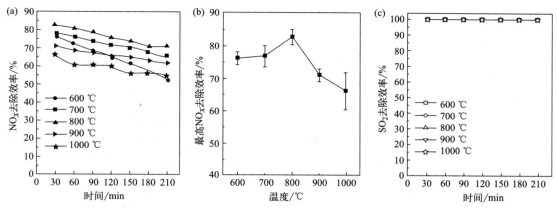

图 3-6 不同焙烧温度对脱硝效率（a）、最高脱硝效率（b）及脱硫效率（c）的影响
（热改性条件：CaO 添加量 30%，焙烧时间 80 min）

焙烧时间为 200 min 时，NO_x 去除效率最高达 84.4%。然而，焙烧时间进一步增加也导致了 $Ca_3Fe_2(SiO_4)_3$ 物相相对强度增加，从而导致 NO_x 去除效率略有降低。因此，选择焙烧时间为 200 min 作为最佳条件。

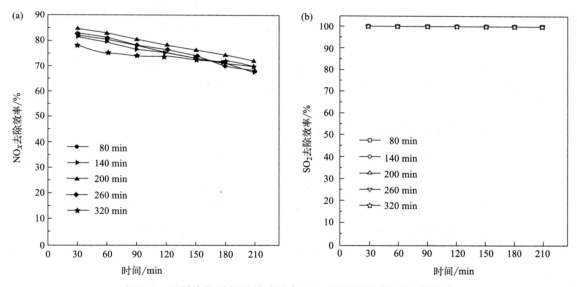

图 3-7 不同焙烧时间对脱硝效率（a）和脱硫效率（b）的影响
（热改性条件：CaO 添加量 30%，焙烧温度 800 ℃）

3.1.4.4 H_2O_2 浓度对脱硫脱硝效率的影响

H_2O_2 浓度决定了脱硝经济成本，所以需要探究最优的 H_2O_2 添加量。H_2O_2 浓度对脱硫脱硝影响如图 3-8 所示。当 H_2O_2 浓度从 0.5 mol/L 增加到 1.0 mol/L 时，浆液最大 NO_x 去除效率从 50.2% 显著提高到 92.5%。在低 H_2O_2 浓度下，·OH 和 ·O_2^- 产生量较少［式(3-4) 和式(3-5)］，不足以将 NO 完全氧化，导致 NO_x 去除效率较低。随着进一步提高 H_2O_2 浓度，由于 ·OH 的自清除作用，NO_x 去除效率上升不明显。较高的

H_2O_2 浓度可以有效地维持较长的脱硝时间，从 1.0 mol/L 增加到 2.5 mol/L，维持时间增加了近 2 倍。

$$Fe^{3+} + H_2O_2 \longrightarrow Fe^{2+} + \cdot O_2^- + 2H^+ \quad (3-4)$$

$$Fe^{2+} + H_2O_2 \longrightarrow Fe^{3+} + \cdot OH + OH^- \quad (3-5)$$

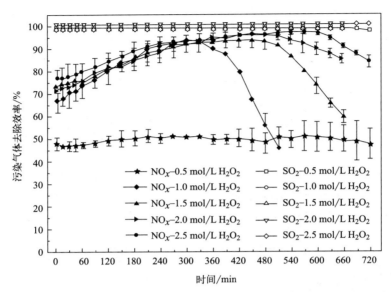

图 3-8　不同 H_2O_2 浓度下 CS-CaO-900/H_2O_2 复合浆液同步脱硫脱硝效率

（实验条件：热改性铜渣浓度 5.0 g/L，总溶液体积 200 mL；初始浆液 pH10.0；反应温度 45 ℃）

3.1.4.5　矿渣浓度对脱硫脱硝效率的影响

热改性铜渣作为类芬顿催化剂，其添加量可以显著影响活性氧物质含量，从而影响脱硝效率，如图 3-9 所示。当热改性铜渣浓度从 0.5 g/L 增加到 5.0 g/L 时，最大 NO_x 去除效率从 78.6% 提高到 96.5%，随后略有降低。NO_x 去除效率的提高是由于随着热改性铜渣在液相主体中浓度增加，更多的 Fe 活性位点含量增多，从而提高了活性氧物质的含量。而 NO_x 去除率和 H_2O_2 利用率的降低可能是由于颗粒的聚集和过量的 Fe(Ⅱ) 可清除自由基。而进一步增加铜渣浓度至 10.0 g/L 时，在最初 180 min 内就达到了 90% 以上的脱硝效率，但维持高效率的脱硝时间大幅度减少，这是因为过高的铜渣浓度造成了过高的自由基浓度，而高浓度自由基有猝灭作用，造成了 H_2O_2 利用效率的下降。

3.1.4.6　反应温度对脱硫脱硝效率的影响

反应温度会影响 H_2O_2 的分解速率，从而影响自由基产率，进而对脱硝造成重要影响。如图 3-10 所示，当反应温度从 25 ℃ 提高到 45 ℃ 时，最大的 NO_x 去除效率从 70.4% 提高到 91.2%。根据阿伦尼乌斯公式（$\ln K = -E_a/RT + \ln A$），反应温度提高，H_2O_2 催化分解的活化能降低，使得溶液中 ROS 含量增加，从而有效提高了 NO 氧化速

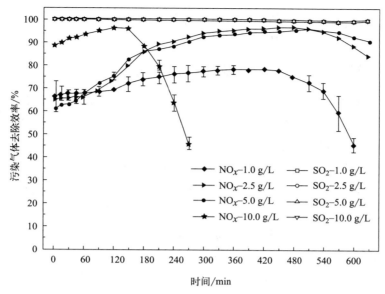

图 3-9　不同热改性铜渣浓度下 CS-CaO-900/H_2O_2 复合浆液同步脱硫脱硝效率

（实验条件：H_2O_2 浓度 2.0mol/L；初始浆液 pH10.0；反应温度 45 ℃）

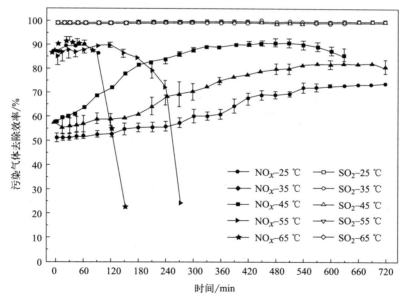

图 3-10　不同反应温度下 CS-CaO-900/H_2O_2 复合浆液同步脱硫脱硝效率

（实验条件：热改性铜渣浓度 5.0 g/L；H_2O_2 浓度 2.0 mol/L；初始浆液 pH10.0）

率，提高了脱硝效率。进一步提高反应温度，观察到三口烧瓶内气泡含量增加并检测到反应气内 O_2 含量增加，这表明自由基间相互猝灭的副反应发生得更加频繁 [式(3-6)～式(3-9)]，从而导致 H_2O_2 分解过快，这与之前的研究报道相一致。

$$\cdot OH + H_2O_2 \longrightarrow HO_2 \cdot + H_2O \tag{3-6}$$

$$\cdot OH + \cdot OH \longrightarrow H_2O_2 \tag{3-7}$$

$$HO_2 \cdot + HO_2 \cdot \longrightarrow H_2O_2 + O_2 \qquad (3-8)$$

$$\cdot OH + HO_2 \cdot \longrightarrow H_2O + O_2 \qquad (3-9)$$

3.1.4.7 浆液 pH 值对脱硫脱硝效率的影响

pH 值是影响类芬顿反应活性的关键因素之一，因此对不同 pH 值下浆液脱硫脱硝活性进行了探究。如图 3-11 所示，当浆液的初始 pH 值从 8.0 增加到 10.0 时，NO_x 最高去除效率从 33% 左右提高到 96% 左右。初始浆液 pH 值从 10.0 进一步增加到 12.0，脱硝效率变化不显著，但导致 H_2O_2 快速消耗，H_2O_2 利用效率降低。Liu 等指出，溶液 pH 值对脱硝影响主要有正反两个方面。有利方面是：由于增加了气液反应吸收速率，所以增加初始浆液 pH 值有利于 NO 氧化-吸收过程。不利方面是：由于 HO_2^- 的抑制作用 [式(3-10)～式(3-12)]，更高的初始浆液 pH 值导致 H_2O_2 利用率更低，这导致了较高的 O_2 释放速率。因此，在 pH8.0～10.0 时，有利因素可能在脱硝过程中起主导作用；而在 pH11.0～12.0 时，不利因素可能占主导地位。此外，pH 的升高也有利于提高 $\cdot O_2^-$ 的稳定性，增加其在液相主体内的存活时间。这有利于提高 $\cdot O_2^-$ 和 NO 接触的可能性，从而提高在 pH8～10 时的脱硝效率。

$$H_2O_2 \Longleftrightarrow HO_2^- + H^+ \qquad (3-10)$$

$$\cdot OH + HO_2^- \longrightarrow OH^- + HO_2 \cdot \qquad (3-11)$$

$$H_2O_2 + HO_2^- \longrightarrow H_2O + O_2 + OH^- \qquad (3-12)$$

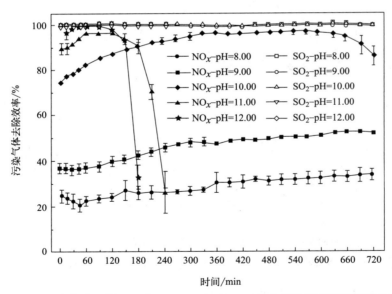

图 3-11 不同浆液初始 pH 下 CS-CaO-900/H_2O_2 复合浆液同步脱硫脱硝效率
（实验条件：热改性铜渣浓度 5.0 g/L；H_2O_2 浓度 2.0 mol/L；反应温度 45 ℃）

3.2 赤泥矿浆法

3.2.1 概述与简介

赤泥是从铝土矿中提炼氧化铝后排出的工业固体废物,根据其生产方式不同可分为烧结法赤泥、拜耳法赤泥和联合法赤泥(即烧结法与拜耳法联用)。其中烧结法单位能耗大、流程复杂,一般用于从低品位铝土矿提炼氧化铝;拜耳法生产氧化铝则能获得更高质量的氧化铝产品。2011 年烧结法生产氧化铝仅占氧化铝生产总量的 2.5% 左右。我国每年氧化铝产量超过 100 t,生产 1 t 的氧化铝则有 1~2 t 的赤泥产出,并且随着铝产业的扩大和铝矿石品位的降低,赤泥的产量将会逐年增加。目前国内赤泥的处置方法主要为露天筑坝、露天堆放,不仅占用大量的土地资源,还会对周围大气、水、土壤、微生物等环境造成严重污染。

赤泥为具有高碱性的固体废弃物,附碱含量高,含有 CaO、Al_2O_3、Na_2O、Fe_2O_3 等固硫成分;同时,赤泥粒度细小且比表面积大,有较好的吸附性能,可加快化学反应速率和反应深度,符合脱硫过程中的粒度要求。将赤泥作为脱硫剂代替石灰石/石灰乳对烟气脱硫,不仅能大幅降低脱硫成本,还为赤泥的综合利用开辟了一条新途径,达到"以废治废、变废为宝、综合利用"的目的,可带来良好的环境效益、经济效益和社会效益。

赤泥脱硫为赤泥废渣的处理提供了一种绿色环保的方法,减少了环境污染和资源浪费,相对于传统的石灰石脱硫方法,其脱硫效率更高。赤泥的工业化应用中脱硫效率并不理想,生产实践中需要综合考虑各种因素,如烟气状况、赤泥的物化指标、设备的指标等,进而保持其脱硫效率。在工业化应用中应长时间保持较高的脱硫率,因此,工业化应用是赤泥脱硫的研究重点。

3.2.2 实验装置、检测方法及原理

3.2.2.1 实验装置

通过自制小型脱硫塔及模拟燃煤锅炉烟气气氛进行赤泥脱硫实验室试验,考察赤泥液固比、烟气温度、液气比、脱硫浆液 pH 值等因素对脱硫效率的影响。实验装置主体可分为烟气配气系统、脱硫系统、尾气检测及处理系统三个部分,如图 3-12 所示。

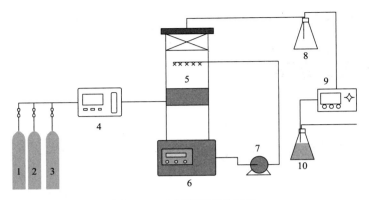

图 3-12 赤泥脱硫实验装置

1—SO_2 气瓶；2—O_2 气瓶；3—N_2 气瓶；4—智能计算机配气柜；5—脱硫喷淋塔；6—恒温水浴锅；
7—循环浆液泵；8—气体缓冲瓶；9—烟气分析仪；10—尾气吸收瓶

3.2.2.2 分析检测方法

循环泵的流量恒定，通过调整计算机配气柜的进塔混合气体流量来调整液气比；通过调整恒温水浴锅温度调整脱硫反应温度。采用 J2KN 烟气分析仪测量脱硫塔入口和出口气体中的 SO_2 浓度。采用 PHS-25 型酸度计测量脱硫浆体的 pH。脱硫效率 R 即 SO_2 吸收率按式(3-13)计算。

$$R = \frac{C_{入口} - C_{出口}}{C_{入口}} \times 100\% \tag{3-13}$$

式中，$C_{入口}$ 和 $C_{出口}$ 分别为脱硫塔入口和出口处烟气分析仪所测的 SO_2 的浓度，mg/m^3。

3.2.2.3 矿浆脱除废气原理

不同来源的赤泥主要成分基本相同，为 Al_2O_3、Fe_2O_3、SiO_2、CaO、Na_2O、TiO_2 等，拜耳法赤泥中 Fe_2O_3、Al_2O_3、Na_2O 的含量比烧结法或联合法高，CaO、SiO_2 的含量相对较低；大量的金属氧化物致使赤泥 pH 保持在 12~14 之间。

而工业生产中产生的大量 NO_x、SO_2、H_2S 等会导致严重的大气污染，如雾霾、酸雨等。赤泥中碱性物质含量丰富，可吸附这些气体。然而，相对于其他方面的应用，目前赤泥用于气体净化的相关研究较少。SAHU 等提出用赤泥吸收 H_2S，并通过反应前后物化分析对比，发现铁氧化物可选择性地与 H_2S 反应将其固化，NaOH、$Ca(OH)_2$ 等碱性物质也可将 H_2S 转化为硫化物，赤泥吸附 H_2S 容量为 2.1 g/100g，反应方程式如下：

$$H_2S(aq) + H_2O \Longrightarrow HS^-(aq) + H_3O^+ \tag{3-14}$$

$$H_2S(aq) + NaOH(aq) \Longrightarrow NaHS(aq) + H_2O(l) \tag{3-15}$$

$$H_2S(aq) + 2NaOH(aq) \Longrightarrow Na_2S(aq) + 2H_2O \tag{3-16}$$

$$Fe_2O_3 + 2H_2S + H_2 \longrightarrow 2FeS + 3H_2O \tag{3-17}$$

$$FeS + H_2S \longrightarrow FeS_2 + H_2 \tag{3-18}$$

$$2FeOOH(s) + 3HS^-(aq) + 3H^+(aq) \longrightarrow 2FeS(s) + S(s) + 4H_2O(l) \tag{3-19}$$

$$CaCO_3(s) + H_2S(g) \longrightarrow CaS(s) + H_2O(l) + CO_2(g) \tag{3-20}$$

$$CaS(s) + 2CO_2(g) + 2H_2O(l) \longrightarrow CaSO_4 \cdot 2H_2O(s) + 2C(s) \tag{3-21}$$

$$Na_2O + SO_2 \longrightarrow Na_2SO_3 \tag{3-22}$$

$$2CaO \cdot SiO_2 + SO_2 \longrightarrow CaSO_4 + SiO_2 \tag{3-23}$$

$$CaO + SO_2 \longrightarrow CaSO_3 \tag{3-24}$$

$$Ca(OH)_2 + SO_2 \longrightarrow CaSO_3 + H_2O \tag{3-25}$$

$$2CaSO_3 + O_2 \longrightarrow 2CaSO_4 \tag{3-26}$$

$$Fe(OH)_3 + H_2S \longrightarrow Fe_2S + H_2O \tag{3-27}$$

3.2.3 赤泥液相催化氧化脱除二氧化硫实验研究

3.2.3.1 气体脱除过程

赤泥吸收 SO_2 是通过气体扩散完成的，SO_2 首先从气相主体扩散到气液界面，再从气液界面扩散到液相主体中，进而与浆液中的赤泥发生反应。

（1）气体在气相中的扩散

可用 A 在 B 中的扩散系数 $D_{AB}(cm^2/s)$ 表示气体通过惰性气体的运动：

$$D_{AB} = 1.8 \times 10^{-4} \frac{T^{0.5}}{(\overline{V}_A^{0.5} + \overline{V}_B^{0.5})^2} \times \frac{M_A}{\rho_A} \times \left(\frac{1}{M_A} + \frac{1}{M_B}\right) \tag{3-28}$$

式中　T——热力学温度，K；

　　　ρ——密度；

　　　M——分子量；

　　　$\overline{V}$——气体在沸点下呈液态时的体积，cm^3/mol。

对于 SO_2，$\overline{V}$ 取 40.4 cm^3/mol，空气的分子量按 29 计算，可得标准状况下 SO_2 在空气中的扩散系数为 0.103 cm^2/s。

（2）气体在液相中的扩散

气体被液体吸收之后，为了保证溶液的吸收能力，溶解在液体中的气体分子需要从液体表面离开，气体在液体中的扩散同样可以用扩散系数来表示（A 代表气体，C 代表液体）：

$$D_{AC} = 7.4 \times 10^{-10} \times \frac{(\beta M_C)^{0.5T}}{\mu_C \overline{V}_A^{0.6}} \tag{3-29}$$

式中　μ_C——溶液的黏度，mPa·s；

　　　β——溶剂的缔结因数，其中水的值为 2.6。

气体在液体中的扩散系数受溶液浓度影响很大，因此式仅适用于稀溶液。标准状况

下 SO_2 在水中的扩散系数为 $1.61\times 10^{-5}\ cm^2/s$，远小于在空气中的扩散系数，即 SO_2 气体在空气中的扩散比在水中容易得多。

（3）气体吸收

赤泥脱硫的吸收机理可用双膜理论来解释，如图 3-13 所示。SO_2 从气相主体通过湍流扩散到达气膜边界，再由气膜界面通过分子扩散到达气液两相界面，在气液界面上，SO_2 从气相溶于液相；之后通过分子扩散到达液膜边界，再由液膜边界通过湍流扩散进入液相主体。

当气液两相接触时，两相之间形成一个相界面。在相界面的两侧，分别存在着一层很薄的、呈层流流动的稳定膜层，即气膜和液膜。这两层膜是传质阻力的主要集中区域。溶质以分子扩散的形式连续通过这两个膜层，从气相主体传递到液相主体，或从液相主体传递到气

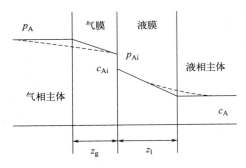

图 3-13 双膜理论模型

p_A—组分在气相主体中的分压，Pa；p_{Ai}—组分在气液界面上的分压，Pa；c_A—组分在液相主体中的浓度，$kmol/m^3$；c_{Ai}—组分在气液界面上的浓度，$kmol/m^3$；z_g—等效气膜厚度；z_l—等效液膜厚度

相主体。膜层的厚度不是固定的，它随着流体流速的变化而变化。一般来说，流速越大，膜层厚度越小，传质阻力也相应减小。

通过对双膜理论模型的分析，吸收塔的性能可以用式（3-30）来描述，其中 NTU 为传质单元数（number of transfer units）。

$$\text{NTU}=\ln(Y_{in}+Y_{out})=\frac{KA}{G} \tag{3-30}$$

式中　Y_{in}——入口 SO_2 的摩尔分数；

　　　Y_{out}——出口 SO_2 的摩尔分数；

　　　K——气相的平均总传质系数，$kg/(s\cdot m^2)$；

　　　A——传质界面的总面积，m^2；

　　　G——烟气的总质量流量，kg/s。

传质单元数表示吸收组分由气相传递到液相的难易程度，NTU 越大，表示吸收过程越难进行。如果 NTU 的数值很大，说明吸收操作的平均推动力很小，气体溶质的浓度变化很大。

（4）气液平衡

亨利定律指出，在一定温度下，气体总压 P 小于 $5\times 10^5 Pa$ 的稀溶液中，被吸收气体在气相中的平衡分压 P_i 与该气体在液相中的摩尔分数 X_i 成正比，即：

$$P_i=EX_i \tag{3-31}$$

式中　E——亨利系数，Pa 或 kPa、MPa；

　　　X_i——被吸收气体在液相中的摩尔分数。

当平衡分压一定时，亨利系数 E 越大，气体在液相中的摩尔分数 X_i 越小，即气体

的亨利系数 E 越大，则该气体越难溶解。其中 SO_2 水溶液的亨利系数见表3-2，可以看出随着温度的升高，SO_2 水溶液的亨利系数增大，即温度越高 SO_2 气体越难溶解。所以在进行脱硫反应时，烟气温度应适宜，一般选择 50～60 ℃；温度太低则不利于烟气的输送。

表 3-2　SO_2 水溶液的亨利系数

温度/℃	0	10	20	30	40	50	60	70	80	90	100
亨利系数 /($\times 10^{-4}$ kPa)	0.167	0.245	0.355	0.485	0.611	0.871	1.11	1.39	1.70	2.01	—

3.2.3.2　影响脱硫效率的因素

（1）pH 值

赤泥本身显强碱性，按照酸碱反应理论可知，碱性越强越有利于 SO_2 的吸收。本实验在烟气流量为 3.6 m³/h、液气比为 15∶1（浆液流量为 54 L/h）的情况下进行赤泥脱硫，考察赤泥浆液 pH 值与烟气脱硫率随反应时间的变化关系，如图 3-14 所示。

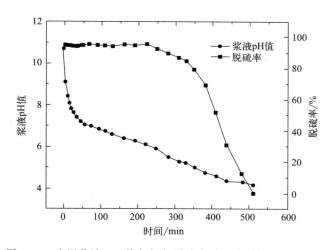

图 3-14　赤泥浆液 pH 值与烟气脱硫率随反应时间的变化关系

从图 3-14 可以看出，随着吸收时间的延长，赤泥浆液的 pH 值下降，在开始的 1 h 内浆液 pH 值迅速下降，之后呈缓慢下降趋势。烟气脱硫率在前 4 h 基本保持在 95% 左右，当反应进行 280 min、赤泥浆液 pH 降低到 5.6 时，脱硫率不到 90%，随后脱硫率下降，直到赤泥浆液失去脱硫能力。

脱硫初期，主要是赤泥的附着碱与 SO_2 发生酸碱中和反应，pH 值下降极快；中间阶段，赤泥中的方解石参与脱硫反应，同时发生物理吸附和化学吸附，pH 值下降较缓慢；pH 值低于 5.6 后，物理吸附趋于饱和，主要靠化学吸附，pH 值又开始快速下降；最后，物理吸附和化学吸附作用趋于饱和，pH 值趋于稳定。

(2) 液气比

液气比是赤泥湿法脱硫实验中一个重要影响因素，实验中使用 200 g 赤泥，按液固比 7∶1 配制赤泥浆液，保持烟气流量 3.6 m³/h，考察液气比对赤泥脱硫率的影响，其关系曲线如图 3-15 所示。从图 3-15 可以看出在其他条件恒定的情况下，改变液气比对赤泥脱硫率有很大的影响，理论上液气比越大脱硫效率会越高，但考虑到增大液体流量对能耗和设备的要求都会增加，从而使脱硫成本增大。综合考虑，取液气比 15∶1 为最佳脱硫液气比。

(3) 液固比

液固比即用 1 kg 的赤泥配制浆液时所需水的质量，取赤泥配制浆液，在烟气流量为 3.6 m³/h、液气比为 15∶1、浆液流量为 54 L/h 的情况下，考察液固比为 5∶1、7∶1、9∶1、11∶1 时赤泥脱硫液固比与脱硫率的关系，其关系曲线如图 3-16 所示。

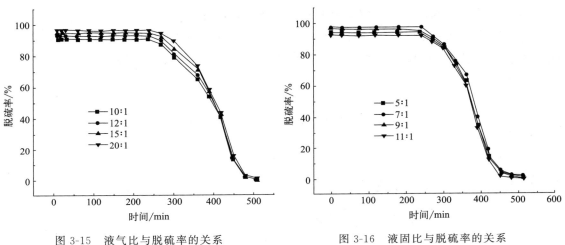

图 3-15　液气比与脱硫率的关系　　　　图 3-16　液固比与脱硫率的关系

由图 3-16 可知，在吸收反应开始的 4 h 内，赤泥的脱硫率基本保持不变，均能达到 90% 以上，之后赤泥脱硫率迅速下降，在反应进行 7 h 之后赤泥基本失去脱硫能力。液固比太大或太小都不利于赤泥脱硫反应的进行，取液固比 7∶1 为最佳液固比。

随着液固比增加，脱硫效率先增大后减小。液固比较小时，随着液固比增大，浆液变稀，黏度减小，根据双膜理论，此时 SO_2 的吸收受液膜控制，而黏度减小有利于液膜增强因子增加，反应速率增大，吸收效果会随着液固比增大而增大；液固比增加至 9∶1 时，吸收效率达到最大值；继续增大液固比，浆液变得很稀，单位体积内可与烟气反应的有效成分减少，导致吸收效率降低。液固比过大，会延长脱硫周期，增大能耗；液固比过小，会使浆液黏度过大，塔内压降增加且容易结垢，造成设备操作能力下降。因此，液固比 9∶1 较合适。

(4) 烟气流量

该实验中通过调节烟气控制阀来调节烟气流量大小，由玻璃转子流量计来读取烟气流量。选用赤泥 200 g，保持反应过程中液固比 7∶1、液气比 15∶1 不变，调节烟气流量为 2.8 m³/h、3.6 m³/h、4.4 m³/h、5.2 m³/h，浆液流量分别为 42 L/h、54 L/h、66 L/h、78 L/h，测得在不同烟气流量下赤泥脱硫率随时间的变化情况如图 3-17 所示。

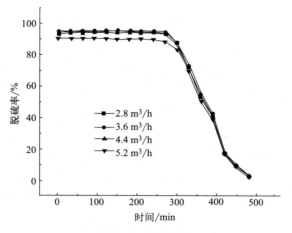

图 3-17　烟气流量与脱硫率之间的关系

由图 3-17 可知，烟气流量在 3.6 m³/h 时脱硫率最高。理论上烟气流量越小越有利于吸收反应的进行，但烟气流量过小会导致吸收过程烟气阻力增大，传质单元数增大，反而不利于烟气中的吸收，所以并不是烟气流量越小越好。

（5）烟气温度

随着烟气温度升高，SO_2 脱除效率逐渐增大，这是因为温度升高，能加速下列反应的进行：

$$Na_2O + SO_2(g) \longrightarrow Na_2SO_3 \tag{3-32}$$

$$2Al(OH)_3 + 3SO_2(g) \longrightarrow Al_2(SO_4)_3 + 3H_2 \tag{3-33}$$

$$CaO + SO_2(g) \longrightarrow CaSO_3 \tag{3-34}$$

但烟气温度过高，SO_2 气体溶解度减小，在溶液中的质量浓度降低，导致其利用率降低，尾气中 SO_2 浓度增大，脱硫效率会降低，并且升高温度会增大能耗，经济成本增加。适宜的烟气温度为 60 ℃。

3.2.4　多项联合赤泥矿浆法脱除气体

3.2.4.1　超临界水联合赤泥法脱硫研究

针对以往赤泥处理中存在的脱碱效果差和成本较高的问题，通过超临界水的处理方法，以拜耳法赤泥为原料，探究了温度、压力、反应时间、浸出剂、液固比等对赤泥脱碱及铁浸出效率的影响，并评估了赤泥超临界水处理后的烟气脱硫效果。

未加入浸出剂时，超临界水处理过程中反应的温度、压力、时间和液固比可对赤泥的脱碱和铁浸出效率产生影响，其中温度385 ℃、压力23 MPa、反应时间45 min、液固比10 mL/g为赤泥脱碱和铁浸出的最佳条件，此时赤泥的脱碱率为42.3%，铁的浸出率达31.7%。分析结果证实超临界水处理过程中赤泥中三水铝石和其他化合碱含量的降低，以及CaO与化合碱中的碱金属元素发生的置换反应，是赤泥实现脱碱和浸出铁的关键所在。

基于研究结果，CaO为最佳浸出剂，在反应温度为385 ℃、压力为23 MPa、反应时间为60 min，液固比为20 mL/g、赤泥和CaO质量比为8的条件下，脱碱率可达97.9%，对铁的浸出率为82.7%，相关表征结果发现处理后赤泥中的钙霞石、石榴石等被转化为碳酸钙、硅酸钙等简单化合物，且反应后赤泥表面变光滑，团聚体消失，从结构上杜绝了再次反碱的发生。

脱硫结果表明，处理后的赤泥脱硫性能得到了极大提升。在25 ℃、气流速度为400 mL/min、SO_2体积分数为0.2%、液固比为20∶1的条件下可实现赤泥脱硫的最佳效果。脱硫后的分析表明，赤泥中的碱能与SO_2完全反应，其脱硫的主要产物为$CaSO_4$和其他钙硅渣，反应后产物微观表面更为光滑，大颗粒被分解成为了小颗粒。

3.2.4.2 臭氧氧化联合赤泥法脱硫脱硝研究

当O_3/NO摩尔比<1时，NO被O_3氧化成NO_2，氧化温度不影响脱硝效率；而当O_3/NO摩尔比>1时，升高氧化温度（90~150 ℃）会抑制赤泥吸收NO_x。当入口SO_2浓度<2860 mg/m³时，提高入口SO_2浓度能促进赤泥吸收NO_x。当入口SO_2浓度>4290 mg/m³时，提高入口SO_2浓度会抑制赤泥吸收NO_x。提高入口NO浓度能促进赤泥对NO_x的吸收，然而NO浓度的增加会与SO_2竞争赤泥中的碱性物质，进而抑制赤泥对SO_2的吸收。

O_3对于同时含有SO_2、NO_x的气体优先氧化NO_x。O_3/NO摩尔比越高，赤泥对NO_x的去除效果越好。考虑到O_3消耗和O_3溢出的两个因素，O_3氧化NO联合赤泥脱硫脱硝的最佳反应条件为：总气体流量为6 L/min，入口SO_2浓度为2860 mg/m³，入口NO浓度为250 mg/m³，氧化温度为130 ℃，O_2含量为16%。此时的SO_2的去除效率可以在开始的一个小时内稳定在98%，NO_x去除效率约为87%。

一系列表征分析可知赤泥具有多孔、比表面积大（10.3 m³/g）的特点，适合用作脱硫脱硝剂。实验用的山西复晟铝厂赤泥主要成分是硅铝酸钠水合物、钙霞石、石榴石、赤铁矿和方解石。元素复合物含量占比高的是CaO、Al_2O_3、SiO_2、Na_2O、Fe_2O_3以及TiO_2，碱性元素复合物的存在导致赤泥浆液具有一定程度的碱性。赤泥固相残渣脱硫脱硝后的主要产物是石膏（$CaSO_4$）。

赤泥脱硫脱硝的机理是复杂的气-液-固三相的传质反应。在液相中分为三个阶段：第一阶段（pH从10.03下降到7.0）是酸碱中和反应；第二阶段（pH从7.0下降到5.0）是赤泥中钠碱与方解石的溶解反应；第三阶段（pH已经降到3.5）是赤泥中硅铝酸钠水合物、钙霞石、石榴石的溶解反应，NO_2与液相中的SO_3^{2-}、SO_4^{2-}发生反应，Fe^{3+}对SO_2的液相催化氧化反应。

3.3 软锰矿浆法

3.3.1 概述与简介

锰矿是仅次于铁矿、铝矿，排位第三的大宗金属矿产。锰在国民经济中占有重要地位，是冶金和化学工业中的重要材料之一。在冶金工业中，锰用作炼钢过程的还原剂和脱硫剂，可以提高钢的强度、硬度、耐磨性和淬透性，还可用于制造合金（如锰铜、锰铝、锰镍铜合金等）等，素有"无锰不成钢"之说；在化学工业中，锰可以作为涂料干燥剂以及生产锰的化合物，如：硫酸锰、氯化锰、高锰酸钾、电解二氧化锰等。近年来随着新能源产业的高速发展，锰在电池、磁性新材料等方面的需求越来越大。

锰矿床主要有海相沉积锰矿床、层控锰铁银铅锌矿床、风化型锰矿床等类型。与我国锰矿资源类似，贵州地区的锰矿具有品位低的特点，平均品位约 21.4%，较世界平均品位低近十个百分点。且杂质含量高、矿石结构复杂、粒度细、伴生矿多。探索合理开发利用这类资源对促进我国锰矿综合利用技术水平，促进地方经济发展具有积极意义。

随着目前环境保护越来越受到关注，工业废气、废水、废渣的处理问题已成为制约企业经济发展的瓶颈。废气中的 SO_2 是大气污染的主要成分之一，烟气脱硫技术按脱硫方式及脱硫反应是否有水的参与可分为干法、湿法和半干法三大类。根据使用吸收剂的不同又可以分为石灰乳吸收法、氧化镁法、柠檬酸钠法、磷铵复合肥法、有机胺法等，但是这些方法都存在较多缺点，如投资成本高、设备容易结垢和堵塞、脱硫副产品的价格低、经济效益差等。降低运行成本，提高经济效益是脱硫技术发展的一个方向。

近年的实验研究发现软锰矿是一种很好的吸收 SO_2 的物质，其中的原理是：

$$MnO_2 + SO_2 = MnSO_4 \tag{3-35}$$

目前针对软锰矿脱硫技术的研究主要集中在脱硫过程的条件控制，如温度、pH、反应时间、软锰矿的粒度等，以及对副产物硫酸锰的提纯和浸取渣的重复利用。硫酸锰是锰矿深加工的主要产品之一，锰矿处理后溶液提纯的一般过程是氧化-水解除铁、除重金属、过滤、静置沉淀、溶液结晶、离心脱水烘干，得到工业级、饲料级或精品级三种级别的硫酸锰产品，用于化肥、饲料、涂料、农药等领域。近年来，随着锂电池技术的发展，以高纯硫酸锰为原料生产锰酸锂越来越受到重视。但是，对利用锰矿烟气脱硫后的产物制备硫酸锰产品还没有成熟的研究技术。

因此利用软锰矿进行烟气脱硫，使烟气中的 SO_2 转化成 SO_4^{2-} 的形式，使锰矿中的锰以硫酸锰方式进入溶液得到分离，并进一步作为硫酸锰的生产原料。该方法结合了烟气脱硫与锰系材料生产的需求，具有成本低、经济效益好的特点，是一个值得深入研究的方向。

3.3.2 实验装置及技术

3.3.2.1 实验装置

实验所用装置如图 3-18 所示,由烟气配气系统、反应流化床以及烟气分析系统三部分构成。配气系统由多个质量流量计控制,反应温度通过温度控制器与竖式电阻炉进行调节和控制,出炉烟气成分由日本崛场 PG-350 红外烟气分析仪分析。

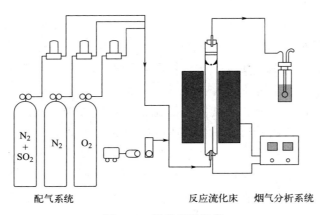

图 3-18 脱硫实验装置

3.3.2.2 脱除效率计算

脱硫效率 R 即 SO_2 吸收率计算公式:

$$R = \frac{C_{in} - C_{out}}{C_{in}} \times 100\% \qquad (3-36)$$

式中,C_{in} 和 C_{out} 分别为脱硫塔入口和出口处烟气分析仪所测的 SO_2 的浓度,mg/m^3。

3.3.3 软锰矿浆烟气脱硫过程分析

软锰矿浆烟气脱硫是涉及气-液-固三相间的传质、液相中的化学反应、液固表面化学反应等的复杂体系。从反应类型来看,它既包括氧化还原反应又包含了催化氧化反应,因而是一个影响因素很多的、复杂的过程。

目前,国内外已对软锰矿浆烟气脱硫生成硫酸锰做了较多研究。从研究结果来看软锰矿烟气脱硫包含了质量传递和化学反应过程,其中化学反应过程中的主要反应为 MnO_2 和 SO_2 的反应。

3.3.3.1 传质-扩散过程

烟气与软锰矿浆接触以后,其中的 SO_2、O_2 等发生分子扩散和涡流扩散,遵循亨利定律的规律向液相中溶解扩散。在较低 pH 值下生成 HSO_3^{2-} 及 $SO_2 \cdot H_2O$。扩散至软锰矿粉固体外表面或进一步扩散至微粒表面的 $SO_2 \cdot H_2O$，与矿体中的 MnO_2 发生氧化还原反应生成 $MnSO_4$。这一过程可用双膜理论模型进行分析。双膜理论模型如图 3-19 所示。

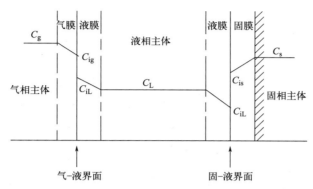

图 3-19 SO_2 的传质的双膜理论模型示意图

上述过程可分为下列步骤：

① 烟气中 SO_2 由气相主体通过气膜传递到气液界面；
② SO_2 自气液界面通过液膜向液相主体传递；
③ SO_2 在液膜或液相主体中与 H_2O 相遇发生反应生成 $SO_2 \cdot H_2O$；
④ 反应生成的 $SO_2 \cdot H_2O$ 等产物从液相主体向固体表面液膜扩散；
⑤ 反应生成的 $SO_2 \cdot H_2O$ 等产物通过颗粒外表面固膜层扩散；
⑥ $SO_2 \cdot H_2O$ 由颗粒外表面固膜层通过固相微孔扩散到反应界面；
⑦ $SO_2 \cdot H_2O$ 等与 MnO_2 在界面上进行反应，生成 $MnSO_4$；
⑧ 反应生成的 $MnSO_4$ 通过固相微孔扩散至颗粒表面；
⑨ $MnSO_4$ 由颗粒外表面通过固膜层扩散到液膜；
⑩ $MnSO_4$ 由液膜扩散到液相主体。

当传质-扩散过程成为整个脱硫过程的控制步骤时，强化上述某一步骤，提高它的速率可有效地提高脱硫速率和脱硫率。

在一般情况下喷射鼓泡反应器（JBR）中液固相的混合较均匀液相中和、液固间各物质的扩散速率较快，所以上述过程中步骤④、⑤、⑥不会影响到整个反应体系的传质速率。传质过程主要受气液双膜内气体扩散速率的影响，它影响着反应器内各物质的相对浓度的大小，进而影响反应进行的途径。

3.3.3.2 化学反应过程

在软锰矿烟气脱硫中由于软锰矿的成分较复杂，除了有 Mn、MnO_2 外，还有 Fe、Fe_2O_3、Al_2O_3 及其他物质，烟气中有 CO_2、O_2、SO_2、N_2 等气体，所以用软锰矿浆进行烟气脱硫是一个十分复杂的体系。有研究认为这些物质能在溶液中相互作用，生成一些中性和离子物质以及一些固体物质。SO_2 是一种酸性氧化物，具有还原性，易溶于水，在 293 K 时，溶解度可达 40（体积比）。烟气中 SO_2 随烟气与浆液接触后立即发生溶解，同时生成 H_2SO_3，反应如下：

$$SO_2 + H_2O \Longleftrightarrow H_2SO_3 \tag{3-37}$$

此反应是可逆的，温度上升使平衡左移。生成的 H_2SO_3 是二元弱酸，在水中存在下列解离平衡：

$$H_2SO_3 \Longleftrightarrow H^+ + HSO_3^- \qquad K_1 = 1.39 \times 10^{-2} \tag{3-38}$$

$$HSO_3^- \Longleftrightarrow H^+ + SO_3^{2-} \qquad K_2 = 6.24 \times 10^{-8} \tag{3-39}$$

由上可知，在酸性溶液中 S（Ⅳ）主要以 HSO_3^- 形态存在。对于封闭体系，水溶液中各含硫组分的分布形态随溶液 pH 值变化如图 3-20 所示。

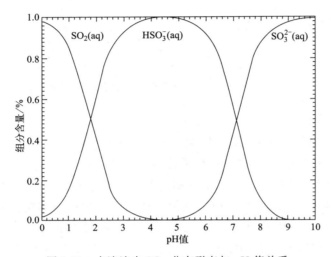

图 3-20　水溶液中 SO_2 分布形态与 pH 值关系

在酸性介质中，H_2SO_3 可被氧化或解离产生 $S_2O_3^{2-}$、SO_3^{2-}、HSO_3^- 等形态，这些形态对脱硫过程均会产生影响。25 ℃ 时，SO_2-H_2O 体系的电化学稳定性如图 3-21 所示。

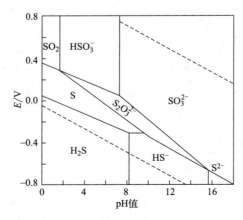

图 3-21　SO_2-H_2O 体系的 E-pH 值图（25 ℃）

3.3.3.3 软锰矿矿浆脱硫

软锰矿中的主要成分是 MnO_2,与 SO_2 的反应属于主要反应。反应过程如下。

(1) Mn-H_2O 体系

Mn-H_2O 体系的电化学稳定性如图 3-22 所示,从图中可看出 MnO_2 在酸性和碱性介质中十分稳定,一般条件下不会溶解,但它的氧化电位比较高,在有还原剂时,MnO_2 会与之反应,被还原为 Mn^{2+}。

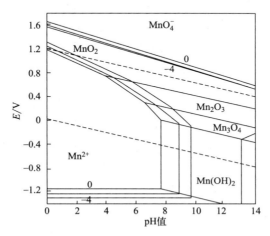

图 3-22 Mn-H_2O 体系的 E-pH 值图(25 ℃)

(2) MnO_2 直接与 SO_2 反应

溶液中的 SO_2 与矿粉中的 MnO_2 会发生反应:

$$MnO_2 + H_2SO_3 \Longrightarrow MnSO_4 + H_2O \tag{3-40}$$

$$MnO_2 + 2H_2SO_3 \Longrightarrow MnS_2O_6 + 2H_2O \tag{3-41}$$

其中式(3-40)为主反应,式(3-41)为副反应。升高反应温度,可抑制式(3-41)反应的进行。

(3) O_2 催化氧化 SO_2 反应

在酸性环境中,M^{2+}、Fe^{2+}、Fe^{3+} 等过渡金属离子可有效地催化 O_2 对 SO_2 的氧化。反应如下:

$$SO_2 + \frac{1}{2}O_2 + H_2O \Longrightarrow H_2SO_4 \tag{3-42}$$

(4) 主反应的确定

在上面两种化学反应中,SO_2 都被氧化为 SO_4^{2-},达到脱硫目的。因此研究体系的反应方式对烟气脱硫显得十分重要。

利用图 3-21 和图 3-22 有关数据,将两图合并计算,得到 SO_2-Mn-H_2O 体系中的 E-pH 图(图 3-23)。从图中可以看出,对于 MnO_2 和 SO_2 反应,溶液存在半反应:

$$MnO_2 + 4H^+ + 2e^- \rightleftharpoons Mn^{2+} + 2H_2O \qquad E = 1.23V \qquad (3-43)$$

$$SO_4^{2-} + 4H^+ + 2e^- \rightleftharpoons SO_2(aq) + 2H_2O \qquad E = 0.17V \qquad (3-44)$$

在标准状态下,该过程的推动力为:

$$\Delta E = 1.23V - 0.17V = 1.06V$$

$$K_{平衡} = 6.84 \times 10^{35}$$

对于 O_2 催化氧化 SO_2 反应,溶液中存在半反应:

$$O_2 + 4H^+ + 4e^- \rightleftharpoons 2H_2O \qquad E = 1.23V \qquad (3-45)$$

$$SO_4^{2-} + 4H^+ + 2e^- \rightleftharpoons SO_2(aq) + 2H_2O \qquad E = 0.17V \qquad (3-46)$$

在标准状态下,该过程的推动力为:

$$\Delta E = 1/2 \times 1.23V - 0.17V = 0.445V$$

$$K_{平衡} = 1.21 \times 10^{15}$$

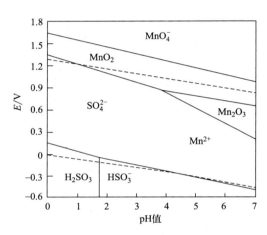

图 3-23　SO_2-Mn-H_2O 的 E-pH 值图

由此可见,MnO_2 与 SO_2 反应的推动力大于 O_2 催化氧化 SO_2 反应,平衡常数 K 也为同样情况。尽管存在 Mn^{2+}、Fe^{2+}、Fe^{3+} 等的催化作用,但体系中 MnO_2 的含量远远大于溶液中 O_2 的含量,因此 MnO_2 与 SO_2 的反应速率大于 O_2 催化氧化 SO_2 的反应速度,故由此分析,脱硫主要通过 MnO_2 将 SO_2 氧化完成,而不是只起催化作用。

(5)生成产物的确定

从反应可知,MnO_2 氧化 SO_2 过程中除了产生 $MnSO_4$,还有 MnS_2O_6 生成。据资料报道,MnS_2O_6 生成量会随溶液搅拌速度的增大而降低,随溶液 pH 减小而下降,随温度的升高而降低,且生成的 MnS_2O_6 在酸性介质中不稳定,会发生分解:

$$MnS_2O_6 + H_2SO_4 \rightleftharpoons MnSO_4 + H_2S_2O_6 \qquad (3-47)$$

$$H_2S_2O_6 \rightleftharpoons H_2SO_4 + SO_2 \qquad (3-48)$$

总反应:

$$MnS_2O_6 \rightleftharpoons MnSO_4 + SO_2 \qquad (3-49)$$

因而在体系中控制适当的搅拌速度、pH 值和温度等条件,就可以得到 $MnSO_4$。在软锰矿中，除了含有 MnO_2 外，还有 SiO_2、Fe_2O_3、CaO、MgO、Al_2O_3 及其他氧化物。资料表明，这些金属氧化物大都属于碱性氧化物，在遇水之后变为活性金属氧化物，并参与脱硫反应。

利用软锰矿脱除烟气中 SO_2 的主要反应为：$MnO_2 + SO_2 \Longrightarrow MnSO_4$，吸收液中的主要产物为 $MnSO_4$。在 MnO_2 与 SO_2 的氧化还原反应中，$K_{平衡} = 6.84 \times 10^{35}$，反应推动力很大。由此可见，化学反应不会成为脱硫反应的控制步骤。脱硫过程主要受传质过程中气液间气体扩散速率的控制。

3.3.4 影响脱硫效率的因素

3.3.4.1 pH 值对 SO_2 吸收的影响

随着吸收的进行，MnO_2 不能消耗吸收液中不断累积的硫酸，SO_2 的吸收效率逐渐降低。吴复忠等利用菱锰矿作为调节剂，通过中和吸收液中过量的硫酸来有效调节 pH 值，防止过低的 pH 抑制脱硫过程的进行，达到目标脱硫率的同时，中和产物硫酸锰也使得吸收液中锰离子的浓度得到进一步提高。

3.3.4.2 吸收温度对 SO_2 吸收的影响

大量研究表明，吸收温度对软锰矿脱硫有较大的影响。一般情况下，软锰矿浆对 SO_2 的吸收在一定的温度范围内有最大吸收率。对物理溶解来说，低温有利于对 SO_2 的吸收，高温会导致 SO_2 溶解度降低，抑制其吸收；对氧化还原反应而言，高温会有效加快反应速率，这是因为分子能量普遍高于平均活化能，吸收液黏度减小，而扩散系数增大。综合这两个对立的吸热和放热反应，可得到一个最佳的吸收温度。

3.3.4.3 液气比对 SO_2 吸收的影响

在相同的条件下，液气比在 40 左右时脱硫率较理想。研究表明，低于 30 的液气比虽然意味着烟气量增大，但过大的烟气量直接导致 SO_2 在矿浆中的停留时间变短，造成其与矿浆接触不充分，反而导致脱硫效率降低。此外初始进入吸收塔的大量 SO_2 快速消耗软锰矿，使得后期的 SO_2 无法与足够的 MnO_2 发生反应，脱硫效果较差。液气比过小还会造成吸收塔出现液泛现象，吸收不再通过鼓泡完成，气液接触时间进一步降低，对脱硫造成严重影响。若液气比大于 40，SO_2 的吸收效果得不到明显提高，反而导致其投资费用增加。因此，综合考虑脱硫率和投资费用等因素，液气比一般控制在 40 左右为宜。

3.3.5 存在的主要问题及建议

目前的研究已证实了 Mn^{2+}、Fe^{2+}、Fe^{3+} 的液相催化作用存在于锰矿浆脱硫系统中，在软锰矿浆浓度较低的情况下，硫酸的生成主要是由于 Mn^{2+} 对 SO_2 的催化氧化，各反应则是较为简单的气液反应。但对软锰矿浆催化氧化 SO_2 而言，这是一个复杂的气液固三相的催化氧化反应，两者之间存在很大差别，其机理还有待深入研究。目前的研究采用了不同的脱硫装置，各有其优缺点。其中，外循环系统和内循环系统都有一定的局限性。外循环系统的使用能耗大，且存在腐蚀、磨损等问题，同时投资和运行成本较高；采用内循环系统又会导致设备堵塞。除此之外，烟气性质、装置、产品等多种因素都需要在研究中加以考虑。因此，软锰矿浆烟气脱硫的工业应用还需要大量的基础研究作为支撑。

在软锰矿浆烟气脱硫的研究中，在不影响脱硫效率的前提下，一般采用在吸收过程中加入石灰水中和硫酸的方法来控制硫酸的生成。然而此法导致浸出渣量增加，而且吸收液中硫酸锰的浓度降低，使得后续处理较为复杂，能耗和运行费用加大。此外，还会导致管道和设备堵塞，严重影响了脱硫设备的正常运行。虽然吴复钟等提出了利用菱铁矿调节 pH 值的办法，但该技术还不成熟，依然需要一定的研究结果作为支撑。

软锰矿浆烟气脱硫在主要生成 $MnSO_4$ 的同时，还会生成大量的副产物连二硫酸锰，一方面会大大降低硫酸锰产品的质量，另一方面，浸出液烘干时连二硫酸锰分解会不断释放 SO_2 气体，造成二次污染。目前虽已有研究表明，吸收液温度、pH 值、搅拌速度等因素会对连二硫酸锰的生成造成影响，但其机理还不清晰，有待进一步研究。

3.4 其他固废矿浆法

3.4.1 磷矿浆同时脱硫脱硝技术

磷化工主要通过湿法硫酸工艺分解磷矿石。磷矿含有 Fe_2O_3、MnO、MgO 以及稀土元素 Ce、La 等，且 Fe^{3+} 的含量高达 8% 以上。所以可利用磷矿浆中过渡金属离子的催化氧化作用，对烟气进行催化氧化实现同时脱硫脱硝。

基于该原理，梅毅教授团队利用冶炼烟气中高浓度 SO_2 替代硫酸分解磷矿产生磷酸，达到烟气中硫资源化及磷矿清洁生产的目的。覃岭等利用磷矿浆结合高锰酸钾进行脱硫脱硝，探究了反应温度、氧含量、气流速率和固液比对磷矿浆同时脱硫脱硝效率的影响，并进行了反应机理的研究。实验结果表明，当反应温度为 25 ℃，含氧量为 21%，气流速率为 0.15 L/min，矿浆固液比为 20 g/40 mL 时，100% 的脱硫率持续时间为 100 min，脱硝率≥80% 的持续时间为 40 min，得到一种高效易行的同步脱硫脱硝技术。有研究将磷矿浆和泥磷混合，进行烟气脱硫脱硝。烟气通入由磷矿浆和泥磷组成的浆液中，并和浆液充分接触反应，NO 被黄磷部分氧化为 NO_2，然后利用 NO_2 和 SO_2 的水溶性和磷矿浆过渡金属离子及金属氧化物的催化氧化作用，完成氮氧化物和硫化物的脱除。Nie 等通过对磷矿浆反应过程中液相产物进行分析发现，在反应过程中有微量金属离子浸出，而这些金属离子（Mg^{2+}、Fe^{3+} 和 Mn^{2+}）可以通过产生 $·SO_3^-$ 自由基起到催化氧化 SO_3^{2-} 的作用，使 SO_2 氧化反应势垒降低 71%，从而提高整体浆液的 SO_2 吸收容量。而随着反应进行，pH 值不断下降而导致氟磷灰石的持续分解，F^- 和 PO_4^{3-} 不断累积从而使得整体吸收容量下降。其中在磷矿或磷尾矿中对脱硫起主要作用的活性物质是 $CaMg(CO_3)_2$。在脱硫基础上，有研究通过在磷矿浆中加入黄磷作为强氧化剂用于脱除烟气中的 NO。他们采用了 Box-Benhnken 响应面法来优化反应参数，包括 P_4/NO 摩尔比、反应温度、pH 值和气体流量。此外，还提出了用 P_4/磷矿浆体系同时去除 SO_2 和 NO_x 的方法。Nie 等的研究结果表明得益于 NO_2 诱导 $·SO_3^-$ 自由基的产生，SO_2 的去除效率可在含 NO_2 的情况下得到进一步提升。与此同时，生成的亚硫酸盐可与亚硝酸盐反应生成 $·SO_3^-$、$·SO_4^-$ 和 $·OH$ 自由基，提高整体脱硝效率。这表明硫硝之间存在协同脱除作用。

通过成本核算后发现，P_4/磷矿浆体系脱硝成本（240.09 元/t SO_2 和 957.97 元/t NO_x）比湿式石灰石-石膏法、镁法和 SCR 法更低，具有明显的经济优势。目前，磷矿浆单独脱硫技术已趋近成熟，得到了工业化应用。然而，黄磷存在着易燃、臭氧产生量低等问题，磷矿浆法同时脱硫脱硝还处于实验室研究阶段，机理研究还未透彻，尚未进行大规模工业化推广，很多问题有待进一步研究。

3.4.2 钢渣法同步脱硫脱硝技术

钢渣中含有丰富的游离 CaO、MgO 等碱性物质，能有效吸收 SO_2 与高价态易溶含 N 物质（如 NO_2、NO_3 等），且钢渣本身具有的过渡金属氧化物也使得钢渣能有效催化氧化 SO_2 和 NO_2。目前钢渣浆液常放于 O_3 气相预氧化技术后端吸收高价态氮氧化物。Meng 等提出了臭氧预氧化与酸化钢渣同步脱硫脱硝技术。他们发现将反应后的酸化钢渣浆液固液分离，其液相仍具有很高的脱硫脱硝效率。相反，固液分离后固相残渣的脱硝效率较低，不如原始钢渣浆液。这表明起到主要脱硝活性作用的关键物质在液相溶液中。进一步对液相产物进行分析发现，液相中浸出的 Mn^{2+} 能通过氧化还原循环提高 NO_2 吸收速率，而 Mn^{2+} 自身反应后生成 Mn_3O_4 和 $MnO(OH)$。有研究通过添加硫代硫酸铵于钢渣浆液中提高脱硝效率，其中硫代硫酸根作为还原剂能有效将 NO_2 转化为亚硝酸根，同时抑制亚硫酸根氧化，使得亚硫酸根与 NO_2 进一步反应提高整体脱硝效率。同时发现，NH_4^+ 的引入有效减少了酸性条件下亚硝酸根分解成 NO。通过这一方法，在气体流量为 10 L/min 和 NO 浓度为 250 mg/m^3 的条件下实现了 78% 的脱硝效率，且有效将脱硝产物转化为亚硝酸根，其浓度达到约 3 mol/L，可实现氮资源有效回收。也有研究同样也采取了臭氧预氧化与钢渣浆液用于同步脱硫脱硝，发现在臭氧预氧化阶段，氧化温度极大地影响了脱硝效率，大于 90 ℃的氧化温度会使高价态氮氧化物分解，导致后续浆液的脱硝效率较低。但目前对于钢渣脱硫脱硝协同作用的反应机理暂不明晰，仍需进一步深入研究。

3.5 本章小结

本章系统介绍了有色金属冶炼固废矿浆法在工业废气净化中的应用研究，重点探讨了铜渣矿浆法、赤泥矿浆法、软锰矿浆法以及其他矿浆法的原理、实验研究及实际应用效果。矿浆法在工业废气净化中的应用具有资源化利用、低成本和环保等优势，但其机理研究和工业化推广仍需进一步深入。未来应重点研究矿浆法脱硫脱硝的微观机理研究、矿浆法的强化途径探索、脱硫脱硝后浆液的资源化处理以及矿浆法的工业化应用与推广。通过这些研究，矿浆法有望成为解决有色金属冶炼废气和固废污染问题的重要技术手段。

参考文献

[1] 包加成. 铜渣矿浆法同步脱硫脱硝研究[D]. 昆明理工大学，2023.

[2] 骆燕苏. 热活化改性水淬锰渣同步脱硫脱硝的研究[D]. 昆明理工大学，2021.

[3] 骆燕苏，李凯，王驰，等. 矿浆法同时脱硫脱硝的研究进展与展望[J]. 材料导报，2022，36（09）：80-86.

[4] 康泽双，田野，刘中凯，等. 赤泥用于烟气湿法脱硫技术研究及工业试验[J]. 矿冶工程，2023，43（03）：110-114.

[5] 左晓琳，李彬，胡学伟，等. 拜耳法赤泥脱硫特性研究[J]. 硅酸盐通报，2017，36（05）：1512-1517.

[6] 刘中凯，闫琨，康泽双，等. 拜耳法赤泥与海水混合用于烟气脱硫试验[J]. 有色金属（冶炼部分），2021，（09）：104-110.

[7] 靳苏静. 赤泥与石灰石湿法烟气脱硫的工程运行分析[D]. 郑州大学，2013.

[8] 刘娜，孙鑫，宁平，等. 新型矿浆材料脱硫现状及研究进展[J]. 材料导报，2017，31（17）：106-111，137.

[9] 李彬，张宝华，宁平，等. 赤泥资源化利用和安全处理现状与展望[J]. 化工进展，2018，37（02）：714-723.

[10] 杨点. 超临界水处理对赤泥脱碱、浸出铁及其脱除SO_2的研究[D]. 昆明理工大学，2021.

[11] 雷小丽，吴幼娥，曾伟，等. 无机添加剂改性对赤泥脱硫的影响[J]. 环境科学与技术，2021，44（05）：124-131.

[12] 吴恒. 臭氧氧化联合赤泥法对石油焦煅烧烟气脱硫脱硝研究[D]. 昆明理工大学，2020.

[13] 代杨，华东，顾汉念，等. 软锰矿在烟气脱硫中应用的研究：第八届全国成矿理论与找矿方法学术讨论会论文摘要文集[C]. 2017.

[14] 普孝钦. 软锰矿浆烟气脱硫的研究现状及展望[J]. 化工技术与开发，2018，47（05）：41-43.

第四章
有色冶金固废火法处理

4.1 富氧氧化法

富氧氧化法是一种利用富含氧气的气体促进化学反应的方法,广泛应用于金属冶炼、废气处理、化学合成等领域。其核心在于通过增加反应体系中的氧气浓度,加速氧化还原反应,从而实现目标物质的高效转化。在富氧氧化法中,氧气作为一种强氧化剂,能够与被处理物质中的还原性成分发生反应,生成氧化物或其他化合物。由于富氧气体中氧气含量远高于普通空气,所以这种反应在富氧环境下进行得更为迅速和彻底。这种方法不仅提高了反应速率和效率,还有助于减少不必要的副产物生成,从而降低后续处理的难度和成本。同时,富氧氧化法还可以在一定程度上降低反应温度,减少能源消耗,符合绿色、环保的发展趋势。在实际应用中,富氧氧化法需要根据处理对象的具体性质和反应条件进行优化。例如,在金属冶炼中,通过调整富氧气体的流量和温度,可以控制金属的氧化程度和提取效率;在废气处理中,富氧氧化法可以将有害气体转化为无害或低毒物质,减少对环境的污染。总之,富氧氧化法是一种高效、环保的化学反应促进方法,具有广泛的应用前景。随着科技的不断发展,该方法在各个领域的应用将更加成熟和广泛。

4.1.1 铜渣富氧氧化处理

铜渣的主要成分为 Fe 和 Si,还含有 Cu、Zn 等多种有价金属元素。铜渣中 Pb、As 等有害元素含量较高,在风化和物理侵蚀过程中可能会释放出来,存在环境污染风险。考虑到铜渣处置的潜在环境影响和经济效益,基于主要成分 Fe 与 Si 的赋存状态及其耐磨性强、稳定性高等性能,铜渣被用作水泥、瓷砖、磨料、玻璃陶瓷等领域的原材料,但有价元素的利用率不高。如铜渣中 Fe 和 Cu 的含量分别为 30%~45% 和 0.55%~1.2%,品位高于工业高炉炼铁的铁矿石(>27%)和火法炼铜的铜矿石(>0.4%)的经济开采品位。然而,铜渣中 Fe 和 Cu 的利用率分别低于 1% 和 12%。面对我国铁矿石及有价金属资源对外依存度高的现状,加强铜渣的末端高值化利用,将其转化为有经济价值的产品,不仅可以弥补资源的不足,还可以缓解环保的压力。近年来,富氧氧化法在我国得到了快速发展和应用,一种环保、节能、有价金属综合回收效果好的铜渣处理工艺即富氧氧化法正在兴起。

富氧氧化法处理铜渣是一种高效的固废处理技术,旨在从铜冶炼过程中产生的渣滓中提取有价值的金属铜,并减少环境污染。铜渣中通常含有多种金属氧化物和非金属杂质,直接排放既浪费资源又可能对环境造成危害。通过富氧氧化法,可以将铜渣与富含氧气的气体(如富氧空气或纯氧)进行高温反应。在这个过程中,氧气与铜渣中的金属氧化物发生氧化还原反应，使金属铜得以还原并分离出来。同时，富氧环境还可以促进其他有害成分的氧化，将其转化为更稳定、无害的物质。这种处理方法不仅可以提高铜的回收率，降低生产成本，还能有效减少铜渣对环境的污染。此外，富氧氧化法处理铜渣的过程相对简单，易于实现工业化生产。在实际应用中，需要根据铜渣的具体成分和性质，以及环保、经济等方面的要求，对富氧氧化法的工艺条件进行优化。例如，可以通过调整反应温度、氧气流量和反应时间等参数，来控制铜的还原程度和杂质的去除效果。总之，富氧氧化法处理铜渣是一种既经济又环保的固废处理技术，有助于实现铜资源的循环利用和环境保护的双重目标。随着科技的不断发展，这种技术在铜冶炼行业的应用将越来越广泛。

通过富氧侧吹熔炼炉实现对铜渣的富氧处理，固体炉料加入温度为 1100～1500 ℃搅拌着的熔融炉渣的熔池中，炉料的颗粒或其聚合体被炉渣湿润，靠炉渣与炉料颗粒之间的温度差加热。易熔的组分熔化，在炉渣中形成金属液滴。高熔点成分、燃料等靠强烈的搅拌或熔于炉渣、或燃烧、或与炉渣中的氧反应。往炉渣熔体吹入的气体在相界面与炉渣作用，相应地改变液相和气相的成分，直至在两相之间建立化学平衡。因为相界面的面积大，且气体给予熔池很高的搅拌能，加快了炉内的传热和传质过程，各相的组成均趋向于平衡，相的分离过程也大为加快。富氧侧吹熔炼炉的特点在于炉内熔池被在一定高度鼓入的风分为两层。上层被气体搅拌得到紊流运动。向该熔体层加入炉料，并在其中实现熔体和加入炉料之间及熔体和吹入气体之间的传热和传质过程。当在上部搅拌层中形成所需搅拌能的均匀分布时，在整个熔体中反应的速率会增加很多倍。这是由于对熔体的搅拌会使加入的固体和液体以及气体在整个上层熔体中迅速分散并均匀分布，从而使相界面的面积大为增加。在向熔体鼓风的标高以下，存在一个与上层相比搅拌程度很小的下层熔体。在此下部平静的区域内，在上层因强制长大的不同液相珠滴，会按密度的差别发生迅速分离。

4.1.2 锰渣富氧氧化处理

锰渣是一种含锰废渣，主要成分包括氧化锰（MnO）、氧化铁（Fe_2O_3）、氧化硅（SiO_2）、氧化铝（Al_2O_3）等物质。其中，氧化锰是一种黑色或棕色晶体，氧化铁呈红色。一般来说，锰渣产生于锰矿的熔炼或冶炼过程中，而锰矿中包含的杂质和其他元素也会影响锰渣的成分。锰渣的主要成分和含量可能因生产工艺、原料和生产地点而有所不同。锰渣通常在冶金、矿产和金属加工等工业领域得到应用。其中氧化锰可作为重要的冶金原料，用于冶炼锰金属或生产其他锰化合物；氧化铁可用于生产砖瓦、水泥和其他建筑材料，还可作为染料、磨料等的原料；氧化硅和氧化铝等成分可用于制备耐火材料、玻璃、陶瓷等产品。总的来说，这些成分在工业生产中都具有一定的应用价值，因此锰渣作为含锰废渣在工业领域具有一定的经济和资源价值。

锰渣的富氧氧化处理是一种利用富氧气体对锰渣进行氧化处理的方法。锰渣是在锰冶炼过程中产生的固体废弃物含有大量的锰氧化物和其他杂质。在富氧处理过程中，富含氧气的气体（如富氧空气或纯氧）被引入锰渣处理系统。在高温条件下，富氧气体与锰渣中的锰氧化物发生氧化反应，进一步改变锰的化合价态或将其转化为更易于处理的形态。这个过程通常需要一定的温度和压力条件，并且可能需要添加其他辅助剂或催化剂来促进氧化反应的进行。这种处理方法有助于提取锰渣中的有价值成分，并降低其对环境的潜在危害。富氧处理不仅可以加速锰渣的氧化过程，提高处理效率，还可以促进锰渣中有害成分的转化和去除。同时，通过优化工艺参数和控制反应条件，可以实现锰渣中有价金属的高效回收和资源的再利用。然而，富氧处理锰渣也面临一些挑战和限制，如处理过程中可能产生的二次污染、能源消耗以及设备腐蚀等问题。因此，在实际应用中，需要综合考虑锰渣的成分、处理要求以及经济和环境因素，选择合适的处理方法和工艺条件。总的来说，锰渣富氧处理是一种有效的固废处理方法，具有潜在的应用前景。通过进一步的研究和技术创新，可以不断改进和完善富氧处理技术，提高锰渣处理的效率和效果，促进资源的可持续利用和对环境的保护。

4.1.3 锌渣富氧氧化处理

锌渣通常为灰黑色的固体，呈颗粒状或块状。其物理性质受具体冶炼过程和原料成分的影响，但通常具有高密度和一定的硬度。锌渣的熔点相对较高，通常为 500～1000 ℃。此外，锌渣的化学稳定性较高，不易在常温下发生化学反应，但在高温下可能会与一些氧化剂或还原剂发生反应。锌渣的主要成分是氧化锌，通常含有 60%～80% 的氧化锌。此外，锌渣中还可能含有少量的其他金属成分，如铅、铁、铜等，这些金属成分通常以氧化物的形式存在。锌渣中可能还有一定量的残余碳氢化合物，这些物质来自原料中的有机物或冶炼过程中的碳加入物质。在化学性质方面，锌渣具有较高的还原性，可以加热还原产生锌金属。同时，锌渣中的氧化物成分也使其具有一定的氧化性，可以参与一些氧化反应。此外，锌渣中的其他金属成分也使其可能具有一定的催化性能，能够促进某些化学反应的进行。因此，锌渣具有一定的再利用价值，在冶炼工业中可以通过一定的工艺进行资源化利用，以减少环境污染并节约资源。

富氧氧化法是一种处理锌渣的常见方法。在这个过程中，锌渣会被暴露在氧气丰富的环境中，在高温下发生氧化反应，将锌渣中的锌氧化成氧化锌。氧化锌可以被进一步处理以提取纯净的金属锌。这种方法有助于提高金属锌的回收率，并且可以减少对自然资源的需求。然而，这种处理方法需要严格控制处理过程中的温度、氧气浓度和其他因素，以确保反应的高效性和稳定性。

4.1.4 铅渣富氧氧化处理

铅渣的性质和组成成分相对复杂，具体取决于其来源和处理过程。一般来说，铅渣主要由各种金属和非金属的氧化物组成。在化学成分上，铅渣通常包含 SiO_2、FeO、

CaO 和 ZnO 等，这些成分可能占铅渣总量的 90% 以上。ZnO 的含量会随着 CaO 和 SiO_2 的含量增加而减少，其含量范围为 5%～25%。当 ZnO 含量较低时，铅渣一般包含约 30% 的 SiO_2、37% 的 FeO 以及 18% 的 CaO。此外，铅渣中还可能含有铜、锌、镉以及铁、硫等杂质。这些杂质的存在会影响铅渣的性质和处理方法。铅渣的颜色通常较暗，质地较硬，有时含有残留的铅水或其他金属液体。在火法冶炼过程中，铅渣是一种非常复杂的高温熔体体系，由多种氧化物及其相互结合形成的化合物、固溶体、共晶混合物等组成。这些成分在冶炼过程中经高温处理后水淬冷却，使得铅渣中的多种物质以非晶态形式存在并具备一定活性。

富氧氧化法是一种常用于处理铅渣的冶炼技术，旨在将铅从铅渣中提取出来。该方法主要包括熔炼、氧化和分离等步骤。

富氧氧化法处理铅渣时，将铅渣与氧化剂一起置于反应容器中，通常使用的氧化剂包括氧气、空气或者氧化性物质。接着，加热反应容器以促进氧化反应的进行。在氧化的过程中，铅会被氧化成为氧化铅（PbO）或者其他氧化物。随后，产生的氧化铅与其他辅助剂（如碳）一起进行还原反应，产生纯净的金属铅。这一步骤需要在一定的温度和气氛条件下进行，以确保还原反应能够有效进行。最后，将还原后的铅与其他杂质分离，并进一步精炼，最终得到高纯度的金属铅产品。这些杂质可能是其他金属、氧化物或者其他非金属物质，需要通过化学或物理手段进行分离和去除，以获得符合工业标准的铅产品。富氧氧化法能够高效地从铅渣中提取出金属铅，并且在处理过程中可以减少铅渣中的有害物质，有利于环境保护。然而，在实际操作中，需要考虑燃料消耗、废气处理和能源利用等方面的问题，以保证该方法的可持续性和经济性。

4.1.5 镍渣富氧氧化处理

镍渣通常是指镍冶炼过程中产生的废渣，其成分和性质因生产工艺的不同而有所差异。一般来说，镍渣的主要成分是氧化镍、氧化铁等氧化物质和其他杂质。氧化镍具有高熔点和耐高温性，还具有良好的热导性和耐腐蚀性，可用于生产镍合金和其他化工产品。氧化铁常见于冶金和矿业废渣中，具有一定的磁性和导电性，常用于生产金属铁和其他铁合金。镍渣中还可能含有氧化钙、氧化钛等其他氧化物质。这些氧化物质的性质取决于其化学成分和结构。镍渣中的杂质包括硅、铝、钙、镁等。这些杂质的性质会对镍渣的整体性质产生影响。总的来说，镍渣具有高温耐热、化学稳定性以及一定的金属含量，因此通常可以通过合适的工艺加工和回收利用，以降低资源浪费和环境污染。

镍渣通常含有镍、铁、铜等金属元素，以及一些杂质和有害元素，如硫、砷等。在富氧氧化法中，镍渣与高纯度的氧气或空气在高温条件下进行接触。这种高温条件通常通过在高炉、转炉或电弧炉等设备中施加高温来实现，产生的热量能够促进氧化反应的进行。在氧化过程中，镍渣中的金属元素和杂质元素会与氧气发生反应，形成相应的氧化物。例如，镍会被氧化为镍氧化物（NiO），铁氧化为铁氧化物（Fe_2O_3），铜氧化为铜氧化物（CuO）。这些氧化物基本上是相对稳定的化合物，在大气中不易挥发和溶解，在一定程度上减少了对环境的危害。此外，富氧氧化法还有助于提高镍渣中有用金属的回收率。通过控制氧化条件和氧化物的性质、形态，可以促进后续的提取和回收过程。例如，氧化后的镍氧化物可以进一步在适当工艺条件下还原为金属镍，使得废渣中的有用资源得以有效利用。

4.1.6 赤泥富氧氧化处理

赤泥是制铝工业提取氧化铝时排出的污染性废渣，一般平均每生产 1 t 氧化铝，附带产生 1.0～2.0 t 赤泥。赤泥的组成成分受铝土矿石和生产工艺的影响，不同地区赤泥的成分有很大差异。其主要成分为氧化铁、氧化铝、氧化钙、氧化钛、氧化钠和二氧化硅，还包含一些微量元素，如钾、钡、铜、锰、锌、硫等，以及少量的稀土元素。具体来说，在某些生产过程中，如烧结法生产的赤泥中，可能含有大量的 β-硅酸二钙。此外，赤泥与黏土的成分相似，二者的物理性质也非常相近。赤泥由于含铁量不同，颜色常呈灰色或暗红色，是一种比表面积较大的多孔粉末状固体颗粒，粒径较小，且含水量高。其密度较大，为 2.84～2.87 g/cm^3，含水率为 86.01%～89.97%，饱和度为 94.4%～99.1%，比表面积为 64.09～186.9 m^3/g，孔隙比为 2.53～2.95，熔点为 1200～1250 ℃。

富氧氧化处理赤泥是利用富含氧气的气体（如富氧空气或纯氧）来强化赤泥中的氧化还原反应。这种处理方法包括以下几个步骤。

① 预处理：赤泥需要进行一些预处理步骤，如干燥、破碎和筛分，以改善其物理性质和反应活性。

② 富氧氧化：在富氧环境中，赤泥与氧气发生反应，其中的金属氧化物可能被进一步氧化或转化为其他形态。这个过程可以在高温下进行，以促进反应的进行和加速氧化过程。

③ 固液分离：经过富氧氧化处理后，赤泥可能需要进行固液分离，以回收其中的有价值成分或处理产生的废水和废渣。

④ 后续处理：分离后的固体和液体可能需要进一步的处理，以满足环境排放标准或资源回收要求。

然而，需要注意的是，富氧氧化处理赤泥的具体可行性和效果还需要进一步的研究和验证。赤泥的成分复杂，且含有高碱性氧化物和重金属，这可能对处理过程产生挑战。此外，处理过程中可能产生的二次污染、能源消耗和经济成本也是需要考虑的因素。

4.2 碳热还原法

碳热还原法是在一定温度下，以无机碳作为还原剂进行氧化还原反应的方法，需要较高温度。碳热反应（carbothermic reaction）也称碳热还原，是指以碳为还原剂的反应，通常用于金属氧化物的还原。这类反应一般在几百摄氏度下进行，用于许多元素单质比如铁、钴、镍和铜的大量工业生产，传统上需要电解氯化镁产生的金属镁单质也可用氧化镁通过碳热还原得到。但碳热还原法对于某些金属比如钠和钾的氧化物不适用。借助埃林厄姆图可预测某种金属元素的单质是否能通过碳热反应用碳还原相应的金属氧化物得到。

碳热反应有时产生一氧化碳，有时则生成二氧化碳。碳热反应的驱动力是反应产生的熵。金属氧化物和碳这两种固体反应生成一种新的固体（金属）和一种气体（CO）。后者由于是气态的物质所以具有更大的熵。因为固体反应物的扩散速率是很慢的，所以需要加热才能使碳热反应发生。

4.2.1 粉煤灰碳热还原法制备硅铁合金

我国是世界上最大的煤炭产出国和消耗国，也是世界上最大的粉煤灰排放国，这就使得粉煤灰的处理迫在眉睫。粉煤灰是燃煤电厂排出的经静电收尘器收集的固体粉末状废弃物，是世界上排放量最大的工业废料之一，污染环境，且占用大量土地，还会造成资源的进一步浪费。为改善这一现状，将粉煤灰广泛用于土木建筑材料，缓解了堆放问题，这主要得益于我国基础建设处于快速发展的阶段，对粉煤灰需求量较大。目前我国粉煤灰利用处于世界先进水平，但利用率却不及德国、日本等国家，原因在于这些国家粉煤灰的总排放量很小；相对于美国和俄罗斯等国家，我国粉煤灰利用率比较高，整体回收率已突破70%，但高附加值的精细化回收利用仅只占5%左右。

粉煤灰中主要含有 SiO_2、Al_2O_3 和 Fe_2O_3，其总含量超过了80%，通过在粉煤灰中添加 Fe 粉和石油焦在 1650 ℃ 冶炼出硅铁合金，提高了粉煤灰的高附加值，同时减少了对环境的污染。

有机硅在我国经济发展中扮演着至关重要的角色，不仅为国家安全和战略提供了强大的支撑，也是国防军工和战略性产业领域必不可少的组成部分。工业生产实践证明，通过优化其原料工业硅的冶炼工艺，提升工业硅质量，可以显著改善合成反应中有机硅的选择性。而在工业硅冶炼和炉外精炼过程中，Bi 元素密度较大，更容易沉积，从而导致冶炼所得工业硅杂质分布不均匀，采用传统方法难以有效去除，碳热还原法可用于工业硅冶炼过程 Bi 的去除。工业硅原料（硅石）中的 Bi 主要以氧化物（Bi_2O_3）的形式存在，为探究温度和还原剂对 Bi_2O_3 碳热还原的影响，以及该反应过程中涉及的如固-固反应、气-固反应等多个物理和化学反应，进一步了解 Bi_2O_3 碳热还原反应过程，首先对多个温度还原产物物相进行了分析，然后通过等转化率法、Kissinger 法及 Šatava-Šesták 法对 Bi_2O_3 碳热还原动力学进行了明晰，为工业硅冶炼过程中痕量铋杂质的去除提供了理论依据。

4.2.2 基于碳热还原法回收不锈钢粉尘制备铁铬镍碳合金

随着现代钢铁冶炼行业的迅猛发展，不锈钢的生产量和消耗量也在逐年提升。钢铁工业中 AOD/VO 冶炼产生的不锈钢粉尘含有大量有价值的铁、铬、镍金属氧化物。2020 年，中国不锈钢产量超过 3000 万吨，产生了约 90 万吨不锈钢粉尘。随着不锈钢产量的增加，使用高效的方法回收不锈钢粉尘中的有价金属来适应不锈钢粉尘的逐年增加量已成为一个急需解决的问题。回收铁、铬、镍金属氧化物可以提高废物的利用价值，缓解世界对铁、铬、镍矿物开发利用的需求，满足环境保护的要求。不锈钢粉尘的处理方法主要分为填埋处理、湿法冶金处理和火法冶金处理。早期填埋法因环境污染大、资源浪费严重而被叫停，而湿法冶金处理因能耗高、处理方法复杂、金属化还原程度低而发展不成熟；火法冶金处理是目前应用最广泛的方法，主要包括 INMETCO、FAST-MET/FAST-MELT、OXYCUP 和 STAR 工艺。

基于转底炉工艺流程处理不锈钢粉尘，在实验室条件下进行了不锈钢粉尘碳热还原工艺的单因素实验研究，得到高品位铁铬镍碳合金。实验过程中考察了还原温度、还原时间、配碳比等工艺参数对不锈钢粉尘还原的影响。还原产物铁铬镍碳合金其品位高，P、S 含量低，可直接作为冶炼不锈钢的原料。

4.2.3 碳热还原法制备氮化硅陶瓷

氮化硅陶瓷是一种烧结时不收缩的无机非金属材料陶瓷，不仅具有高强度、高硬度、耐磨蚀、抗氧化、良好的抗热冲击性等特点，还具有良好的绝缘性能，广泛应用于机械、海洋、化工、航天等领域。要制备具有优良性能的氮化硅陶瓷材料，首先需制备出高纯度、超细粒度的氮化硅粉体。

目前市面上制备氮化硅粉体的方法有很多，主要包括硅粉氮化法、二氧化硅碳热还原法、硅亚胺热解法和自蔓延高温合成法。其中碳热还原法制备氮化硅粉末由于近年来生产技术的大幅度提高以及全球范围内矿石价格的波动被广泛关注，这种方法具有来源广泛、成本低廉、工艺简单等优点，且制得的氮化硅粉体具备高纯、粒细等优点，是一种适合规模化生产的方法。笔者分析了碳热还原法合成氮化硅的机理并对其生产氮化硅陶瓷的研究进展进行了综述。希望对致力于研究碳热还原法制备 Si_3N_4 及其陶瓷的工作者给予一定启发。

4.2.4 碳热还原法从铜渣中回收铁钼合金

钼及其合金在冶金、农业、电气、化工、环保和航空航天等领域有着广泛的应用和良好的前景，是国民经济中一种重要的原料和不可替代的战略物资。随着经济的发展，优质钼资源的消耗越来越大，钼资源储量下降，因此，亟须开发一种钼矿资源替代品。铜渣是火法炼铜的副产物，主要成分为铁橄榄石和磁铁矿，往往含有一定量的钼，从铜渣中回收钼是提高资源利用率的一个重要发展方向。

火法炼铜每生产 1 t 铜，平均产生 2.2 t 渣，我国每年新增铜渣大约 1500 万吨。铜渣大量堆积，占用土地，污染环境，仅有少数得到资源化利用。目前，铜渣中的铜大多采用磨矿-浮选工艺回收，铁采用改性焙烧-磨矿-磁选工艺回收。从铜渣中回收钼大多采用湿法浸出，获得钼酸盐溶液，进一步制得有关钼的产品。但磁选的铁回收率偏低，且铁精矿中硅含量偏高；湿法冶金回收钼的回收率较低，普遍约为 30%。这就造成了资源的严重浪费，而且浸出带来了严重的二次废液废渣污染。因此，拟采用熔融直接还原工艺对铜渣中铁、钼进行回收试验研究，重点考察还原温度、还原时间、煤粉用量、氧化钙用量、氧化铝用量等因素对 Fe、Mo 在合金中的回收率及品位的影响，以期获得最佳的碳热还原条件。

通过直接还原可有效地将铜渣中的 Fe 和 Mo 分离出来，一定温度下，Mo 能富集在金属 Fe 中形成钼铁合金。

4.2.5 真空下碳热还原法制备碳氧化铝

Al-O-C 系的三元化合物碳氧化铝 Al_4O_4C 和 Al_2OC 于 1956 年被确认，因其具有良好的抗水化性、抗氧化性、高温稳定性等特性，被认为具有用作耐火材料的潜力。碳氧化铝作为增强体可以提高特定耐火材料的抗水化性、抗氧化性及强度。碳氧化铝也被研究用作材料制备的原料，如用于制备 AlN、$AlN\text{-}Al_2O_3$ 多孔陶瓷材料等。

碳氧化铝的制备普遍采用碳热还原法，至今未能实现商业化，在一定程度上限制了其应用研究。在过去很长一段时间，碳氧化铝被认为通过 Al_2O_3 和 C 之间的直接固-固相反应形成，或 Al_2O_3 和 Al_4C_3 之间的固-固相反应生成，也有研究者认为是由 CO(g) 与 Al_2O_3 之间的气-固相反应生成的。因此，碳氧化铝的制备通常在惰性气氛下进行，以氧化铝和石墨为主要原料，按照形成碳氧化铝的理论配比准备原料，在高温下长时间反应，使原料完全转化为碳氧化铝，但在 1700 ℃ 的高温下反应 8 h 后，碳氧化铝产物仍含少量 Al_2O_3。

Al-O-C 体系中存在含铝气体，其中 Al_2O 和 Al 气体较易生成。越来越多的研究者提出碳氧化铝由含铝气体与 CO 的气相反应生成。基于这种观点，可以推测碳氧化铝由两步生成：首先氧化铝与碳反应生成含铝气体和 CO，然后含铝气体与 CO 反应生成碳氧化铝，可能的反应如下。

$$Al_2O_3(s) + 3C(s) = 2Al(g) + 3CO(g) \tag{4-1}$$

$$Al_2O_3(s) + 2C(s) = Al_2O(g) + 2CO(g) \tag{4-2}$$

$$8Al(g) + 4CO(g) = Al_4O_4C(s) + Al_4C_3(s) \tag{4-3}$$

$$4Al(g) + 4CO(g) = Al_4O_4C(s) + 3C(s) \tag{4-4}$$

$$12Al_2O(g) + 8CO(g) = 5Al_4O_4C(s) + Al_4C_3(s) \tag{4-5}$$

$$2Al_2O(g) + 2CO(g) = Al_4O_4C(s) + C(s) \qquad (4-6)$$
$$2Al(g) + CO(g) = Al_2OC(s) \qquad (4-7)$$
$$3Al_2O(g) + 2CO(g) = 2Al_2OC(s) + Al_2O_3(s) \qquad (4-8)$$

其中式(4-1)和式(4-2)为吸热增容反应,真空减压条件有利于降低反应温度。式(4-3)~式(4-6)为放热减容反应,降低温度有利于反应的进行。在真空条件下,氧化铝与碳在相对较低的温度下可以生成含铝气体与CO,在抽真空的作用下,该气体产物进入低温区即可反应生成碳氧化铝。因此真空条件下可以在较低的温度制备碳氧化铝。

通过研究真空下氧化铝碳热还原法制备碳氧化铝,可初步获得最佳制备条件,并证实碳氧化铝的形成机制,为碳氧化铝的制备研究提供更多的依据。

真空下氧化铝碳热还原法制备碳氧化铝的反应过程为:首先氧化铝和石墨通过气相反应产生含铝气体 $Al_2O(g)$、$Al(g)$ 和 $CO(g)$,然后低价含铝气体与CO气体反应形成 Al_4O_4C 及 Al_4C_3 等。在生成 Al_4O_4C 的同时总是伴随杂质相的产生,通过氧化铝碳热还原法直接制备单相 Al_4O_4C 存在较多困难。

4.2.6 制备磷酸铁锂

碳热还原法是一种能降低生产成本和颗粒大小,提高产物纯度和电导率的新型制备方法。P. P. Prosini 等以 $(NH_4)_2Fe(SO_4)_2$ 和 $NH_4H_2PO_4$ 为原料首先合成 $FePO_4$,然后用 Li^+ 还原三价 Fe,并在还原性气氛下($Ar:H_2=95:5$)于 550 ℃加热 1 h 后合成最终样品,其在 0.1C 倍率下的室温初始放电容量为 140 mA·h/g。有研究采用碳热还原与机械球磨相结合的方法,以 LiH_2PO_4 和 Fe_2O_3 为原料,在混入一定量的碳后于无水乙醇介质中高速球磨 3 h,将干燥后的前驱体在氩气保护下于 750 ℃烧结 15 h 得到电化学性能良好的 $LiFePO_4/C$ 复合材料,产物以 17 mA/g 的电流密度充放电,初始放电容量为 141.8 mA·h/g,经 80 次循环后的容量仍可达 137.7 mA·h/g,容量保持率为 97.1%。固相合成虽然是较成熟的制备方法,但对于合成 $LiFePO_4$ 仍存在许多问题。首先,反复高温烧结和研磨虽然能改善产物的均匀度,但产物颗粒较大,不利于其电化学性能的提高;此外,合成过程中需要使用大量惰性气体和还原气体,能源消耗较大,给大规模生产操作带来不便,因此,从商业化角度考虑也需要进一步改进固相法或寻找能替代固相法的合成方法。

4.3 真空碳热还原热力学理论研究

热力学理论是从能量相互转化的角度来研究物质的热性质,表现了能量在不同形式之间相互转化时的宏观规律,总结了物质所表现的宏观现象而得到的热学理论。含锌电炉粉尘真空碳热还原过程当中包含很多氧化物的还原反应,主要包括铁氧化物、锌氧化物及铅氧化物等的还原。本章通过对各还原反应的热力学分析及计算,为真空碳热还原处理工艺的研究提供理论依据。

4.3.1 反应热力学

通过计算某一反应的吉布斯自由能变(ΔG)来判断该反应能否在恒温、恒压下自发进行。对于任一冶金反应,其标准吉布斯自由能变 $\Delta G^{\ominus}>0$,反应能自发逆向进行;$\Delta G^{\ominus}=0$ 反应达到平衡;$\Delta G^{\ominus}<0$,反应能自发正向进行,当 ΔG 的负值越大,反应正向反应的趋势越大。可以通过改变冶金化学反应的温度、压力等相关热力学性质来改变反应的标准吉布斯自由能变,从而使反应向我们希望的方向进行。

反应的标准吉布斯自由能变 $\Delta G^{\ominus}$ 计算公式为:

$$\Delta G^{\ominus} = \Delta H^{\ominus} - T\Delta S^{\ominus} \tag{4-9}$$

式中,$\Delta H^{\ominus}$ 是物质状态改变过程中的焓变;$\Delta S^{\ominus}$ 是熵变,也可作为反应过程方向的判据;T 是反应温度。

$$\Delta H^{\ominus} = \Delta H^{\ominus}_{T_2} - \Delta H^{\ominus}_{T_1} = \int_{T_1}^{T_2} \Delta C_p \mathrm{d}T \tag{4-10}$$

$$\Delta S^{\ominus} = \Delta S^{\ominus}_{T_2} - \Delta S^{\ominus}_{T_1} = \int_{T_1}^{T_2} \frac{\Delta C_p}{T} \mathrm{d}T \tag{4-11}$$

将式(4-10)和式(4-11)代入式(4-9)中计算得到:

$$\Delta G^{\ominus} = \Delta H^{\ominus} - T\Delta S^{\ominus} = \int_{T_1}^{T_2} \Delta C_p \mathrm{d}T - T \int_{T_1}^{T_2} \frac{\Delta C_p}{T} \mathrm{d}T \tag{4-12}$$

式中,ΔC_p 是整个反应中生成物的摩尔定压热容与反应物的摩尔定压热容之差,即

$$\Delta C_p = \sum n_i C_{p,(i,生成物)} - \sum n_i C_{p,(i,反应物)} \tag{4-13}$$

C_p 是恒压热容,现今国际上公认的较好且常见的热容方程是:

$$C_p = a + bT + cT^2 + c_1 T^{-2} \tag{4-14}$$

将式(4-10)和式(4-11)写成微分形式为:

$$\left(\frac{\partial \Delta H^{\ominus}_T}{\partial T}\right)_p = \Delta C_p \tag{4-15}$$

$$\left(\frac{\partial \Delta S^{\ominus}_T}{\partial T}\right)_p = \frac{\Delta C_p}{T} \tag{4-16}$$

式(4-15)、式(4-16)称为基尔戈夫公式,也称基尔戈夫定律,表示某一化学反应的热效应随温度的变化是由于生成物和反应物的热容所引起,由此可知计算 $\Delta G^{\ominus}$ 的关键在计算 ΔC_p。若参与反应各物质的恒压热容 C_p 都用式(4-14)表示,则:

$$\Delta C_p = \Delta a + \Delta bT + \Delta cT^2 + \Delta c_1 T^{-2} \tag{4-17}$$

将式(4-17)代入式(4-12),得到:

$$\Delta G^{\ominus} = \Delta H_T^{\ominus} - T\Delta S_T^{\ominus} = T(\Delta a M_0 + \Delta b M_1 + \Delta c M_2 + \Delta c_1 M_{-2}) \tag{4-18}$$

式中，$M_0 = \ln\dfrac{T}{298} + \dfrac{298}{T} - 1$；$M_1 = \dfrac{(T-298)^2}{2T}$；$M_2 = \dfrac{1}{6}\left(T^2 + \dfrac{2\times 298^3}{T} - 3\times 298^2\right)$；

$M_{-2} = \dfrac{(T-298)^2}{2\times 298\times T^2}$。

用积分法计算化合物的标准生成吉布斯自由能、化学反应的标准吉布斯自由能变如下所示：

$$d\left(\dfrac{\Delta G_T^{\ominus}}{T}\right) = -\dfrac{\Delta H_T^{\ominus}}{T^2}dT \tag{4-19}$$

$$\dfrac{\Delta G_T^{\ominus}}{T} = -\int \dfrac{\Delta H_T^{\ominus}}{T^2}dT + C \tag{4-20}$$

$$\Delta H_T^{\ominus} = \int \Delta C_p dT = \Delta H_0 + \Delta a T + \dfrac{\Delta b}{2}T^2 + \dfrac{\Delta c}{3}T^3 - \Delta c_1 T^{-1} \tag{4-21}$$

$$\Delta G_T^{\ominus} = \Delta H_0 - \Delta a T\ln T - \Delta a \dfrac{\Delta a}{2}T^2 - \dfrac{\Delta c}{6}T^3 - \Delta c_1 T^{-1} + IT \tag{4-22}$$

式中，Δa、Δb、Δc、Δc_1 可查表获得；ΔH_0 可由 298 K 时的 $\Delta H_{298}^{\ominus}$ 得到；T 可由 298 K 时的 $\Delta H_{298}^{\ominus}$ 与 $\Delta S_{298}^{\ominus}$ 计算得到。

通过表 4-1 中物质的基本热力学函数及化合物的标准生成吉布斯自由能，利用上述计算公式即可计算出 $\Delta G^{\ominus}$ 值。

另外，可以根据物质的标准生成自由能和反应的标准吉布斯自由能计算化学反应的 $\Delta G^{\ominus}$ 值：

$$\Delta G^{\ominus} = \sum \Delta G_{(i,\text{prod})}^{\ominus} - \sum \Delta G_{(i,\text{react})}^{\ominus} \tag{4-23}$$

根据反应的标准吉布斯自由能变 $\Delta G^{\ominus}$ 的二项式可计算得到化学反应的平衡常数，即：

$$\Delta G^{\ominus} = -RT\ln K \tag{4-24}$$

式中，K 为反应的平衡常数，同 $\Delta G^{\ominus}$ 一样为温度的函数，所以当温度确定时，反应达到平衡，各物质的分压、总压及浓度之间也处于一种平衡状态，即温度一定时，K 值保持不变。

平衡常数直接反映体系平衡时各组分之间的对应关系，常常用来分析各组分的变化对体系的影响；通常用来计算化学反应达到平衡时，体系内各物质的浓度、平衡转化率等物理量。

4.3.2 参与反应物质的基本热力学函数

电炉粉尘成分复杂，在整个真空碳热还原过程中多种氧化物发生还原反应，碳和一氧化碳作为还原剂，分别发生直接还原反应和间接还原反应。要计算出各个还原反应的 $\Delta G^{\ominus}$ 值，可查表 4-1 得到参与反应物质的热力学函数。

表 4-1 参与反应物质的热力学函数

物质	$-\Delta H^{\ominus}$/(kJ/mol)	$S^{\ominus}$/[kJ/(mol·K)]	$-\Delta G^{\ominus}$/(kJ/mol)	C_p/[kJ/(mol·K)]$=a+bT+cT^2+c_1T^{-2}$			
				a	$b\times 10^3$	$c_1\times 10^{-5}$	$c\times 10^5$
O_2	0.00	205.04	0.00	29.96	4.18	−1.67	—
C	0.00	5.74	0.00	17.16	4.27	−8.79	
CO	110.50	197.60	137.12	28.41	4.10	−0.46	—
CO_2	393.52	213.70	394.39	44.14	9.04	−8.54	—
Fe	0.00	27.15	0.00	17.49	24.77	—	—
FeO	272.04	60.07	251.50	50.80	8.614	−3.309	
Fe_2O_3	825.50	87.44	743.72	98.28	77.82	−14.85	
Fe_3O_4	1118.38	146.46	1015.53	86.27	208.9		
Pb	0.00	64.81	0.00	23.55	9.74	—	—
ZnO	348.11	43.51	318.12	48.99	5.10	−9.12	
PbO	219.28	65.27	188.87	41.46	15.33	—	—

4.3.3 热力学计算

含碳电炉粉尘在高温下发生的还原反应包括铁氧化物、氧化锌及氧化铅等主要物质的直接还原与间接还原反应,还包括碳的气化反应。为了更好地研究氧化物还原过程,先要通过热力学计算得到主要氧化物还原反应的 $\Delta G^{\ominus}$ 与温度 T 的关系。

通过查表快速获取参与还原反应的主要氧化物的标准生成吉布斯自由能,进一步利用公式计算各还原反应的 $\Delta G^{\ominus}$。参与反应氧化物的标准生成吉布斯自由能如表 4-2 所示。

表 4-2 参与反应氧化物的标准生成吉布斯自由能

化学反应	温度 T/K	$\Delta G^{\ominus}$/(kJ/mol)
C(s)+1/2O_2(g)══CO(g)	773～2273	−114400−85.77T/K
C(s)+O_2(g)══CO_2(g)	773～2273	−395350−0.54T/K
Fe(s)+1/2O_2(g)══FeO(s)	298～1650	−264000+64.59T/K
2Fe(s)+3/2O_2(g)══Fe_2O_3(s)	298～1735	−815023+251.12T/K
3Fe(s)+2O_2(g)══Fe_3O_4(s)	298～1870	−1103120+307.38T/K
2Pb(l)+O_2(g)══2PbO(l)	1159～1745	−407940+164.01T/K
2Zn(g)+O_2(g)══2ZnO(s)	1180～2240	−921740+394.55T/K

4.4 本章小结

本章系统阐述了有色金属冶金固废的火法处理技术，重点分析了富氧氧化法和碳热还原法在固废资源化中的具体应用，并结合热力学理论研究为工艺优化提供了理论支撑。富氧氧化法作为一种强化氧化还原反应的技术，通过提升氧气浓度显著加速反应速率，从而实现目标物质的高效转化和有价金属的有效回收，在金属冶炼和固废处理领域具有广泛应用。碳热还原法则以碳为还原剂，在高温条件下实现金属氧化物的高效还原，为固废资源化提供了重要技术手段。这两种方法在资源化利用和环境保护方面均展现出显著优势。同时，热力学理论研究为工艺参数的优化和反应过程的调控提供了科学依据。随着技术的持续创新和进步，这些火法处理技术将在固废资源化和可持续发展领域发挥更加重要的作用。

参考文献

[1] 李圣辉. 含锌铅电炉粉尘微波直接还原工艺及机理研究 [D]. 武汉科技大学，2012.
[2] 王令福. 炼钢粉尘处理工艺的最新发展 [J]. 冶金能源，2006（04）：47-50.
[3] 李洋，张建良，袁骧，等. 电炉粉尘锌元素回收利用基础分析 [J]. 中国冶金，2018，028（011）：16-24.
[4] 唐茜. 转底炉二次粉尘中有价元素提取工艺的实验研究 [D]. 重庆大学，2018.
[5] 张丙怀，李明阳，刁岳川，等. 电炉粉尘高效利用的实验室研究 [J]. 安全与环境学报，2005（06）：18-21.
[6] 彭锋，李晓. 中国电炉炼钢发展现状和趋势 [J]. 钢铁，2017，52（04）：7-12.
[7] 吴胜利，张凤杰，张建良，等. 钢厂含锌粉尘基本物性及其成球性能研究 [J]. 环境工程，2015，033（007）：90-95.
[8] 鲁华，吴胜利，张建良，等. 钢厂含铁粉尘动力学成球性能 [J]. 钢铁，2017，52（05）：5-12.
[9] 冯惠敏，王勇华. 膨润土在铁矿球团中作用机理 [J]. 中国非金属矿工业导刊，2009（06）：15-18，30.
[10] 徐书祥. 含锌电炉尘真空碳热还原工艺及机理研究 [D]. 西安建筑科技大学，2020.
[11] 黄典冰，杨学民，杨天钧，等. 含碳球团还原过程动力学及模型 [J]. 金属学报，1996，32（6）：629-636.

第五章

有色冶金固废湿法处理

5.1 萃取法

5.1.1 溶剂萃取法

溶剂萃取法是一种利用离子在溶剂中溶解度的差异进行离子分离的技术。具体来说，在煤油、溶剂油等不能溶解于水的溶剂中添加萃取剂，将一种或几种特定的金属离子从水相中分离出来并进入有机相，然后用一种简单的方法（如添加不同的酸）将金属离子从有机相中分离出来，实现金属的纯化和富集。溶剂萃取具有处理规模大、传质速率快、分离选择性好的优点，早在20世纪40年代就受到西方国家的高度重视。随着技术的成熟，该技术目前在有色金属湿法冶金、化学化工、环境保护、可持续能源等领域中大量应用。尽管在实际使用过程中，溶剂萃取存在着试剂损耗、再次污染、气味难闻等不足，但经过国内外学者的不懈努力，溶剂萃取技术仍在不断完善和发展，直到今天，它仍然是工业上的主流技术。

采用溶剂萃取法来萃取分离有价金属时，主要分为酸性试剂萃取法、中性分子萃取法、胺类试剂萃取法及螯合萃取法等。

5.1.1.1 酸性试剂萃取法

酸性试剂萃取法主要是利用被萃物质释放的阳离子与萃取剂中的阳离子发生交换而被萃取。此法运用最多的萃取剂是酸性萃取剂，而酸性萃取剂的种类较多，其中酸性磷类萃取剂，常用来萃取分离锌。酸性磷类萃取剂能够发生萃取反应的一个重要原因是分子中既有—OH，又含有 ≡P=O，可以与金属离子形成配位键进而被萃取。萃取能力的强弱取决于酸度的高低，在低酸度和高酸度的环境下分别发生离子交换反应和配位反应，从而提高金属的萃取率。酸性磷类萃取剂主要有 P507、P204 和 Cyanex272 等。其中，P507 萃取剂与 P204 萃取剂都是一元酸萃取剂，萃取特点都属于正序萃取。但是 P507 分子含有一个具有推电子性的烷基 R，使分子的酸性比 P204 弱，适于在低酸度下萃取和反萃，这一特点在中、重稀土的分离以及有色金属工业中显示出了很大的优势。同时，P507 萃取稀土和金属的反应与其他萃取剂的不同在于 P507 萃取离子反应根据矿物酸的不同而有区别，使 P507 萃取稀土元素和金属元素有较高的分离系数和萃取容量，大于一般的萃取剂。这一显著特点就导致萃取单一金属离子与混合金属离子的分离性能可能存在差异，研究这一差异面临较高的挑战性。

李强研究了 P204 萃取分离锌钴混合溶液中的锌与钴，研究表明，在较佳萃取条件下经过一级萃取后，锌的萃取率只有 35%，钴的萃取率为 2%。为了提高锌和钴的萃取率，进行了四级萃取，锌的萃取率达到了 98%，钴的萃取率不超过 5%，进而可以将锌钴混合液中的锌和钴分离。杨永赋等人以 P204 为萃取剂对废水中的锌进行萃取分离。如果只改变 pH、相比、P204 浓度以及萃取时间这几个萃取条件时，只有 28% 的锌被萃取。通过加入一定量的中和剂反复进行四次萃取后发现，锌的萃取率达到 99%。张多默等研究了以磷酸类混合萃取剂（D2EHPA、P507、P204）分离酸性溶液中的铜、镍、钴，将 D2EHPA 与 P507 进行混合作为萃取剂，发现钴和镍的分离系数为 335，铜与钴的分离系数为 300，完全可以实现该酸性体系条件下铜、镍、钴的有效分离。但是，混合萃取剂之间会相互干扰，影响产品的纯度。因此，可以考虑将此萃取剂作为铜与锌分离的萃取剂之一。另外，中南大学的邬建辉采用 P507 从硫酸镍溶液中萃取分离铜、锌、钴。通过研究表明，当萃取有机相组成为 35%P507+65%磺化煤油、钠皂化率为 65%、相比为 1:1、平衡 pH 值为 4、萃取时间为 5 min 时，经三级逆流萃取，铜、锌、钴的萃取率分别为 96.73%、99.87%、94.17%，因此，在不加入其他试剂的条件下，采用单一的 P507 就可以实现溶液中铜与锌的分离，则可以扩展至合金中铜与锌的萃取分离。除 P204 和 P507 外，一些 Cyanex 系列的酸性萃取剂也可用来萃取锌。Alguacil 等采用 Cyanex302 从氯化物的水介质中萃取锌，锌的萃取率可达 90%，萃取率并不理想，这与水的离子强度有关。Devi 等选择了用氢氧化钠皂化的 Cyanex272 作为萃取剂，研究了硫酸盐中锌和锰的萃取性能和分离行为。最后实验结果表明，当在水相中加入硝酸盐并调节水相 pH=5.1 左右后，锌的分配系数为 1199，锰的分配系数为 0.43，锌和锰的分离系数为 5000 左右，可以将锌和锰完全分开。Cyanex272 的有效成分是一种次磷酸，可以根据萃取平衡 pH 不同提取和分离金属，萃取顺序为 Cyanex272>P507>P204。但是使用 Cyanex272 会降低有机相的重复利用率，较浪费。此外，Ehsan 等人以煤油为稀释剂，采用磷酸萃取剂 D2EHPA 和肟萃取剂分别萃取硫酸溶液中的镉和铜。当 D2EHPA 和 MEX 的浓度为 30%~35%，在 pH 为 3.5~4 的条件下，D2EHPA 萃取铜和镉的分离因子达到了 4.04，MEX 萃取铜和镉的分离因子达到了 4495.5。在一定 pH 下，肟萃取剂是一种萃取分离铜较好的萃取剂。虽然肟萃取剂对铜的选择性较高，但是当有多种萃取剂进行萃取分离时，会造成萃取剂之间相互干扰，从而影响产品的纯度，而且肟萃取剂较贵。故进一步尝试采用单一且较为经济的萃取剂进行对目标组分的萃取分离具有一定的挑战性。Sarangi 等人采用 LIX84I 和 Cyanex923 回收经过酸洗液的黄铜中的铜与锌，发现在低 pH 下锌更易被萃取，反之铜易被萃取，铜和锌的萃取率分别为 80%、100%。这主要是充分运用了不同的金属有相应的 pH 萃取顺序，且有对应的萃取剂对其有较高的选择性，但是忽略了萃取剂之间的相互干扰以及环保问题。因此，为了解决萃取剂之间的相互干扰，有机相的重复利用，不经济、不环保、操作烦琐等问题，有必要采用单一的萃取剂 P507 来对合金中的锌与铜进行萃取分离就显得特别重要。

5.1.1.2 中性分子萃取法

在中性分子萃取法中，金属离子以中性盐的形式（硫酸盐、氯化物等）存在而进一步被萃取。在此法中，中性膦类萃取剂被认为是萃取分离锌、铜等金属最为广泛的萃取剂之一，主要是通过 ≡P=O 与金属的配位作用来实现萃取分离的，即通过孤对电子与金属原子进行配位结合，发生溶剂化作用来进行萃取。

目前，磷酸三丁酯（TBP）是最早获得工业应用的中性膦类萃取剂。Regel 研究了 Cyanex921、Cyanex923、Cyanex302、TBP 以及 Alamine336 这几种萃取剂从盐酸酸洗废液中萃取锌的效果。研究结果表明，TBP 可以较好地萃取盐酸废液中的锌，并且反萃取效果也很佳。但是盐酸废液中存在其他金属离子，这样就会出现共萃取的情况，从而降低 TBP 对锌的萃取率。Park 等人以 TBP、Cyanex272、Cyanex301 为萃取剂对王水溶液中的锌和镍进行萃取分离，发现锌离子比镍离子更容易萃取，且 Cyanex301 萃取剂在锌和镍的分离方面表现出很好的效果，特别是在 pH≤6 范围内，锌离子的萃取率高达 99% 以上，而镍离子的萃取率小于 20%；pH = 6.0 时，锌和镍的分离因子达到了 21700。虽然可以将锌和镍进行分离，但是溶液中含有较高浓度的镍时，就需要大量的萃取剂才可以对镍进行萃取分离，这导致该方法经济性和环保性较差。Dessouky 等报道了 TBP 和 Cynax921 为萃取剂对氯化物废液中的锌、铁以及镉的萃取分离效果，并讨论了各萃取参数（盐酸浓度、氢离子浓度、萃取剂含量、金属离子浓度和温度）对各金属离子萃取率、分离因数的影响。不断调节 pH 和相比，在低酸度以及相比为 1∶1 的情况下，锌的萃取率达到了 96%。另外，在室温下，反萃取时间为 30 min 的环境中，研究了不同浓度的盐酸、硫酸以及水对负载金属离子的反萃取率，发现 0.1 mol/L 的盐酸可以较好地实现各金属之间的萃取分离。张元福采用 TBP 对较浓盐酸溶液中的锌和锰进行萃取分离，其中锌的萃取率可达 99.02%。虽然锌的萃取率高，但是 TBP 可以实现铁的共萃取，这样就会影响萃取剂对于锌的选择性，导致锌的反萃取难以进行。那么，就需要对锌进行多次反萃取才可以克服此问题，这样就会导致操作复杂且费时。因此，选择一种既对锌有较高选择性，又经济、简便的萃取剂就显得格外重要。铜也是二价金属，与铁、镍有着相似的化学性质，当采用中性分子法萃取锌与铁、锌与镍等，锌与铜也可发生类似的情况。另外中性分子萃取法的对象必须是中性分子，也存在一定的局限性。

5.1.1.3 胺类试剂萃取法

胺类试剂萃取法主要是利用金属以络阴离子的形式与萃取剂中的阴离子进行交换而达到萃取的目的。其中，胺类萃取剂是最主要的萃取剂，如伯胺（N1923）、仲胺（N7201）、叔胺（N235）和季铵盐（N263），这些都可以用于金属离子的萃取。目前应用较多的胺类萃取剂是伯胺、叔胺和季铵盐。汤兵等采用季铵盐为萃取剂，在低 pH 值的萃取环境下，对硫酸体系中的锌进行萃取，当在水相料液中加入一定量的氯离子时，发现此萃取剂可以较好地萃取锌，锌的萃取率为 95.7%。此外，利用氢氧化钠对负载有机相进行反萃取发现，当氢氧化钠浓度太高时，不易实现锌的反萃取，并且容易出现沉淀造成乳化现象。因此，对于提高锌的反萃取率有一定的挑战性。当然，伯胺也可以对酸性溶液中的锌进行萃取，但萃取率较低。另外，对 N1923 萃取锌的热力学参数进行了探究，结果表明 N1923 萃取锌的机理为阴离子交换反应，且该反应为放热反应，萃合物的组成为 $(RNH_3)_3ZnCl_4$。陈晓东等以 N910 作为萃取剂，对硫酸盐废液中的铜进行萃取分离，当 N910 的浓度为 5%，萃取时间、萃取相比和 pH 分别为 3 min、1∶1 以及

9.97 时，几乎可以将铜完全萃取出来，萃取率可达 96%。笔者团队进一步探索了 N910 萃取铜的热力学性能，发现 $\Delta H = 3.7 \text{ kJ/mol}$。同时还进行了铜的反萃研究，结果表明很浓的硫酸才能够让负载到有机相中的铜完全返回到水相，进一步提高纯度。上述结果表明提高温度有利于萃取反应的进行，且需要大量的浓酸才可以达到要求，但高温浓酸的环境较危险。此外，徐建林等采用 N902 对氨浸出液中的铜进行萃取分离，在相比为 4:1、萃取时间为 3 min 时，30% 的 N902 的环境中有 98.6% 的铜可以进入有机相中。虽然采用此操作可以提高铜的萃取率，但是相比太高不但会浪费萃取剂，还会延长相界面清晰的时间。另外，此方法需要酸性较高的环境，而且会使阴离子很难脱出，不仅污染环境，还会影响目标金属离子的萃取。因此，既要提高萃取率，又要绿色环保、经济，排除阴离子的干扰，则需要开发另外的萃取方法来对锌和铜进行萃取。

5.1.1.4 螯合萃取法

近年来，许多商业螯合萃取剂已被用于萃取铜、锌等金属。螯合萃取剂包括 Lix622、Lix63、Lix84I、Lix64、Lix860、Kelex100、Kelex12 和 P5100 等。Lix984 和 Lix984N 是较好的硫酸萃取剂。Lix984 的活性成分为 2-羟基-5-十二烷基水杨醛肟和 2-羟基-5-壬乙酰苯氧基肟。Lix984N 是 2-羟基-5-壬基乙酰氨基酚肟和 5-壬基水杨醛肟的混合物。Li 等人采用 Lix984N 对电镀废水中的铜离子和镍离子进行分离回收，将硫酸铜和硫酸镍作为水相与有机相充分接触，调节水相溶液的 pH 值可以实现硫酸盐介质中铜离子和镍离子的分离，最佳的 pH 值分别为 4 和 10.5，萃取率达到了 92.9% 和 93%。另外，Reddy 等以 Lix84I 为萃取剂，以硫酸铜、硫酸锌和硫酸镍作为水相，通过不断调节溶液的平衡 pH 值来进行铜、锌、镍的萃取分离。萃取分离这三种金属的 pH 值分别为 4.0、9.0 和 7.50。在相比为 5:1 并进行两次逆流萃取的条件下，铜的萃取率为 99.94%。相比为 1:1.1，并进行两次逆流萃取时，镍的萃取率达到 99.4%。在相比为 1:1 的情况下，对锌进行两次逆流萃取，锌的萃取率可达 99.93%。再用不同浓度的硫酸对负载这三种金属的有机相进行两次逆流反萃富集，发现可以较好地富集这三种金属。虽然金属的萃取率较高，但是操作复杂，并且提高相比后，不仅浪费时间，而且会导致萃取剂无法重复使用，污染环境。最重要的问题是，此方法只针对矿石和废物中浸出液分离有价金属效果较好，对于其他方面的研究还有待探索。

4-酰基-5-吡唑啉酮和 Kelex100 也可实现铜和锌的萃取，只是萃取率较低。笔者进一步研究了 Kelex100 从酸性氯化物溶液中提取铜（Ⅱ）和锌（Ⅱ）的建模方法，发现化学模型可能为 $MCl_4(H_2L)_2$、$MCl_4(H_2L)_2HCl$、$MCl_3(H_2L)$、ML_2 和 H_2LHCl，这也是萃合物可能组成的形式。该模型可用于预测实验条件对所考虑的金属离子的萃取和共萃取的影响。但是还未真正确定是哪种模型，仍然存在一定的未知性和挑战性。为了适用所有酸性溶液中的萃取金属离子的化学模型，针对这一理念，研究硫酸溶液中铜和锌的化学模型就显得格外重要。

将溶剂萃取法中的这几种方法进行比较可以明显发现，酸性试剂萃取法明显优于胺类试剂萃取法、中性分子萃取法以及螯合萃取法，可以有选择性、有目的地除去大部分的阳离子杂质，主要进行一个阳离子交换反应，可以有效阻止其他阴离子的进入，进而更好地完成金属之间的萃取分离。

5.1.2 超临界流体萃取法

超临界流体萃取（SFE）是一种新兴的金属离子萃取技术。超临界流体具有介于液体和气体之间的物理性质。超临界流体类液密度和类气性质的结合可促成稀土元素的有效分离，并为各种有机反应提供介质。超临界流体萃取就是利用物质处于超临界状态下在超临界流体中溶解度发生改变，通过调节温度和压力使超临界流体密度发生改变，从而将各个物质进行萃取分离。

CO_2 是目前应用最为广泛的超临界流体，其临界温度和临界压力适中，还具有不易燃、无毒、价廉、环保的优良特性。CO_2 的溶解力很容易发生改变，萃取后 CO_2 以气体形式逸出，而溶质保持纯态，由此提供了更快、更高效和更清洁的萃取形式。

Joung 等和 Laintz 的研究表明，β-二酮类络合剂与 TBP 配合具有协同效应，可提高稀土元素的萃取率。利用 TBP-HNO_3 作为络合剂直接萃取稀土元素氧化物的方法主要用于镧系元素氧化物的萃取。Lin 等利用含 β-二酮类络合剂 FOD、TTA、HFA 等的超临界流体萃取固体中的稀土元素，最大萃取率达 99%。段五华等通过 CO_2＋TPB＋HNO_3 的超临界萃取剂回收废稀土荧光粉中 Y、Eu、La、Ce、Tb，可使 Y、Eu 萃取率大于 99%。

超临界流体萃取已经被成功开发并应用于多个行业，如食品加工、药品、化妆品、农业生产等。对于镧系元素的提取，相较于传统的离子交换法、溶剂萃取法，SFE 技术不易产生二次废液，且提取程序简单、高效。但目前此技术的发展停留在萃取效率上，对于其机制、影响因素、生产成本、设备建设是亟待突破的技术难点。

5.1.3 萃取色层法

萃取色层法出现于 20 世纪 70 年代，结合了离子交换法和溶剂萃取法的优势，其操作类似于离子交换法，但是同时又具备溶剂萃取法的高生产、分离效率和离子交换法的高选择性。

该方法的具体过程是：首先把含有萃取剂的载体（萃淋树脂或浸渍树脂）作为固定相代替离子交换树脂装入色层柱内；然后把要被萃取的复合稀土溶液负载在载体中；最后用一些无机酸或盐溶液不断地淋洗柱子，由于萃取剂对不同稀土元素的萃取能力有差异，在反复淋洗过程中，就会形成以一定速度沿着柱子移动的若干吸附带，最后每个单元都因一些萃取差异而被分离出来。

廖春发等以 Cyanex272-P507 浸渍树脂采用萃取色层法对铱、镱、镥富集物进行了吸附和淋洗分离研究，考察了淋洗剂浓度、稀土负载量、淋洗液流速等因素对分离铱、镱、镥富集物的影响。结果表明在稀土负载量为树脂质量的 0.6%，淋洗液流速为 1.0

mL/(cm²·min)、温度为 30 ℃、装柱树脂高度为 400 mm（高径比 25∶1）的条件下，用 1.0 mol/L、1.5 mol/L、2.0 mol/L 的盐酸梯度淋洗，Tm、Yb、Lu 富集物可得到较好的分离。

Philip 等为了解释溶剂萃取数据在多大程度上可以用于定量预测 EXC 柱上金属离子的保留情况，比较了使用三种不同的酸性有机磷萃取剂——二(2-乙基己基)磷酸(HDEHP)、P507(HEH/EHP)和双(2,4,4-三甲基戊基)膦酸(H[DTMPeP]) 的萃取色层法和溶剂萃取行为，即研究三种萃取剂对选定镧系元素的吸收率和吸收程度。

崔大立等研究了大孔网状树脂对双(2,4,4-三甲基戊基)膦酸(Cyanex571)浸渍树脂的吸附及制备方法，并对 Cyanex571 浸渍树脂分离稀土的性能进行了研究。结果表明树脂中 Cyanex571 含量不同，其萃取稀土离子的能力也不同；在浸渍树脂柱色层分离 Tb-Dy 中降低负载量和流速，分离效果变好。

目前稀土萃取色层分离中萃淋树脂使用较多的萃取剂为酸性磷类如 P204、P507 和有机磷类萃取剂如 Cyanex272、Cyanex302、Cyanex925 等，虽具有选择性强、生产效率高和分离效果好等优势，但大多也只是停留在实验室阶段，要在工业角度实现提取稀土元素还有一定距离，需要解决诸多因素：①需要探索吸附能力更强、分离效果更好的萃淋树脂，以提高载体的负载量和吸附容量；②淋洗过程要消耗大量酸，导致成本很高，需要考虑酸的循环回收问题；③在分离的过程中操作变量大；④萃淋树脂的制备、使用寿命和吸附强度问题。

5.1.4 其他萃取法

离子液体是一种在室温或附近温度下由阴、阳离子构成的液态有机化合物，与传统溶剂萃取法中的有机萃取剂相比，离子液体具有蒸气压可忽略、溶解性能好、电导率高、热稳定性高、不易燃烧等优点，萃取时既是溶剂又是萃取剂，因而离子液体萃取法作为新型绿色萃取技术引起了人们的广泛关注与研究。

李春晖等应用 $C_4mimNTf_2$ 离子液体萃取 Ce，结合分子动力学模拟 $C_4mimNTf_2$ 在萃取相界面附近的分布及结构特征，表明萃取过程为水相扩散-界面反应控制模式，且 TBP 和 $C_4mimNTf_2$ 间存在反协同萃取效应。杨华玲等研究了双功能离子液体萃取剂 [A336][CA-12]/[A336][CA-100] 在 HNO_3 体系中对稀土的萃取性能，表明萃取能力为 [A336][CA-12]/[A336][CA-100]＞[CA-12]/[CA-100]＞P350＞TBP，反应符合离子络合机制，是快速平衡的放热反应。王君平等通过合成的 [$C_3ImP(O)(OEt)_2$][NTf_2] 和 [BDPPIm][NTf_2] 两种离子液体萃取 Nd，表明萃取效率与功能化离子液体的结构、稀释剂类型有很大关系，萃取机制可能是中性络合机制。

但是，关于离子液体萃取稀土元素的研究大多数处于实验室阶段，对于离子液体中稀土元素的存在形态、微观萃取机制、动力学等还不能给出系统的解释。因此，该技术在今后稀土元素萃取与分离的研究中要考虑：①如何提高离子液体的稳定性；②如何提高离子液体的循环使用寿命；③如何降低离子液体成本；④如何强化离子液体萃取机制的研究。

液膜萃取法是利用液膜的选择透过性来实现分离作用的，液膜为悬浮在液体中的一层液态膜，具有一定的结构稳定性，属于液-液萃取范畴。在稀土离子浓度很低的情况下，溶剂萃取等传统方法被认为是无效的，此时液膜萃取法则可视为提取稀土元素的替代性分离技术。

乳状液膜（ELM）是最常见的液膜形式，具有操作简单、萃取剂用量少、质量传递界面面积大带来的高扩散率和传质率等优点，并且在一个阶段中能同时进行萃取和反萃，可在短时间内处理工业环境中的各种化合物。乳状液膜萃取法是一个三相的过程，是指把两种互不相溶的有机相和反萃相混合，然后将搅拌生成的乳状液分散到稀土料液（第三相）中，稀土料液（被萃物）也可称为外相，乳状液滴包裹的反萃相为内相。进料溶液中的稀土离子在乳化球和外相的界面上与萃取剂形成络合物，形成的络合物通过膜相传输到膜相-反萃相界面，然后被反萃到内相。其萃取过程需要经过破膜和制膜等工序，其工艺过程较为复杂。

乳状液膜法已被广泛应用于稀土元素的提取中，Payman 等以 CYANEX®572 为载体，通过乳化液膜对钕和钆进行了选择性分离和富集，探讨了载体浓度、进料相 pH 值、表面活性剂浓度和混合速度各工艺变量之间的相互关系。结果表明最小的载体浓度为 0.75 mol/L、初始进料 pH 值为 1.56、表面活性剂浓度为 4%（体积分数）、混合速度为 135 r/min 的条件下，可实现 Gd(Ⅲ) 对 Nd(Ⅲ) 的分离系数最大。在最佳条件下 Gd 的提取率最高，为 67.45%；而 Nd 的提取率最低，为 28.98%。

Anitha 等研究了以 Petrofin 为载体溶剂、以 Span 80 为乳化剂的 DNPPA-TOPO 乳状液膜体系，以 H_2SO_4 为内相从 HNO_3 介质中萃取 Nd(Ⅲ)。在 0.5 mol/L HNO_3 中，对含有 500 mg/L 的 Nd(Ⅲ) 的进料进行定量提取（>97%）的最佳条件是 0.3 mol/L DNPPA、0.13 mol/L TOPO 和 1%（体积分数）Span 80 液膜，相比为 20∶1。结果发现，ELM 在研究期间是稳定的，膨胀可以忽略不计，并能有效地从酸性水溶液中回收 Nd(Ⅲ)。

范文娟等采用磺化聚丁二烯（LYF）作表面活性剂，以 P204 为萃取剂，以 4 mol/L 盐酸为内相，液体石蜡为膜稳定剂，制成乳状液膜。从模拟湿法磷酸中萃取镧，迁移率达到 86.67%。

乳状液膜法存在需要破膜来获得内相中的被萃取元素、膜的稳定性较差、表面活性剂活性不稳定、工艺机制复杂等问题。后又衍生出支撑液膜（SLM）、中空纤维支撑液膜（HFLM）、静电式准液膜（EPLM）等形式，各类液膜萃取形式都有其优势所在。

未来液膜萃取技术有待进一步研究的方向为：①膜的稳定性和耐用性仍需提高；②工业化实际生产应用有待突破；③在理论机制探究方面，尤其是萃取过程中动力学和热力学过程还需加强。五种萃取分离技术的特点如表 5-1 所示。

表 5-1　五种萃取分离技术的优缺点

萃取分离技术	优点	缺点
溶剂萃取法	分离效率高，连续操作，生产能力大	有机溶剂使用量大

续表

萃取分离技术	优点	缺点
超临界流体萃取法	二次废物少,提取高效,选择性好	萃取条件较苛刻,对设备要求高
萃取色层法	反应效率高,生产周期短,分离效果好	材料消耗大,操作变量大,易产生二次废料
离子液体萃取法	萃取分离效率高,操作简单,绿色环保	成本高,离子液体循环再生较困难
液膜萃取法	分离效率高、时间短,对环境友好	液膜稳定性差,工艺步骤较复杂

5.2 氯化法

分离在冶金工业中是一个脱杂并提取有价金属的过程,主要根据被分离组分与其他组分性质的区别而实现分别富集。常用的火法冶金分离富集方法主要有氧化造渣法、硫化烟化法、氯化挥发法等,其中氧化造渣法主要基于不同金属与氧亲和力的区别,将非目标金属氧化固定于渣相中,使目标金属得到分离提纯,主要用于铜火法冶炼过程中铜铁初步分离、铅精矿中提铟及选择性氧化法除硒等工艺中,该方法可实现金属间的有效分离且冶炼环境相对清洁,可有效保护冶炼设备,但其适用对象较为有限;硫化烟化法主要基于不同金属硫势和挥发能力的区别而实现多金属的有效分离,仅适于锡、锑等金属的分离富集;氯化挥发法早期大规模应用于锡冶炼工艺中,但受制于设备腐蚀、工作环境恶劣等负面因素,多被废弃,现主要用于制备四氯化钛、阳极泥提金等较贵重金属提取工艺中,使用范围局限性较强。我国优质矿产资源相对缺乏,实现我国冶金工业和相关制造业的可持续发展,需加强对复杂矿产资源的资源化利用。但大量的复杂有色金属资源利用现有技术主金属回收率只有60%左右,比国际先进水平低10%~20%,铟、锗、银、铋等伴生有价金属的综合利用率只有30%~35%,仅为国际水平的一半,无法保证经济社会可持续发展的需要。实现复杂金属资源的高效利用,需建立新的冶金分离富集技术体系。

黄铁矿(FeS_2)用于制酸时,经焙烧后烧渣中Fe_2O_3含量较高,多用作炼铁原料。但在炼铁前,为促进炼铁作业的顺利进行及生铁质量的提高,需除掉烧渣中含有的少量Cu、Pb、Zn、Co等金属。但铜的氧化物分解压比铁的高,通过提高冶金渣系氧势,利用氧化的方法不能达到铁物相有效脱铜的目的。研究中多用废钢脱铜法、钢液铵盐脱铜法、吸附法和硫化物造渣法进行钢水脱铜,但这些脱铜方法各有局限性,工业化运用存在一定困难。目前工业生产中一般采用高温氯化法去除烧渣中这些杂质金属元素并实现这些有价金属元素的回收,从而达到综合利用的目的。其原理是利用合适的氯化剂(一般为$CaCl_2$、NaCl、$MgCl_2$等),将烧渣中各金属元素选择性氯化,将其氧化物转变为氯化物挥发出来,并对挥发产物进行收集和湿法分离,实现渣中有价金属的有效回收,而Fe_2O_3不被氯化继续留在渣中,用于炼铁。不难看出,氯化法相对传统冶金分离方法,具有工艺简单、分离效率高、技术适用性广等优点,可广泛应用于复杂矿资源的资源化工艺中。基于此,本文主要论述氯化法在冶金分离工艺中的研究进展,并对其应用前景进行分析。

分离过程中,冶金物料组分的氯化按照氯化剂种类不同,可分为氯气氯化、HCl氯化及固体氯化剂($CaCl_2$、$NaCl$、KCl等)氯化三种,其原理是借助氯化剂的作用,使物料中某些化学组分氯化进入气相,并凝聚为固相的氯化物,使目标金属和物料其他组分有效分离。

5.2.1 氯气氯化法

金属氧化物(MeO)或硫化物(MeS)的氯气氯化反应,可用下列通式表示:

$$MeO + Cl_2 = MeCl_2 + \frac{1}{2}O_2 \tag{5-1}$$

$$MeS + Cl_2 = MeCl_2 + \frac{1}{2}S_2 \tag{5-2}$$

一些常见金属如 Ag、Pb、Cd、Cu 等的氧化物在焙烧过程中容易被氯气氯化,NiO、CoO 等则相对较为困难,铁的高价氧化物如 Fe_2O_3、Fe_3O_4 等及一般矿石脉石组分如 SiO_2、MgO 等极难被氯化,但若将高价铁氧化物还原为 FeO,就可发生氯化反应。因此,氯化焙烧过程中实现金属间的有效分离,须控制合适氯化焙烧气氛。要有效脱除黄铁矿烧渣中的有色金属,减少过程中的铁损,应控制气氛为氧化性气氛,但在脱除富集钛铁矿中铁时,为促进其中铁的氯化挥发,应将铁氧化物还原为低价氧化物,即控制气氛为还原性气氛。金属氧化物氯化反应能否进行与反应温度、体系氯氧比等有关,衡量氯化反应进行程度的量度为反应的真实吉布斯自由能。对反应式(5-1)而言,其真实反应吉布斯自由能可表示为:

$$\Delta G_{(1)} = \Delta G_{(1)}^{\ominus} + RT\ln[\alpha_{MeCl_2} p_{O_2}^{1/2}/(\alpha_{MeO} p_{Cl_2})] \tag{5-3}$$

反应中,假设 MeO 和 $MeCl_2$ 为凝聚相,其活度均为1,式(5-3)可进一步转变为:

$$\Delta G_{(1)} = \Delta G_{(1)}^{\ominus} - RT\ln(p_{Cl_2}/p_{O_2}^{1/2}) \tag{5-4}$$

又:

$$\Delta G_{(1)}^{\ominus} = RT\ln(p'_{Cl_2}/p'^{1/2}_{O_2}) \tag{5-5}$$

式中,$\Delta G_{(1)}$ 为氧化物 MeO 发生氯化反应的实际吉布斯自由能;$\Delta G_{(1)}^{\ominus}$ 为 MeO 发生氯化反应的标准吉布斯自由能;T 为反应温度;p_{Cl_2} 为 Cl_2 的实际分压;p_{O_2} 为 O_2 的实际分压;p'_{Cl_2} 为标准状态下的 Cl_2 分压;p'_{O_2} 为标准状态下的 O_2 分压;R 为摩尔气体常数。使金属氧化物发生氯化反应,需使:

$$\Delta G_{(2)}^{\ominus} < RT\ln(p_{Cl_2}/p_{O_2}^{1/2}) \tag{5-6}$$

$$p'_{Cl_2}/p'^{1/2}_{O_2} < p_{Cl_2}/p_{O_2}^{1/2} \tag{5-7}$$

由式(5-7)可知,氧化物氯化反应体系的氯氧比与反应温度、氧化物种类等有关。因此一定温度下对被处理物料进行氯化焙烧时,反应体系中须控制一定氯氧比,这样可以使某一组分氯化而其余组分不氯化,从而达到选择性氯化的目的。

对于金属硫化物而言,由于硫与金属的结合能力相对较小,金属硫化物的氯化一般较其氧化物容易,其产物一般为金属氯化物和元素硫[见式(5-2)],硫可与氯气进一步发生反应生成对应氯化物,但产物不稳定,易于分解最后生成元素硫。

依据不同金属氧化物和硫化物的氯化性能的差异,许多研究者进行了物料中不同组分的选择性氯化研究。Kanari 等对黄铜矿的氯化焙烧机理进行了研究,发现温度对黄铜矿的氯化效果影响相对不明显。保温温度为 300 ℃时,几分钟内即可实现黄铜矿的全部氯化,但选择性氯化效果较弱。进一步研究结果表明,黄铜矿中硫化物的氯化反应起始温度较低,仅为 25 ℃。反应温度为 300 ℃时,黄铜矿氯化处理过程中所形成的 $FeCl_3$ 及 S_2Cl_2、SCl_2 等铁、硫的氯化物基本全部挥发。反应温度进一步提高至 350 ℃,组分中有价金属的挥发性增强,会对中温焙烧-湿法浸出工艺中有价金属回收率的提高产生不利影响。反应温度高于 500 ℃时,$CuCl_2$ 将分解为 $CuCl$,$CuCl$ 之间交互反应形成络合物如 Cu_2Cl_2、Cu_3Cl_3 等,铜氯化物的挥发性能增强,氯化法要实现黄铜矿中铜资源的回收,就需控制温度低于 350 ℃,使矿中多金属实现选择性氯化富集。

氯化法在实现富锡渣和锡中矿中锡的回收利用亦有较为广泛的研究,基本工艺过程为:含锡物料加入氯化剂溶液混合后,经研磨、成球、干燥并与碳质还原剂一起送入回转窑,控制焙烧温度 1000 ℃左右进行氯化焙烧,过程中锡和其他几乎所有有色金属均以氯化物的形态挥发,铁则留在焙球中。低品位锡矿的氯化焙烧有间接和直接加热氯化挥发焙烧法。间接加热氯化挥发焙烧法是将矿石、$FeCl_2$ 和碳混合,在连续的蒸馏塔中间接加热,使锡呈 $SnCl_2$ 挥发,工艺最佳操作温度为 725~750 ℃,锡回收率为 85%。我国某有色金属公司曾采用鼓风炉氯化处理含 Sn 1.407% 的难选锡中矿,先将锡中矿与一定量 $CaCl_2$、黏土及煤混合后压成椭圆形团块,之后进行鼓风焙烧,焙烧过程中维持炉气成分为还原性气氛,此工艺的锡挥发率可达 94% 以上,但渣中铁资源不能得到回收利用。另有研究表明利用氯气氯化法可实现锡渣中 Nb 和 Ta 的有效回收。

综上,氯气作氯化剂对处理复杂矿或冶金渣时,可实现处理对象中有价金属的高效富集回收,但 Cl_2 具有很强的化学活性,对工业设备的腐蚀相当严重,这极大地提高了处理费用,并限制了该方法的进一步推广应用。

5.2.2 HCl 氯化法

利用 HCl 对金属氧化物进行氯化作用,是氯化焙烧工艺中最常见的一类方法。反应体系中有水蒸气的氯化反应大都属于此类反应,反应如下:

$$MeO + 2HCl \longrightarrow MeCl_2 + H_2O \qquad (5-8)$$

一般容易被 Cl_2 氯化的金属氧化物也易被 HCl 氯化,如 Ag_2O、CuO、Cu_2O、PbO 等,但随着反应温度的上升,HCl 的氯化能力呈下降趋势,因此 NiO、CoO、FeO 等只能在低温下才可以被 HCl 氯化。反应式(5-8)为可逆反应,当反应逆向进行时,即为金属氯化物的水解反应。一般情况下,金属氧化物氯化反应趋势越大,其水解反应性越弱，如 Ag_2O、Cu_2O、PbO 等。因此，在氯化焙烧过程中，为避免氯化物水解反应的发生，应维持反应体系中较高的 HCl/H_2O 值。H. Mattenberger 等利用 HCl 处理污泥灰，发现此方法可实现重金属的有效氯化去除。北京钢铁研究总院颜慧成和昆明贵金属研究所刘世杰利用氯化氢氯化焙烧分离贵金属发现，400~500 ℃下氯化金属体系和 500 ℃下配一定量碳的氯化金属氧化物体系均可实现贵金属的高倍富集。

5.2.3 固体氯化剂氯化法

在处理重金属及贵金属矿物原料的氯化焙烧工艺中，常常使用固体氯化剂。可供使用的固体氯化剂有 $CaCl_2$、$NaCl$、$MgCl_2$ 等，工业上常用的是 $CaCl_2$ 和 $NaCl$ 等。

反应物中固体氯化剂与被氯化物料发生氯化反应，主要分为三种方式：固体氯化剂直接和被氯化物料发生交互反应；氯化剂受热分解产生的 Cl_2 参与被氯化物料的氯化反应；氯化剂在其他辅助组分作用下产生 Cl_2 或 HCl，进一步参与氯化反应。

固体氯化剂与被氯化物料之间的直接交互反应，可用式(5-9) 表示：

$$2y RCl_x + x MeO_y = 2y RO_{x/2} + x MeCl_{2y} \tag{5-9}$$

反应式(5-9) 中，固体氯化剂 $MeCl_x$ 和氧化物 RO_y 能否发生交互氯化反应主要取决于元素 Me 和 R 对氯的结合能大小，前者大于后者，反应较难发生，反之 RO_y 则易被 $MeCl_x$ 氯化。如控制一定的分子比，固体氯化剂 $CaCl_2$ 可以将 Cu、Pb、Zn 的氧化物氯化生成其相应氯化物，但由于两者交互反应为固-固反应，反应进行的动力学条件较差，较高焙烧温度下（800~900 ℃）反应速率仍较慢。结合生产实际，不难推断出固体氯化剂与被氯化物料之间的直接交互反应不是其起氯化作用的主要途径。

在反应环境中其他活性组分的作用下，固体氯化剂发生解离反应生成 Cl_2 和 HCl，进而参与氯化反应是其发生氯化作用的主要方式。以常用固体氯化剂 $CaCl_2$ 和 NaCl 为例，焙烧温度 1000 ℃下，其在干燥空气流或氧气流作用下两者的分解量较少，若要达到较高的分解率，必须借助环境中其他组分，如 SO_2、SiO_2 等对直接分解产物 Na_2O 和 CaO 活度的弱化作用较强，两者作用下的反应机理见式(5-10) 和式(5-11)。

$$2NaCl + \frac{1}{2}O_2 + SO_2 = Na_2SO_3 + Cl_2 \tag{5-10}$$

$$2CaCl_2 + O_2 + 2SiO_2 = 2CaSiO_3 + 2Cl_2 \tag{5-11}$$

体系中加入 SO_2 和 SiO_2 后，氯化生成物 Na_2O 和 CaO 分别转变为 Na_2SO_3 和 $CaSiO_3$，其标准生成吉布斯自由能大大降低，NaCl 和 $CaCl_2$ 的分解率得到较大程度提升。由式(5-11) 可知，氧化气氛条件下进行的氯化焙烧过程中，NaCl 的分解属氧化分解。在温度较低实验条件下，促进 NaCl 分解的最有效组分是 SO_2，因此 NaCl 中温焙烧工艺中，原料中需有足够的硫。$CaCl_2$ 一般用作高温焙烧氯化剂，为了防止其在低温条件下过早分解，活性组分一般不用 SO_2，其分解主要借助于 SiO_2、Fe_2O_3 和 Al_2O_3 等组分。

基于以上反应机理，前期研究者对固体氯化剂的氯化作用进行了大量的研究。Bayer 和 Weidemann 采用硫酸盐作为焙烧介质，与固体氯化剂进行低温混合焙烧（焙烧温度 473~513 K），发现 KCl 相对 NH$_4$Cl、NaCl 等能更快地完成黄铜矿 CuFeS$_2$ 的氯化，Dahlstedt 和 Seetharaman 等研究者对反应过程进行了探索，具体可归纳如下：

$$CuFeS_2 + 3O_2 = CuO + FeO + 2SO_2 \tag{5-12}$$

$$CuO + FeO + 4KCl + 2SO_2 + O_2 = CuCl_2 + FeCl_2 + 2K_2SO_4 \tag{5-13}$$

$$CuFeS_2 + 4KCl + 4O_2 = CuCl_2 + FeCl_2 + 2K_2SO_4 \tag{5-14}$$

$$4FeCl_2 + \frac{3}{2}O_2 = 2FeCl_3 + Fe_2O_3 + Cl_2 \tag{5-15}$$

$$2FeCl_3 + \frac{3}{2}O_2 = Fe_2O_3 + 3Cl_2 \tag{5-16}$$

Kershner 和 Hoertel 研究发现，NaCl 作氯化剂对钴、镍硫化矿进行焙烧处理后，采用酸浸对氯化烟气进行湿法处理，钴、镍硫化矿中 Cu、Co、Ni 的提取率均可达 95% 以上。

综上，反应体系中加入 SO$_2$、SiO$_2$ 等活性组分后，一定保温温度及保温时间条件下，固体氯化剂对固体物料的大规模氯化是可以发生的，且对反应设备的腐蚀相对 Cl$_2$ 较小，在工业中得到了大规模的应用。

氯化法在处理复杂物料方面具有显著优越性，在一些贵重金属富集提取的产业化应用方面亦得到了推广，如氯化法生产 TiO$_2$ 工艺、氯化提金工艺等，该类工艺特点是生产流程短、连续化操作、单系列装置规模大，但设备结构复杂，要求采用耐高温、耐腐蚀、抗氧化的特殊材料，对生产技术和装备材质的要求都非常高。

我国有色金属资源丰富，但成矿条件多样，矿产资源的矿物种类多、杂质含量高、嵌布粒度细和多金属共伴生现象严重，铜、铅、锌、镍等难处理有色金属矿产资源量占到资源总量的 3/4 以上。我国铜资源储量 6899 万吨，目前实际可利用资源量只有 1431 万吨，难处理资源量达 5468 万吨，占铜资源总储量的 79.26%；锌资源储量 9762 万吨，目前实际可利用资源量只有 1689 万吨，难处理资源量达 8073 万吨，占锌资源总储量的 82.70%；镍资源储量 828 万吨，目前实际可利用资源量只有 190 万吨，难处理资源量达 638 万吨，占镍资源总储量的 77.05%。

采用目前通用的单金属分离富集方法处理多金属复杂精矿，主金属回收率低且易造成有价伴生金属资源流失，基于氯化法在处理复杂物料过程中对各金属选择性较强的特点，建议在复杂矿处理过程中可适当增补氯化分离工艺，提高金属回收率的同时加快过程进行速率。但将氯化法应用到冶金分离工艺中，必须加强设备防腐蚀性能，钛具有优良的耐湿氯性能，可在氯的冷却处理工艺中广泛应用。

5.2.4 铜的氯化浸出法

FeCl$_3$ 浸出硫化铜矿的主要反应有：

$$CuS + 2FeCl_3 = CuCl_2 + 2FeCl_2 + S \tag{5-17}$$

$$CuFeS_2 + 4FeCl_3 = CuCl_2 + 5FeCl_2 + 2S \tag{5-18}$$

CuCl$_2$ 浸出黄铜矿的反应如下：

$$CuFeS_2 + 3CuCl_2 \rightleftharpoons 4CuCl + FeCl_2 + 2S \tag{5-19}$$

其中氯化盐类浸出黄铜矿有多种工艺路线，早期工艺有美国 Duval 公司开发的以 $FeCl_3$-$CuCl_2$-NaCl-KCl 为浸出体系的 CLEAR 工艺和美国 Cyprus 公司开发的以 $FeCl_3$-$CuCl_2$-NaCl 为浸出体系的 Cymet 工艺；具有工业应用价值的是澳大利亚 Intec 公司开发的 Intec 铜工艺和芬兰 Outotec 公司开发的 Hydro Copper™ 工艺。

氯化盐类浸出铜的优点是：溶矿能力强；浸出液中 Cl^- 浓度较高，与金属离子有很强的络合效应，可以提高金属离子的溶解量；浸出在常压下进行，能耗低。缺点是：氯盐对容器会有腐蚀性，并且多种金属能够共同浸出，使得后续需要分离，工艺流程复杂。

5.2.5 铅的氯化浸出法

铅的氯盐浸出是利用铅可以与 Cl^- 配位形成可溶性的配合物，从而使氯离子浓度对 $PbCl_2$ 在氯盐溶液中的溶解度影响很大。将 PbS 转化为 $PbCl_2$，可以通过盐酸非氧化浸出，或在氯化钠介质中氧化浸出。

方铅矿在酸性氯盐体系中的反应如下：

$$PbS + 2HCl \rightleftharpoons PbCl_2 + H_2S \tag{5-20}$$

$$PbCl_2 + 2Cl^- \rightleftharpoons PbCl_4^{2-} \tag{5-21}$$

盐酸作浸出剂进行浸出时，PbS 转化成 $PbCl_2$ 和气态的 H_2S，促进反应的进行。但在低温条件下 $PbCl_2$ 的溶解度较小，因此通常在浸出过程中加入 NaCl、KCl、$MgCl_2$ 等氯化物，增加溶液中 Cl^- 的活度，促进 $PbCl_2$ 转化成 $PbCl_4^{2-}$，加快反应进行的速率。

铅在 NaCl 介质中的氧化浸出，氧化剂可以选择氧气、氯气、氯化铁、双氧水等。因氯化铁易再生且与硫化铅反应的速率快，所以常用氯化铁作浸出剂，发生如下反应：

$$3PbS + 2FeCl_3 \rightleftharpoons 3PbCl_2 + Fe_2S_3 \tag{5-22}$$

E. Dutrizac 对 $FeCl_3$ 浸出方铅矿进行了研究，发现方铅矿在 $FeCl_3$ 介质中迅速溶解，并且浸出速率和铅溶解度随着氯化物浓度的增加而显著增加。虽然氯盐浸出体系最早被研究，但是在浸出过程中，会有除铅外都会有其他杂质同时被浸出，浸出液后续净化处理难度较大，且在后续的熔盐电解时易产生 $PbCl_2$ 结晶，不易解决。

5.2.6 其他金属氯化浸出法

对于贵金属的氯化浸出，在盐酸与氯化物溶液的体系中，金银与铂族金属都可与氯离子形成稳定的氯配合物，在一定条件下实现与其他金属的分离。以金为例，在水溶液中，Au^+ 和 Au^{3+} 都可与 Cl^- 形成配合物：

$$Au^+ + 2Cl^- \rightleftharpoons AuCl_2^- \tag{5-23}$$

$$Au^{3+} + 4Cl^- \rightleftharpoons AuCl_4^- \tag{5-24}$$

对于硫酸铅,在水溶液中的溶解度很小,溶度积常数 $K_{sp}=1.6\times10^{-8}$(18~25℃),但硫酸铅可被含氯化合物(如氯化钠)转化为氯化铅,氯化铅在氯离子较高浓度的体系中可以形成可溶性的氯铅配合物。正是因为氯化铅的这种性质,氯化法可以实现对铅的浸出。

对于硫化铜矿物,氯化浸出的优势为:用硫酸盐体系浸出硫化铜矿物,会出现钝化层,影响浸出效果;而用氯化浸出,可以消除在浸出中产生的硫或铁矾钝化层的影响,达到较好的浸出效果。

氯化法在冶金方面的应用广泛,不但能够处理有色金属原生矿或者精矿,也能够用来处理二次资源,具有很大的应用潜力。

5.3 酸浸法

5.3.1 焙烧酸浸法

焙烧酸浸法是通过高/低温焙烧活化后,通过焙烧对固体废物进行氧化/还原,从而得到容易溶于酸性试剂溶液的化合物,进而添加酸试剂从有色冶金固体废物中浸出提取有价金属。虽然该方法可实现焙烧添加剂的循环使用,且具有较环保、低能耗、高选择性等优点,但是也存在初始设备投资大、后期维护成本高等缺点。

近年来有一些煤矿的锂品位达到 10^{-4} 甚至 10^{-3} 的报道,有望成为一种新的锂资源。煤中的锂主要与矿物质有关,多被硅酸铝(黏土矿物)吸附。含锂黏土矿物包括蒙脱石、一水硬铝石、膨润土和伊利石。这些矿物具有很强的离子吸附性,使锂不容易交换。一般采用煅烧法和酸浸法从黏土型锂资源中提取锂。对于煤系锂,焙烧是提取锂合适的预处理手段,可以去除多余的碳,同时破坏锂的载体矿物,释放锂。Xie 等在焙烧温度为 500 ℃、浸出反应时间为 40 min、浸出温度为 90 ℃、硫酸浓度为 15% 的条件下,通过用 H_2SO_4 浸出焙烧活化后的富锂煤渣提取回收锂,锂浸出回收率接近 100%。铝土矿渣是拜耳法生产氧化铝过程中产生的碱性工业废渣,是钪的重要来源。Meng 等提出了硫酸铵焙烧-水浸法从铝土矿渣中选择性提取钪的新方法,在焙烧过程中,硫酸铵可以与铝土矿渣中的 Sc、Al 和 Fe 选择性反应生成各自的金属硫酸铵,然后在 550 ℃下完全分解为各自的金属硫酸盐。铁(Ⅲ)和铝的硫酸盐在 700 ℃ 左右分解为各自的金属氧化物,而硫酸钪则保持稳定。在浸出过程中,焙烧渣中的水可以选择性地浸出硫酸钪,而其他元素主要留在浸出渣中。在最佳条件下,钪的萃取率可达 90% 以上。针对目前废三元材料提取中存在的问题,提出了还原焙烧-硫酸浸出的方法。将废旧三元电池材料与碳粉混合,在氩气气氛中还原焙烧,破坏三元材料原有的晶格,将有价金属离子调整到适合浸出的价态,降低浸出难度。焙烧的最佳条件为:碳含量 10%、焙烧温度

600 ℃、焙烧时间 120 min、硫酸浓度 2 mol/L、浸出温度 85 ℃、液固比 10∶1、浸出时间 60 min。在最佳条件下，锂、镍、钴、锰的提取率分别为 98.3%、97.2%、98.8%、96.1%。

5.3.2 加压酸浸法

加压酸浸法通过增加浸出压力来提升反应速率和反应平衡，进而减少所需试剂的量，提高有价值的元素浸出率。近年来，加压酸浸法已成功用于冶金固废稀有金属的回收或硫化锌矿石的处理，并显示出资源回收效率高、成本少以及设备腐蚀小的优势。基于对目标金属的高浸出率和浸出浆的优良过滤性能，加压酸浸在湿法冶金过程中得到了广泛的应用。与焙烧酸浸不同，加压酸浸不仅可以减少浸出剂内部扩散和化合物外部扩散的阻力，还可以减少有毒、有害气体的排放。

目前，钒的回收方法主要有焙烧-酸浸、直接浸出和生物浸出，这些方法可能存在一些局限性，如钒提取率低、废水排放量大。根据湿法冶金工艺原理，可采用水浸、酸浸等湿浸工艺从工业废液中提取钒。Tsai 等研究了用氢氧化钠溶液在 30 ℃下从燃油粉煤灰中提取钒，发现 2 h 后钒的回收率达到 80%。另一项研究用 50 ℃下超声波浸出 40 min 处理黑色页岩，钒的回收率约为 67.7%。还有一种碳酸氢铵浸出的新方法，在 50 ℃和碳酸氢铵浓度为 35%（质量分数）时，钒浸出率达到约 85%。而 Ermao Ding 等采用压力酸浸技术从含钒钢渣中提取钒，并对提取钒的最佳工艺参数和机理进行了研究。结果证明压力酸浸对焙烧含钒钢渣的钒浸出有显著促进作用，最大浸出率为 87.8%，明显高于 60 ℃常压酸浸。为了有效地从湿法炼锌副产物中回收 Ga 和 Ge，许多研究对浸出过程中相关元素的行为进行了研究。Wardell 和 Davidson（1987）对锌浸渣的 SO_2 还原浸出过程进行了研究，发现在最优条件下，镓和锗的浸出率分别为 90% 和 57%。Ge 的浸出率低主要是由于 H_4GeO_4 和 H_4SiO_4 水解了混合聚合物，形成了硅锗凝胶。Orma（1991）和 Lee 等人（1994）采用碱性浸出法处理锌精炼厂残留物。虽然实现了相关元素的选择性浸出，但浸出液中仍含有高浓度的 Si、Pb 和 Al，这使得后续的净化变得困难。此外，溶液中的铅对镓的回收有不利影响。Yuhu Li 等在 H_2SO_4 浓度为 156 g/L、液固比为 8∶1、$Ca(NO_3)_2$ 添加量为 20 g/L、总压力为 0.40 MPa、温度为 300 r/min、温度为 150 ℃、浸出时间为 3 h 的条件下，通过加压酸浸法使锌精炼厂废渣中 Ga 和 Ge 的浸出率分别超过 98% 和 94%，浸出液的过滤性能明显较好。冶炼厂灰渣中含有可观的贵重金属和大量的砷。高砷冶炼灰的安全处理对环境保护和资源综合利用具有重要意义。在过去的几十年里，许多研究者对高砷冶炼厂灰渣的处理进行了研究。从灰中分离砷的技术多种多样，可归纳为火法冶金和湿法冶金。在火法冶炼过程中，通常采用焙烧法将砷从冶炼灰中去除。虽然焙烧灰分操作简单，但当灰分中含有 Pb 和 Zn 时，焙烧灰分分离较差。此外，不可忽视的是，火法冶金工艺还存在应用规模小、工作环境差、能耗高、基础设施投资成本高等许多缺点，因此，湿法冶金法（主要包括水浸法、NaOH 溶液碱浸法和 H_2SO_4 溶液酸浸法）往往是从含砷冶炼厂灰中分离砷的首选方法。Yang 等采用水浸法去除冶金烟道粉尘中的砷，结果表明，只有 73% 的 As_2O_3 溶解在浸出液中。Li 等人采用酸浸与压力氧化相结合的方法从铅冶炼厂灰中分离砷，根据该方法，一些有价元素和砷可以溶解到渗滤液中，而铅则留在残渣中。然后通过沉淀、置换、萃取等方法将渗滤液中的元素提取出来，残渣返回冶炼系统。该方法具有处理简单、污染少、成本低、浸出率高等优点。

5.3.3 氧化/还原酸浸法

通常，在氧化酸浸出过程中，许多工厂使用二氧化锰（或软锰矿）或过氧化氢作为氧化剂；但是，前者会引入杂质，而后者又过于昂贵。因此，在氧化酸浸出步骤中选择合适的氧化剂是很有必要的。还原酸浸适用于变价金属的高价金属氧化物和氢氧化物。

铜镉渣是湿法炼锌过程中产生的有害固体废弃物，含有大量的 Cu、Zn、Cd 和 Pb。Li 等人用 H_2SO_4 在氧化气氛中浸出含 Cu 30%～40% 的铜镉渣，确定了最佳浸出条件：H_2SO_4 浓度 180 g/L，液固比为 3∶1（mL/g），H_2O_2 过量系数为 7.0，浸出温度为 80 ℃，浸出时间为 3 h。并对浸出液进行不提纯、不浓缩的旋流电积，以回收 Cu。在优化条件下，铜浸出率达到 95% 以上。旋流电积得到的铜纯度＞99.5%，电流效率超过 97%。Li 等人以活性炭为高效氧载体，对含铜镉渣进行强化氧化酸浸，以获得较高的有价金属浸出率。结果表明，在较短的时间内，镉和锌的浸出率均超过 99%，而铜的浸出率在优化的浸出参数下达到 99%。电解液电积脱铜过程中，砷以黑色黏液的形式随铜沉积。这种含 Cu-As 的电炼铜黑泥含有有毒元素砷和有价值元素铜，因此从资源利用和环境保护的角度出发，对含铜矿泥进行清洗处理变得越来越重要。Shi 等提出了一种湿法冶金路线，包括氧化酸浸和选择性硫化物沉淀处理含 Cu-As 的泥。在硫铜比为 2.4∶1、时间为 1.5 h、温度为 25 ℃ 的最佳条件下，实现选择性硫化沉淀过程中 Cu 的回收率为 99.4%，As 的回收率仅为 0.1%。

随着中国冶金工业的不断发展，含锌固体废物的数量逐年增加，包括高炉粉尘、电炉粉尘、转炉二次粉尘等。粉尘中含有 Zn、Pb、Sn 等有价重金属。高锌粉尘（HZD）作为冶金过程中的危险废物，被认为是锌的潜在替代资源。酸浸是从 HZD 中提取 Zn 的一个主要步骤，但 HZD 中的铁酸锌（$ZnFe_2O_4$）很难用湿法浸出。为了提高锌的回收率，Wang 等人研究采用选择性还原焙烧对 $ZnFe_2O_4$ 进行分解。另外还有一种新的还原焙烧-水浸联合预处理 HZD 的方法：首先，采用水浸法去除 HZD 中的水溶性硫酸锌（$ZnSO_4$），然后通过还原焙烧将铁酸锌相转化为酸溶锌（ZnO），最后通过酸浸回收 ZnO。

在高炉工艺中，约 54% 的钛进入含渣钛中无法使用，堆积在泛钢。20 世纪 70 年代以来，高炉炉渣和炉渣中二氧化钛的含量累计分别达到 7000 万吨和 1400 万吨。此外，废渣量以每年 350 万吨的速度继续增加。高炉炉渣中存在大量的二氧化钛，导致炉渣难以用于水泥工业。与普通高炉炉渣相比，在水泥工业中使用这种炉渣会带来两个额外的问题，即钛的浪费和环境污染。大多数研究人员都致力于从炉渣中回收钛，提出了许多方法，如合金制备、Ti(C，N)制备、酸浸、碱浸、富集 $CaTiO_3$ 和 TiC(TiN 或 TiCN) 制备。Hu 等人提出了真空碳热还原与酸浸相结合的工艺，利用含钛高炉渣制备 TiC。然而，由于钛硅分离困难、二次污染严重、氧化钛脱氧过程复杂等问题，目前还没有一种工业工艺可以经济环保地从高炉渣中回收钛资源。

5.3.4 超声辅助酸浸法

超声波是一种能量强、频率高的振动波，可用于清除杂质。超声作为辅助手段已广泛应用于许多行业。超声辅助酸浸出过程中，可通过超声物理化学作用，特别是斑点腐蚀和电偶腐蚀加剧的声化学作用，不仅可以提高分离效率，还能从冶金固体废物中快速提取和分离有价金属。此外，超声还可以辅助酸浸去除存于晶格中结构有界的微量元素和微夹杂物。

清洁、高效地提取和分离废铅锡合金中的贵金属是固体废物资源可持续利用的关键。Liu 等人尝试采用超声辅助浸出技术快速、选择性地从废铅锡合金中提取铅，在常规浸出过程中，Sn^{2+} 会迅速氧化为 Sn^{4+}，Sn^{4+} 进一步水解为不溶性 SnO_2，SnO_2 会聚集在未反应的材料上，限制内部金属的浸出。超声物理作用可使氧化层发生振动剥脱，在超声辅助下可将常规酸浸提铅时间缩短一半。在最佳反应条件下超声辅助浸出的 Pb 溶出率约为 99.12%，Sn 溶出率仅为 0.1%。Utomol 等采用王水酸浸和超声波清洗相结合的方法从废 Pt/Al_2O_3 中提取铂。

5.3.5 总结

酸浸法处理是一种有效的冶金固废处理方法，能够实现对有色冶金固废的减量化、无害化和资源化处理。酸浸法用酸作溶剂浸出有价金属的方法。常用的酸有无机酸和有机酸，工业上采用硫酸、盐酸、硝酸、亚硫酸、氢氟酸和王水等。硫酸的沸点高、来源广、价格低、腐蚀性较弱，是使用较广泛的酸浸出剂。在有色冶金中硫酸常用于氧化铜矿的浸出、锌焙砂浸出、镍锍和硫化锌精矿的氧压浸出等。盐酸的反应能力强，能浸出多种金属、金属氧化物和某些硫化物，如用来浸出镍锍、钴渣等。但盐酸及生成的氯化物腐蚀性较强，对设备防腐要求较高。硝酸是强氧化剂，价格高，且反应会析出有毒的氮氧化物，只在少数特殊情况下才使用。总的来说酸浸法是利用酸与固废中的金属氧化物反应，将金属离子转化为可溶性的盐类，从而实现金属的回收和有害物质的去除。

综上所述，酸浸法可以通过多种辅助手段如煅烧、加压、氧化、超声等来帮助改善酸浸难度、提高酸浸速率、纯化酸浸提取达到更好的酸浸效果。

5.4 碱浸法

5.4.1 加压碱浸法

近年来,在高压下进行湿法冶金工艺已成为回收低溶解度有价值化合物的重要方法,不仅改善了浸出溶液向固体颗粒的传质,还在压力的作用下加速了溶解动力学。

铝土矿是铝工业的主要原料,赤泥是该过程的副产品,具有很强的碱性,每生产 1 t 氧化铝,排放约 1.2 t 赤泥。目前赤泥脱钾的主要方法有直接水浸法、酸浸法和钙化浸法。直接水浸法可有效溶解赤泥中的游离 Na,但即使采用多级水浸法,脱盐效率也较低。用酸浸法可以从赤泥中浸出 Na,但许多其他金属氧化物也会通过此过程溶解,选择性低。此外,所产生的浸出渣由于其强酸性,难以应用于路基、环境吸附和建筑材料中。Zhu 等报道了用氧化钙加压浸出法对赤泥进行选择性脱钾,这种方法将使钠的选择性浸出仅发生在一个阶段,与以前的研究相比,试剂和能量的消耗更少,且实现了赤泥中 Na 的选择性浸出。浸出渣中 Na_2O 含量低于 1%,脱钾效率达到 85% 以上。在湿法冶金锌生产过程中,世界各地不断产生大量含不同金属化合物的固体浸出渣,对环境造成威胁。锌浸出残留物含有大量的贵金属,如铅、银、镉和不可提取的锌。由于金属需求的增加和高品位自然资源的枯竭,这些固体废物的二次利用在冶金工业中越来越重要。酸浸法虽然可以获得较高的浸出率,但由于酸性浸出液和盐水溶液中会释放出大量的杂质和氯离子,严重影响锌粉的质量和电积锌的电流效率。Mehmet Şahin 等人研究了用加压碱浸法从含铅 19% 的角石锌浸渣回收铅。在 NaOH 浓度为 11%、浸出时间为 60 min、浸出温度为 100 ℃ 的条件下,可浸出 99.6% 的 Pb。结果表明加压碱浸工艺对铅的回收和净化是有效的。

5.4.2 氧化碱浸法

碱浸结合氧化预处理可以得到更好的浸出效果。

钒铬还原渣不仅是钢铁工业中典型的固体废物,也是回收钒铬的宝贵二次资源。Peng 等人采用了一种高效的 $Na_2S_2O_8$ 氧化碱浸技术,在选定的条件下,96.3% 的钒被浸出:$m(NaOH)/m(还原渣)=0.30$,液固比为 5 mL/g,$m(Na_2S_2O_8)/m(还原渣)=0.50$,反应温度为 90 ℃ 和搅拌速度为 500 r/min。

Chen 等采用选择性氧化结合碱浸法,研究了从还原和中和废水形成的含钒铬还原渣中提取钒的方法。在浸出温度为 95 ℃、浸出时间为 3 h、溶液 pH 为 13.0、五氧化二钒添加量为 4.55% 的最适宜条件下,钒浸出率达到 93.4%,铬浸出率为 17.1%。

5.4.3 超声辅助碱浸法

与常规浸出相比,超声辅助浸出过程显著降低了常规浸出温度并缩短了浸出时间,且更快速、更清洁。超声辅助技术作为一种绿色高效的技术,在水体系洗涤、化学反应、材料合成等方面有着广泛的应用。在湿法冶金浸出过程中,超声波辐照可以提高溶解动力学和金属回收率。在溶液体系中,超声波可以通过声空化作用对反应介质产生良好的力学和化学作用,在大多数情况下可以加速化学反应。超声辅助浸出技术是回收金属矿石中有价金属的一种有潜力的工业应用技术。

采用钠焙烧-浸出-沉淀工艺回收钒,生成钒铬还原渣。残留的钒和铬可以作为重要的资源加以利用。Peng 等报道了一种利用超声波强化钒铬还原渣中钒碱浸工艺的新工艺。在反应温度为 90 ℃、反应时间为 60 min、$m(NaOH)/m$(钒铬还原渣)=0.5 g/g、液固比为 5 mL/g、搅拌速度为 500 r/min、超声频率为 40 kHz 的条件下,钒浸出率最高可达 96.9%。清洁、快速地从马口铁废料表面提取锡,对废弃物资源的高效利用具有重要意义。但锡层致密导致传统浸出工艺效率低。为提高锡的浸出效率,Liu 等采用超声技术对马口铁渣进行碱法浸出锡。在 $NaOH$-H_2O_2 浸出体系中,马口铁废铁表面的金属锡和铁锡合金中的锡被氧化转化为可溶的 Na_2SnO_3,铁锡合金中的铁在碱性溶液中被氧化为惰性氧化物。锡和铁化学溶解度的差异以及锡酸盐和铁氧化物溶解度的差异是从马口铁废料中选择性分离锡和铁的主要依据。常规浸出条件为:1 mol/L NaOH,浸出温度为 80 ℃,浸出时间为 60 min。此条件下锡的浸出率基本为 100%。超声辅助浸出温度为 60 ℃,浸出时间为 30 min,超声功率为 60%(360 W),浸出锡的浸出效果与常规浸出相同。基于平板模型的浸出动力学表明,超声辅助浸出锡的反应速率常数比常规浸出高 70%。为高效浸出锌渣中的铅,Xie 等研究了超声辅助一段浸出工艺,并与常规条件下的两段浸出工艺进行了比较。结果表明,在超声功率为 480 W、持续时间为 100 min、$CaCl_2$ 用量为 350 g/L、液固比为 5∶1、温度为 35 ℃、pH=3 的单段超声浸出条件下,Pb 浸出率达到 83.8%,高于相同条件下常规浸出工艺 65.7%。

5.4.4 碱浸法回收多金属

锌厂浸出残渣(ZPLR),尤其是那些使用旧技术生产的残渣,既具有作为二次原材料的经济重要性,又具有环境影响——含有对人类健康和环境构成风险的有害重金属。因此,从 ZPLR 中提取和回收这些金属具有经济和环境效益。Marthias Silwamba 等人研究了通过碱(NaOH)浸出从 ZPLR 中去除铅和锌以及使用铝金属粉末同时胶结溶解的 Pb 和 Zn。

在湿法冶金锌生产过程中会产生大量含有不同金属化合物的固体浸出渣,对环境构成威胁。由于金属需求的增加和高品位自然资源的枯竭,这些类型的废物在冶金工业中变得越来越重要。Mehmet Şahin 等人研究了通过碱浸法来清洗含 19% 铅形式的角铁矿的锌浸出渣并回收铅，同时研究了 NaOH 浓度、浸出时间和温度对残留物中 Pb 回收率的影响。在 NaOH 浓度 11%、液固比 5、温度 100 ℃、浸出时间 60 min 的最佳条件下，Pb 的浸出率达到 99.6%。

目前，80% 以上的锌是由硫化锌精矿采用焙烧-浸出-电解工艺生产的。这一过程伴随着大量的铅银残留，且水含量高、酸性强、粒度细，回收难度大。大部分铅银残渣只能堆放在厂房内。随着时间的推移，铅银渣中所含重金属离子渗入地下，破坏环境。另外，铅银渣中含有大量的铅、银、锌等有价金属，具有较高的回收价值。因此，合理、高效地处理铅银渣，既能产生经济效益，又有利于环境保护。常用的铅银渣处理方法有火法、湿法、火法-湿法和浮选法。火法冶金方法以 Waelz 工艺为主，由 Na_2CO_3 焙烧和硫酸焙烧等转化焙烧工艺组成。虽然过程短，但这种方法消耗能量大，会产生大量气体，影响工作环境。湿法冶金工艺包括碱浸、高压酸浸、两段酸浸、氨浸、氯化物（$FeCl_3$ 和 NaCl）浸和各种酸浸。湿法冶金工艺虽然工作环境比较好，但存在工艺烦琐、废水污染等问题。有研究者采用热湿冶金法将处理后的黄钾铁矾渣与硫酸混合。虽然该方法对各种元素进行了综合回收，但回收率不高，过程较长。浮选法也被许多工厂采用，但生产规模受到昂贵的药剂和工业废水的限制。针对铅银渣处理中存在的问题，Wang 等人提出了一种回收铅银的低温还原固硫冶炼工艺。该工艺以 NaCl 和 Na_2CO_3 为助熔剂，在 800~1000 ℃ 进行还原熔炼，将单质硫以 ZnS 的形式固定在熔炼渣中，铅银渣中的铅和银以粗铅的形式回收。冶炼渣中含有大量的铁、锌等有价金属，可回收利用。该工艺可实现一步炼铅，收集银等有价金属，完成绿色处理。

钢铁生产涉及大量废物的积累，如炉渣、污泥、烟道粉尘和气体。其中一些成分是可回收的，有一些是有毒的，可构成危险废物，应加以处理，以便重新利用或适当丢弃，以避免对环境造成影响。电弧炉炼钢主要问题之一是会产生相当数量的烟道粉尘，电弧炉（EAF）每生产 1 t 钢产生约 10~20 kg 的粉尘，即电弧炉粉尘。这种粉尘含有大量的有色金属，包括锌、镉、铅、铬和镍，合理回收利用可减少有毒金属浸出对环境的影响，同时可获得经济效益。Dutra 等人以回收锌为目的，研究了从电炉粉尘中碱浸锌的不同工艺。因为氢氧化钠对锌、镉等有毒重金属的溶出效果好，对铁的溶出不明显，可降低固体渣的危害性，故选择氢氧化钠作为浸出剂。在 6 mol/L NaOH 溶液中常规浸出 4 h 后，锌回收率为 74%。

碱性浸出路线与酸浸出路线或火法冶金工艺相比具有一些明显的优势：固体残留物的毒性比原始电炉粉尘小得多，大多数重金属（如镉和铅）都被浸出，并且固体相富含氧化铁和石英，还存在一些很难浸出的锌铁氧体；溶液中的铁含量较低。因此，经过简单的净化过程后，在下游电解中回收锌作为金属是一种可行的替代方案。

5.4.5 总结

碱浸法是使用碱性溶液作溶剂的浸出方法。常用的碱有氢氧化钠、碳酸钠和硫化钠。碱性溶液的浸出能力一般较酸性溶液弱，但浸出的选择性较好，浸出液较纯，对设备的腐蚀性小，无需特殊防腐，制作设备的材质较易解决。

目前有色金属冶炼生产过程中会产生各种各样的冶金固体废物，其处理方法也多种多样，可以通过方法比较和联合来寻求最佳处理方法。

5.5 本章小结

本章主要介绍了有色冶金固废资源化过程中湿法冶金技术的应用与研究进展，重点探讨了溶剂萃取法、超临界流体萃取法、萃取色层法、氯化法、酸浸法和碱浸法等湿法冶金技术的特点、研究现状及应用前景。湿法冶金技术在有色冶金固废资源化中具有重要作用，其高效性、选择性和环保性使其成为资源化利用的重要手段。尽管目前仍存在设备腐蚀、工艺复杂、成本高等问题，但通过技术改进和工艺创新，湿法冶金技术在未来有望实现更广泛的应用。随着研究的深入，湿法冶金技术将在复杂矿产和固废资源化中发挥更大的作用，推动有色金属工业的可持续发展。

参考文献

[1] 徐光宪，袁承业. 稀土的溶剂萃取 [M]. 北京：科学出版社，1987.

[2] 宋其圣，孙思修，吴鄂，等. 二(2,4,4-三甲基戊基)膦酸萃取锌 [J]. 山东大学学报（自然科学版），1995，1 (1)：94-99.

[3] 乐少明，李德谦，倪嘉攒. 伯胺 N1923 从 HCl 溶液中萃取 Zn(Ⅱ) 的机理研究 [J]. 无机化学，1987，3 (2)：80-90.

[4] Wang Z H，Ma G X，Li D Q. Extraction and separation of heavy rare earth (iii) with extraction resin containingdi (2,4,4-trimethyl pentyl) phosphonic acid (cyanex272) [J]. Solvent Extr. Ion Exch.，1998，16 (3)：813-828.

[5] 宫晓杰，华晓鸣，宁志强，等. 黄铜矿浸出工艺发展现状 [J]. 有色金属（冶炼部分），2015 (5)：18-23.

[6] 朵军，冯兴亮. 湿法炼铅技术研究进展 [J]. 科技传播，2016 (1)：46-48.

[7] Sun Y，Zhao C，Li Y，et al. Li Distribution and Mode of Occurrences in Li-Bearing Coal Seam ♯ 6 from the Guanbanwusu Mine，Inner Mongolia，Northern China. Energy Exploration & Exploitation. 2012；30 (1)：109-130.

[8] Xie Y，Ni C，Han Z，et al. High recovery of lithium from coal residue by roasting and sulfuric acid leaching [J]. Minerals Engineering，2023，202.

[9] Meng F，Li X，Shi L，et al. Selective extraction of scandium from bauxite residue using ammonium sulfate roasting and leaching process [J]. Minerals Engineering，2020，157.

[10] Gu K，Zheng W，Ding B，et al. Comprehensive extraction of valuable metals from waste ternary lithium batteries via roasting and leaching：Thermodynamic and kinetic studies [J]. Minerals Engineering，

2022，186.

[11] Şahin M，Erdem M. Cleaning of high lead-bearing zinc leaching residue by recovery of lead with alkaline leaching [J]. Hydrometallurgy，2015，153：170-178.

[12] Bianfang Chen，Mingyu Wang，Sheng Huang，et al. Extraction of vanadium from V-Cr bearing reduced residue by selective oxidation combined with alkaline leaching [J]. Canadian Metallurgical Quarterly，2018，57（4）：434-438.

[13] Xie H M，Xiao X Y，Guo Z H，et al. One-stage ultrasonic-assisted calcium chloride leaching of lead from zinc leaching residue [J]. Chemical Engineering and Processing - Process Intensification，2022，176.

[14] Dutra A，Paiva P，Tavares L，et al. Alkaline leaching of zinc from electric arc furnace steel dust [J]. Minerals Engineering，2005，19（5）：478-485.

第六章

钙硅等非金属氧化物建材化利用

碱土金属钙（Ca）是位于元素周期表第ⅡA族元素。原子中价层电子的构型是 $4s^2$，这就决定了钙与氧有很强的亲和力以及在铁中很低的溶解度。硅为非金属元素，是一种半导体材料，可用于制作半导体器件和集成电路，也可与陶瓷材料一起用于金属陶瓷中。硅、钙等非金属氧化物主要有 SiO_2、CaO、$CaSiO_3$ 等。典型的富含硅钙等非金属氧化物的有色冶金废物主要有磷石膏、粉煤灰、硅钙渣、脱硫石膏、赤泥等。目前，富含硅钙的有色冶金废物由于其特殊的成分和性质，被广泛应用于混凝土砌块、水泥、陶瓷等建材领域中。

当前，我国进入全面建设社会主义现代化国家的新征程，绿色低碳发展成为全社会共识。同时，也面对日益显著的资源环境压力以及地缘政治紧张带来的供应链风险。开展有色冶金废物综合利用路径研究，构建循环利用模式，提升有色冶金废物综合利用效率，可有效缓解资源压力与供应链风险，是新时代新征程和碳达峰碳中和背景下推动资源可持续利用与节能降碳的重要抓手，对实现党的二十大报告提出的"实施全面节约战略，推进各类资源节约集约利用，加快构建废弃物循环利用体系""积极稳妥推进碳达峰碳中和"重要战略有重要助推作用，对全面推动经济社会绿色转型和高质量发展、提升生态环境质量、保障国家资源安全、助力美丽中国和生态文明建设具有重大意义。

6.1 磷石膏

磷石膏是湿法磷酸生产过程中产生的副产物，每生产1 t磷酸大约产生4～5 t磷石膏。我国磷肥产量的不断增加，造成了磷石膏的大量堆积，目前我国堆放量已经达到5亿吨。磷石膏含有磷、氟等有害杂质，对土壤、水和大气会产生直接或间接的污染和危害，因此磷石膏的资源化利用成为磷肥工业的首要任务。我国现有的磷石膏综合处理主要在水泥缓凝剂、石膏板、石膏砖、建筑石膏粉和土壤调理剂等方面。磷石膏应用在建筑材料方面是一个很好的利用方向，这是因为天然石膏本身就是传统的建筑材料，而磷石膏中二水石膏的含量与天然石膏不相上下。现有的黏土砖因耗用大量耕地而被国家明令限制，而免烧砖具有生产工艺简单、投资少见效快、经济环保的特点，也符合我国的经济发展政策，因而研究以磷石膏为原材料在免烧建材应用方向意义重大。

6.1.1 工业石膏及石膏建材

一般通过两步加热去除磷石膏中的水分来制备建筑用熟石膏粉，或高温煅烧（750～800 ℃）使可溶性 P_2O_5 和 F 基本挥发，制备 pH 为 6～7 的建筑石膏粉。石膏粉可以直接出售，或经过进一步加工制备成砌块、板材（纸面石膏板和无纸面石膏板）、粉刷石膏、抹灰石膏、自流平砂浆及吊顶等产品。日本是全球屈指可数的实现磷石膏100%利用的国家之一，其中60%的磷石膏用于生产石膏粉和石膏建材。我国2021年以磷石膏为原料生产纸面石膏板的装置能力已达到900万吨/年，占磷石膏产量的14%。其中，泰山石膏、昆明英耀建材、山东红日阿康、铜陵化工、贵州瓮福集团、湖北泰山建材、钟祥春祥化工、云南云天化、山东奥宝化工、江西六国化工等化工企业均已建立生产能力为10^7 m^2/a级别的石膏板生产装置。由于磷石膏中存在水溶性磷、氟等杂质，磷石膏建材经过雨水冲刷会在内部形成空洞，导致其结构粉化溃散，因此，磷石膏砌块产品只能用于内墙。磷石膏产品质量均可以达到相关标准，比如纸面石膏板各项性能符合《纸面石膏板》（GB/T 9775—2008）的要求，放射性符合该国标A类材料的要求，满足室内装饰要求，但未经过处理的磷石膏制备的纸面石膏板内外照射指数要远高于脱硫石膏。因此，磷石膏制备建材产品的质量相比天然石膏和脱硫石膏仍有很大差距，市场认可度低；同时，受运输成本影响，所有建筑产品销售半径有限，限制了磷石膏在工业石膏和建材领域的大量应用。

6.1.1.1 磷石膏砌块

免烧石膏砌块是公认的绿色建材产品，通过在预处理后的磷石膏中加入填充料、轻骨料等辅助材料可制备轻质磷石膏砌块，是磷石膏建材资源化的手段之一。目前，石膏砌块中常见的轻骨料有聚苯乙烯泡沫、膨胀珍珠岩、石膏晶须等。采用质量比为9∶1的磷建筑石膏与粉煤灰，掺入1.0%石灰、500 mL泡沫液，以1∶2的水灰比可制备出表观密度为785 kg/m^3、抗压强度为4.04 MPa的磷石膏砌块。为了制备出高强度的磷石膏砌块，可以掺入适量高效减水剂、纤维材料、水泥等辅料，也可以采用压制成型代替浇制等。采用高强石膏制备石膏砌块也可提高产品的强度，其工艺可概括为先成型、再蒸压、后湿养。目前国内已有企业投产蒸压型高强石膏砌块生产线，有效减轻了大宗工业废弃物对环境的污染。此外，磷石膏砌块通常耐水性较差，吸水率高，不适用于潮湿环境；采用占磷石膏质量4%的丙烯酸酯/石蜡复合乳液、1%的硬脂酸乳液、0.5%的含氢硅油乳液对磷石膏砌块进行改性，可制备出耐水磷石膏砌块，其24 h吸水率为14.0%，较改性前降低了33.6%；通过掺入矿渣、电石渣、水泥熟料以及外加剂等辅料，使β-半水磷石膏由气硬性向水硬性转变，可提高磷石膏砌块的耐水性。

6.1.1.2 磷石膏制备砂浆材料

磷石膏制备砂浆包括抹灰砂浆、自流平砂浆、腻子等。

磷石膏抹灰砂浆具有质量轻、黏结强度高、收缩小、不空鼓开裂等优点，可用于建筑内墙、顶棚抹灰。磷石膏抹灰砂浆是以磷建筑石膏或α型高强磷石膏作为主要胶凝材料，掺入玻化微珠等骨料及外加剂配制而成的一种新型抹灰材料。磷石膏抹灰砂浆作为一种新型绿色建材，可作为建筑内墙传统抹灰材料——水泥抹灰砂浆的替代品。水泥在生产过程中的单位能耗要远高于磷石膏煅烧，水泥砂浆配制过程还需要消耗大量天然砂石，造成环境破坏。因此使用磷石膏抹灰砂浆取代水泥砂浆，对节约能源和保护环境具有重要意义，符合当前生态文明建设政策，也符合节能环保的技术政策。重要的是磷石膏基抹灰石膏替代水泥砂浆的技术成熟，已经在工程实践中得到很好的应用。

磷石膏自流平砂浆是以磷建筑石膏或α型高强磷石膏作为主要胶凝材料，加入骨料及外加剂制成的在一定时间内具有一定流动性的磷石膏基室内地面用自流平材料，是一种新型节能环保的地坪材料。使用磷石膏自流平砂浆找平地面，施工便捷、终凝时间短、平整度高，不会因为热胀冷缩而产生空鼓开裂，对于采用地暖的房间更能体现磷石膏自流平砂浆的产品优势。传统的水泥砂浆导热率较低，且其中的粗骨料边角可能会对地暖管线造成破坏，而采用磷石膏自流平砂浆找平地暖铺设层，保温性能良好、发热均匀。

6.1.1.3 磷石膏轻质保温石膏板材

我国建筑板材市场需求量大，石膏板材与其他建材行业相比有着明显的增长势头。隔热保温板材的使用能够极大降低日常生活及工业生产中的热能损失，提高热能的利用率，其良好的隔声、吸湿性能提供舒适的居家环境。随着"十四五"规划的推进，建材市场也存在着环保治理压力，而使用保温隔热材料是能源可持续发展的重要措施之一。即便经预处理后，磷石膏中的杂质也无法完全除去，故制备的磷石膏板材质量及稳定性仍普遍低于天然石膏板。因此，我国学者根据石膏板材的施工性、耐水性等要求，通过掺入不同外加剂和掺合料以及成型后的养护，测试了以不同石膏为原料制备的石膏板的性能，结果表明，掺磷石膏的板材较脱硫石膏板有更好的耐火性能。以纸面石膏板为代表的轻质高强板材已是新型多功能节能环保绿色材料的发展重点，并且仍在不断完善中。以提高石膏板材的某项或某些物化性能为目标对磷石膏进行改性，也是目前磷石膏建材的研究热点之一。

6.1.2 磷石膏模盒

磷石膏模盒是对磷石膏进行煅烧改性处理后，加入纤维增强材料、外加剂等进行搅拌，再经浇筑成型、养护后得到的磷石膏制品，其外形为槽状，两块对扣形成空心箱体，可用于现浇混凝土空心楼板结构的内置填充，构造高性能的复合楼板作为建筑结构类隐蔽材料，磷石膏模盒与混凝土楼板合成一体，使原实心楼板变成空心楼板，空心率大，可提高隔热、隔声性能，具有较好的经济性和良好的使用功能，特别适用于大跨度大空间的商业综合体建筑工程项目。

6.1.3 磷石膏水泥

磷石膏可作为原料生产水泥，可与硅酸盐熟料、矿渣粉、钢渣中的铝和铁反应，形成稳定的单硫型水化硫铝酸钙晶体水化产物以胶体微粒析出，最终凝聚成C-S-H凝胶。

6.1.3.1 用作水泥缓凝剂等水泥添加成分

水泥中通常会添加3%~5%（质量分数）的天然石膏作缓凝剂。磷石膏的主要成分是石膏，原理上可以代替天然石膏作为缓凝剂添加到水泥中。磷石膏用作水泥缓凝剂标准为：可溶性P_2O_5质量分数≤0.3%，可溶性氟化物质量分数≤0.05%，压制成粒径为10~30 mm球状颗粒。我国多家企业陆续投产了磷石膏用作水泥缓凝剂的生产线，包括鲁北化工、贵州瓮福、贵州开磷、安徽铜化集团、山东红日阿康、江西六国化工、陕西江友建材、湖北祥云海顺昌、贵阳路发集团、四川广益磷化工、云南云天化集团和湖北宜化集团等。磷石膏用作水泥缓凝剂最常见的问题是磷石膏中各种杂质无法完全去除，导致水泥质量通常达不到普通水泥标号，市场认可度低，而且磷石膏酸性太强，用作水泥缓凝剂之前必须进行改性处理，增加了成本，导致磷石膏用作缓凝剂时与电厂脱硫石膏相比缺乏市场竞争力。

磷石膏还可用作水泥矿化剂。水泥生产过程中，在生料中掺入适量含硫、氟、磷等成分的矿物，可使二氧化硅活化，同时促进碳酸钙的分解，降低液相形成温度，促进液相提前形成并减小液相黏度，最终改善熟料的矿物组成。该工艺中磷石膏用量较少，因此在实际生产中鲜有应用。

6.1.3.2 磷石膏热分解制备硫酸联产水泥

磷石膏制硫酸联产水泥的工艺原理是将磷石膏高温分解后，所得的SO_2经过转化和吸收用于生产硫酸，所得的CaO用于生产水泥。煅烧磷石膏制备氧化钙和回收硫制备硫酸是较为成熟的理论，过去几十年被不断实践，但是其进一步的工业化应用并不理想。在实际反应中，$CaSO_4$与CaO、CaS形成共熔物，造成$CaSO_4$分解温度增高，导致磷石膏分解制硫酸联产水泥的能耗高。此外，磷石膏分解制硫酸联产水泥还存在SO_2浓度低、回转窑结圈可控性较差和水泥前期强度低等问题。这些问题共同导致了磷石膏分解制硫酸联产水泥在工业领域的生产运营和盈利难度增大。制约磷石膏制硫酸联产水泥大规模工业化应用的主要因素是高能耗和低产品质量。国内外学者和企业对此开展了诸多探索研究，并取得了一定的成果：2019年，研究了以磷石膏和铝土矿为原料制备贝利特-硫铝酸盐钙水泥熟料，发现磷石膏中的P_2O_5和F杂质能促进熟料的生成，使用磷石膏生成熟料的煅烧温度比用天然石膏低50 ℃；2022年，对现有的磷石膏制硫酸联产水泥装置提出了升级改造技术方案，将带分解炉的悬浮预热器的预分解窑系统应用于磷石膏制硫酸联产水泥工艺中，由硫酸和水泥熟料两种产品共同分摊生成热，比碳酸钙分解生产水泥熟料的生成热低15%，可有效降低能耗。磷石膏制硫酸联产水泥的规模化生产在国内未能得到推广和应用，但我国对磷石膏分解的研究一直在进行。

6.1.3.3 磷石膏基超硫酸盐水泥

超硫酸盐水泥是一种由80%~85%矿渣、10%~15%石膏等硫酸盐类及1%~5%碱性成分混合制成的水硬性胶凝材料。超硫酸盐水泥早在20世纪50年代就在全国范围内取得了较好的推广应用，但随着硅酸盐水泥的快速发展而逐渐淡出水泥市场。现今，"十四五"规划再次强调了要支持绿色技术创新、推动行业绿色化发展，且工信部也于2018年年底决定重新起草制定石膏矿渣水泥的行业标准。2019年工信部召开了磷石膏资源化利用生产水泥熟料座谈会，认为生产水泥熟料是规模化、大批量消纳磷石膏的有效途径，因此磷石膏生产超硫酸盐水泥也有望得到推广。

比较相同 P_2O_5 含量下磷石膏、硬石膏和二水石膏对超硫酸盐水泥水化的影响，发现磷石膏基超硫酸盐水泥的早期强度最高，但后期强度比另外两者低；采用石灰中和法改性磷石膏基超硫酸盐水泥有望提高其强度。以磷石膏作为硫酸盐激发剂制备的超硫酸盐水泥，在强度和耐久性上的不足仍是制约其应用的难题。但是其主要原料都为工业废弃物，可实现建材的可持续发展利用；作为绿色节能水泥，符合新型建材行业的发展趋势，值得未来投入更多研究。

6.1.4 道路材料

磷石膏作为路用材料可用作道路路基填料及基层材料。美国、俄罗斯、比利时、芬兰等国都有开展磷石膏用作道路材料的研究，我国用于筑路、充填的磷石膏量约占磷石膏总消耗量的13.2%。

6.1.4.1 道路路基填料

磷石膏可与碎石集料、黏土、石灰、电石渣、钢渣以及粉煤灰等按一定配比制备路基底层填料。研究水泥-磷石膏双掺改良不同土壤的效果，结果表明水泥掺量一定时，混合料水稳性、承载比（CBR）随磷石膏掺量增加而增加，改良土生成了钙矾石及水化产物，但是土壤类别、成分对改良效果影响较大。磷石膏作为路基填料在云池桥至罗家湾一级公路底基层、陕西省合铜高速公路试验段、贵州开磷（集团）有限责任公司厂区地坪、贵州省息烽永靖大道上得以应用，后期的检测结果表明其强度满足规范要求。国内外已对磷石膏作路基材料开展了较多研究，具有一定的理论基础，并在工程实践中得到了实际应用。

磷石膏可代替土壤和部分碎石用作路基材料。我国已有多个磷石膏企业联合城建单位进行了多种尝试和研究，包括将磷石膏用作路基填料、路面基层或路基中水稳层等。将磷石膏直接用于路基填料时，通常其抗压强度和吸水性等不能满足要求。将磷石膏与生石灰、粉煤灰、磷渣等成分以合适的配比用作路面基层材料，具有较好的可行性，但磷石膏掺量较小。在磷石膏和水泥共同用于路基材料时普遍存在钙矾石的问题。磷石膏和水泥反应生成的钙矾石分子式为 $(CaO)_3(Al_2O_3)(CaSO_4)_3 \cdot 32H_2O$，含有32个结晶水，属于"会呼吸"的矿石。在夏季高温环境下，钙矾石失去结晶水，内部压力增大，而在大量雨水浸泡的条件下，又发生吸水现象。由于环境天气的变化，钙矾石重复失去和得到结晶水的过程最终会造成路面凹凸甚至出现裂缝。经过长期试点和探索，磷石膏经过处理后用于公路水稳层的结果较为理想，如美国佛罗里达州2020年批准的磷石膏用于道路建设，主要是用于路基中水稳层及马路护坡；但由于磷石膏存在放射性，该批准在 2021 年被废除。我国绝大部分磷石膏放射性较低，用于公路水稳层符合国家相关标准和规定。湖北宜昌首个磷石膏道路水稳层应用的全国标准《道路过硫磷石膏胶凝材料稳定基层技术规程》，于 2022 年 9 月 1 日开始实施。湖北昌耀新材料、湖北宜化（联合丘力公司）等企业均已着手将磷石膏应用于非城区主干道的公路建设，并得到了宜昌市猇亭区和荆州市等地方政府的政策支持。

6.1.4.2 道路基层材料

早期的工程实践表明，磷石膏应用于道路基层存在强度不足、水稳性差等问题，近年来通过加入胶凝材料（水泥、粉煤灰等）、固化剂、激发剂等改善了磷石膏作为道路基层材料的性能，应用取得了一定进展。大掺量磷石膏复合稳定碎石基层技术通过加入多元固化剂激发磷石膏复合稳定材料的胶凝活性，使磷石膏复合稳定基层材料路用性能满足规范及使用要求，磷石膏中的磷、氟等杂质被固定，满足环境标准，该技术已应用于湖北省宜都市 S225 省道雅澧线路面大修工程。以黄磷渣复合改性剂对磷石膏进行固化改性并制备混合料，研究结果表明混合料不遇水时具有微膨胀性，对混合料的密实性及抵抗收缩性有利，遇水膨胀量大易导致混合料开裂，应用该复合改性剂，磷石膏掺量大于 40% 时的混合料在道路基层具有较好的可行性。

6.1.5 高分子复合材料

在高分子材料产品生产中，可使用改性后的磷石膏粉（颗粒）代替碳酸钙作为骨料。由于磷石膏本身硬度和韧度高于碳酸钙粉，这样既能增强产品的刚度及韧度，又能够使磷石膏废渣得到有效利用与消耗，同时减少碳酸钙的开采量，降低碳酸钙开采时产生的粉尘，有效保护生态环境。通过将改性无水磷石膏与高分子材料融合，推出了一系列磷石膏基的高分子复合市政管网建材产品，取得了磷石膏资源化利用的新突破，拓宽了磷石膏资源综合利用的新领域。

6.1.6 相变储能材料

相变材料可以通过在加热熔融和冷却结晶过程中实现热量的储存和释放，减少热量的损失。将相变材料与石膏基材料复合制备新型功能材料，有利于推动能源低碳高效利用，在建筑和新能源等领域具有非常广阔的应用前景。

利用发泡法对磷石膏进行改性，再搭载储能材料，从 80 ℃ 降至 20 ℃ 的整个过程中，发泡相变磷石膏降温历经 2640 s，远慢于磷石膏的 900 s，用作建材可有效减缓温度波动。以磷石膏为主要原料，以碳酸氢铵作为成孔剂，十二烷基磺酸钠为渗透剂，羧甲基纤维素钠为黏结剂，采用圆盘造粒法制备磷石膏基体材料，当成孔剂、渗透剂、黏结剂用量分别为 5.88%、1.77%、0.77%时，最终制得的储能材料相变焓为 39.9 J/g。这些研究表明，采用磷石膏制备相变储能材料工艺简单且具有实用价值。但目前相关研究进行较少，还有较多技术瓶颈需要突破才能推广工程应用。

6.1.7 建筑装饰品

高强石膏的产量由于天然石膏开采受限而下降。近几年，国内越来越多的企业开始投资以工业废石膏为原料的高强石膏工业生产。磷石膏制备的高强石膏可用于陶瓷装饰品、工艺美术品和 3D 打印材料等，通过增加其市场价值来弥补高强石膏成本较高的缺点，同时也推动了磷石膏在建筑装饰领域的工程化利用。

6.2 粉煤灰

粉煤灰是燃煤电厂煤粉在燃烧过程中产生的一种粉末状铝硅酸盐固体废物，其产生量大，需要大面积的土地来堆放，并有可能对环境造成不利影响。另外，由于我国工业化和城镇化的快速发展，城市污水处理产生的市政污泥也在迅速增多，我国每年产生的市政污泥超过 400 万吨（干重）。虽然当前我国粉煤灰每年的利用率已经达到 70%以上，但是由于长年累月的堆积，粉煤灰的堆存余量仍然较大，总的堆积量超过 25 亿吨，并且还在逐年增长，这对环境带来了严重的影响。因此，继续加大对粉煤灰的研究，促进粉煤灰的规模化、资源化利用仍然具有十分重要的意义。当前，粉煤灰主要应用于建材、农业、环保、有价元素提取等方面。

6.2.1 粉煤灰水泥

粉煤灰可以代替黏土组分进行配料，用于水泥的生产，并且在用于生产水泥的过程中，经济效益和社会效益远远大于黏土。粉煤灰的产生过程就是一个熟化过程，用其代替黏土时就省掉了黏土用于熟化消耗的能量。在粉磨普通硅酸盐水泥时，粉煤灰有助磨作用，可降低耗电。粉煤灰有价廉易得、后期强度增长率大、干缩性小、和易性好等特点，故可降低产品成本，改善水泥某些性能。同时利用粉煤灰代替黏土可以保护环境、变废为宝，有利于可持续发展。我国普通粉煤灰水泥主要有粉煤灰硅酸盐水泥和粉煤灰矿渣两掺复合水泥，其生产技术比较成熟，产品应用广泛。特种粉煤灰水泥具有某些特性和特殊用途，有粉煤灰低热水泥、粉煤灰砌筑水泥、低温合成粉煤灰水泥、粉煤灰喷射水泥等。

6.2.1.1 水泥熟料生产

利用粉煤灰生产水泥熟料是早期国内外粉煤灰综合利用途径中的一种，粉煤灰的化学组成与黏土（主要为 SiO_2 和 Al_2O_3）相似，因而可以替代黏土进行水泥生料组分配伍，用于水泥熟料生产。并且粉煤灰中的残余碳可以在熟料烧制过程中作为燃料，从而减少燃料的消耗。

粉煤灰制备水泥熟料工艺首先对粉煤灰进行分级预处理，去除其中的杂质和过大的颗粒，之后将粉煤灰与其他原料进行混合，送入窑炉中进行煅烧。煅烧过程中，原料先被分解成氧化物和其他化合物，然后进行还原反应，生成水泥熟料，再通过冷却、破碎等工艺过程，获得符合要求的水泥熟料，最后在熟料中添加石膏并混合研磨，得到最终的水泥产品。与传统烧制水泥工艺相比，粉煤灰配料烧制水泥熟料工艺的烧成温度可降低 80~100 ℃，并且粉煤灰水泥相比黏土制成的硅酸盐水泥，具有质地细腻、不易开裂、干燥收缩率低、水化热低、抗硫酸盐性能好的优势。粉煤灰用于水泥熟料生产可以在不影响水泥产品质量和性能的同时实现增产节能。此外，烧前对粉煤灰进行细磨加工处理，对改善混合熟料的易烧性有显著作用，可降低熟料烧制停留时间。与此同时，碳含量下降使得粉煤灰的火山灰活性相对增强，可以提高其用作水泥或混凝土掺合料时的容许掺量，相比水泥熟料烧制，粉煤灰用作掺合料的生产工艺更加简单，能更好地实现粉煤灰的大量消纳且方便处置。

6.2.1.2 水泥混合材

粉煤灰水泥干缩性小，水化热低，抗冻性较好，可以广泛用于工业与民用建筑中，尤其适用于大体积混凝土、水工建筑、海港工程等。在过去，沥青型粉煤灰通常能替代 15%~25% 的水泥，而高钙型粉煤灰替代率为 25%~40%，现在各种激发剂的开发利用逐渐改善了粉煤灰水泥的性质，增强了粉煤灰的利用效果。利用磨细粉煤灰生产 42.5 水泥时，混合材掺量在原基础上提高 18%，标准稠度用水量略有增加，初、终凝时间分别延长 60 min 和 80 min 左右，早期强度下降约 3 MPa，28 d 强度增加 2 MPa；生产 32.5 水泥时，混合材掺量在原基础上提高 18%~25%，标准稠度用水量、强度基本不变，凝结时间延长 60 min 左右（初、终凝基本相同）。磨细粉煤灰不入磨，可以直接进入选粉机，水泥粉磨综合电耗有所下降，降低生产成本。而利用粗粉煤灰只能生产 32.5 水泥，混合材掺量在原基础上也只能提高 10% 左右，生产成本虽有所下降，但标准稠度用水量却明显上升，不利于工程使用。美国路易斯安那理工大学使用工业生产中大量产生的煤粉灰研制出一种既环保又耐用的地质聚合物水泥。与传统的硅酸盐水泥相比，该地质聚合物水泥有更大的张力以及更强的抗腐蚀性、抗压性和抗收缩性，并能抵御高温，因而使用期更长。此外，该地质聚合物水泥制造过程中的能耗和废气排放量都非常低，可以很好地被回收再利用，是一种绿色环保材料。

6.2.2 粉煤灰砌块

目前我国利用粉煤灰生产的砌块有蒸养粉煤灰硅酸盐砌块、蒸压粉煤灰加气混凝土砌块、粉煤灰混凝土小型空心砌块、粉煤灰泡沫混凝土砌块、粉煤灰空心砌块等。在生产水泥混凝土空心砌块的水泥材料价格上涨导致水泥混凝土空心砌块产品成本提高时，粉煤灰空心砌块，作为一种新型墙体材料，发展较快，已经被广泛应用于工业与民用建筑。

6.2.3 烧结砖和免烧砖

我国房屋墙体材料70%以上用的是黏土砖，黏土砖的生产与利用具有较高的能耗。粉煤灰砖由粉煤灰、沙子和水泥或石灰作为黏结材料组成，具有轻质、抗压强度高、耐久性好、制作简单等优点。在施工过程中，增加粉煤灰砖的使用，可以降低工程预算，减轻劳动强度，提高工程效率，缩短工期。粉煤灰砖主要有烧结粉煤灰砖和蒸压粉煤灰砖两种。烧结粉煤灰砖通过煅烧方式制备，粉煤灰和黏土等原材料经过配料、混合、煅烧等一系列处理过程，最终制成砖材。用粉煤灰与煤矸石在1150 ℃的烧制温度下制备的砖块，抗压强度能够达到24.4 MPa。超细粉煤灰制备的砖块则具备更优越的抗压强度、热导率及致密性，其抗压强度可达30 MPa。免烧蒸压粉煤灰砖是将粉煤灰和生石灰配合一定碱性激发剂，或者适当添加一些骨料及石膏等，经过混合、搅拌、轮碾等工艺流程，在常压或者是高压蒸汽养护条件下制备而成。蒸压粉煤灰砖隔热效果好，有利于实现建筑节能，并且刚度高、渗透能力好，可以广泛取代黏土砖。与免烧蒸压粉煤灰砖相比，烧结粉煤灰砖表现出了节能环保优势，是我国目前比较普及的一种绿色低碳墙体材料，也是目前学者研究的重点。

在蒸压粉煤灰砖制备体系中，粉煤灰生成的主要水化产物为C-S-H等凝胶，从而形成致密的结构，产生一定的强度，凝胶产物含量的增加可提高制品抗压强度。目前国内外制备出的蒸压粉煤灰砖，抗压强度多在10~20 MPa，很少超过25 MPa。学者们常采用提高粉煤灰细度、优化蒸压养护温度和压力以及配合添加剂等方式提高蒸压砖的抗压强度和粉煤灰掺量。利用较细的粉煤灰，在130 ℃的养护温度下，可制得抗压强度达47 MPa的蒸压砖；在粉煤灰原料中掺入水泥、石灰和石膏，使水泥促进粉煤灰的水化反应，石膏提供硫酸根离子，丰富水化产物，制得的蒸压砖抗压强度近24 MPa；利用增压法可制备高掺量粉煤灰蒸压透水砖，粉煤灰掺量高达50%，制品中连通孔隙占比较高，透水性能优异。在实际运用中，部分蒸压粉煤灰砖生产企业可以实现90%的粉煤灰使用量，因此粉煤灰的高掺量利用可聚焦于蒸压粉煤灰砖，通过优化原料集配和生产工艺生产出高品质、高强度的粉煤灰砖。

6.2.4 轻骨料、玻璃陶瓷材料

微晶玻璃又称玻璃陶瓷，是特定组成的基础玻璃在热处理过程中控制晶化而制得的微晶玻璃，含有大量微晶相及玻璃相。微晶玻璃既有玻璃的基本性能，又有陶瓷的多晶特性，集合陶瓷与玻璃的特点，具有优良的力学、电学、热学、物理和化学性能。粉煤灰微晶玻璃的制备一般是将粉煤灰首先进行晶化热处理，然后玻璃重结晶，从单一的玻璃变成微晶玻璃。与天然石材相比，粉煤灰微晶玻璃硬度更高，耐磨性更强，因此可用于建筑物的内墙以及地面等装饰施工用途。此外，以粉煤灰和废玻璃为主要原料，添加硼砂和碳酸钙作为助溶剂和发泡剂，利用直接发泡法可制备泡沫微晶玻璃，具有较低的堆积密度（0.46 g/cm^3）、较好的抗压强度（>5 MPa）和较低的热导率[0.36W/(m·K)]。

粉煤灰陶粒是以粉煤灰为主要原料（占85%左右），掺入适量石灰（或电石渣）、石膏、外加剂等，通过混匀、成球、焙烧或者养护（免烧）制备而成的一种人造轻骨料。粉煤灰陶粒具有轻质（堆积密度<1000 kg/m^3）、高强度（一般为1.5~15 MPa，高强粉煤灰陶粒可达25~40 MPa）、多孔、保温隔热、抗酸抗碱、抗冻抗震等优良性能，已经广泛应用于建筑建材、环保、生态、化工等领域。利用粉煤灰制备的球形多孔活性骨料应用于混凝土，具有与市场商业轻骨料制备的轻质混凝土相当的强度和水合度，在混凝土砌块和大型工程外墙板等新型墙体材料方面有极好的应用效果。

泡沫玻璃是由碎玻璃、发泡剂和改性剂等，经粉碎混合、熔化发泡等一系列工艺制成的多孔玻璃材料。使用粉煤灰以及碎玻璃所制成的泡沫玻璃具有质量轻、刚度高、抗变形、保温隔热等优点，其形状可按照实际工程使用需求定制，实用性广。泡沫陶瓷材料也是一种具有高温特性的多孔材料，其孔径从纳米级到微米级不等，气孔率在20%~95%之间，使用温度可高达1600 ℃。以粉煤灰为原料制备的新型泡沫陶瓷，在烧结过程中会经历自发泡反应，经1200 ℃烧结得到的泡沫陶瓷具有完全封闭孔结构，表观密度为0.41 g/cm^3，孔隙率为83.60%，抗压强度为8.3 MPa，热导率为0.0983 W/(m·K)，同时粉煤灰中内源有害重金属被封装于玻璃相中，重金属浸出远低于标准限值。

6.2.5 混凝土

粉煤灰混凝土泛指掺加了粉煤灰的混凝土，在配制混凝土混合料时，掺加一定比例的粉煤灰，可以改善混凝土性能，降低成本。粉煤灰混凝土有水密性好、膨胀收缩小等特点，可用于道路、隧道、下水道等施工。粉煤灰和易性好，可在建筑工程中用于浇筑柱、梁、板、路面等。粉煤灰混凝土还可用于预制混凝土制品和制作商品混凝土等。

在混凝土中掺入粉煤灰，同样可以降低水化热，防止由于内部温升，表面过热而产生裂缝，并强化混凝土的抗渗漏、耐侵蚀性能。粉煤灰的微小颗粒掺入混凝土中犹如滚珠，充填到微小孔隙中，起到微集料作用，同时表面发生水化反应生成凝胶产物，物理充填和水化反应产物充填共同作用。粉煤灰的微小颗粒还可以替代孔隙中的水分，减小混凝土施工过程中用水量，但当颗粒的粒径过小时，会使比表面积增大，对水的亲和性更好，用水量反而增大。粉煤灰的火山灰效应使其消耗混凝土中的 $Ca(OH)_2$，产生额外的水化产物，填充混凝土的基体空间，使混凝土结构更加密实。粉煤灰混凝土也存在早期强度低的问题，常温下粉煤灰的水化反应慢，标准养护 28 天不足以使粉煤灰混凝土的性能达到最佳。但其后期强度发展较同龄期基准混凝土更好，当粉煤灰掺量为 0～30％时，标准养护 60 天之后粉煤灰混凝土强度高于同龄期基准混凝土。混凝土中粉煤灰的掺量阈值通常为 30％，一般安全容许掺量为 15％～25％，粉煤灰掺量过高时，混凝土孔隙溶液中的 $Ca(OH)_2$ 不足以激发粉煤灰的火山灰活性，从而严重影响混凝土强度发展与耐久性能。

为了克服粉煤灰对水泥及混凝土早期强度发展的负面作用，促进粉煤灰的回收利用，可以通过减小粒径、提高细度来提高粉煤灰的火山灰活性。相同质量下，粉煤灰颗粒越细，比表面积就越大，与水的接触面积也就越大，并且其中的活性成分与晶体相也会在细化过程中被打散、剥离，为水化产物的生成提供成核核心，极大地提高反应速率，促进水化反应的发生。超细化处理后的粉煤灰作为水泥掺合料，可以提升粉煤灰水泥材料的早期力学性能。标准养护 3 天的超细粉煤灰水泥抗压强度能够达到 18～23 MPa，是普通粉煤灰水泥的 240％以上。但粉煤灰改性混凝土也存在着早期强度低的不足。

随着城市建筑需求的不断提高，为满足日益复杂的工程需求，需要通过调控添加剂种类和成分配比来实现混凝土的性能优化，实现混凝土的高强度、高性能和多功能化发展。掺入粉煤灰可以制备功能化混凝土，如超高性能混凝土、自密实混凝土、泡沫混凝土及加气混凝土等。超高性能混凝土（UHPC）是一种具有高强度、高韧性、低孔隙率、高耐久性的水泥基材料，力学性能和耐久性能明显优于普通混凝土和其他高性能混凝土。UHPC 的制备原理是剔除粗骨料，优化细骨料级配，从而增大基体的密实度；掺入超细活性矿物掺合料（如粉煤灰、硅灰等）可以降低孔隙率，优化内部结构；粉煤灰微珠良好的形态效应可以极大减少蓄水量，提高流动度，加之微珠火山灰活性更高，微珠效应与火山灰活性双重效应可有效提高混凝土抗压强度。粉煤灰的加入还降低了 UHPC 的生命周期成本，减少了碳足迹和能源消耗。此外，以粉煤灰为主要原料（占 70％），辅以石灰、水泥、石膏、发气剂等材料，还可以制成粉煤灰加气混凝土，具有质量轻、保温性好、阻燃性好等优点，可用作保温、维护、隔断及承重墙体。

6.2.6 保温材料

随着对建筑节能重视度的提高以及对粉煤灰利用的深入研究，利用粉煤灰制造的新建材产品越来越多。近年来，研究学者为了减少门窗、墙体及屋顶等部位的热量损失，利用粉煤灰和石灰生产质量轻、隔热保温效果好、抗渗透能力强、物理性能稳定和强度高的蒸压粉煤灰砖。也可以用固化剂与粉煤灰制备衬砌材料，增强墙体的抗冻性能和防渗性能，实现粉煤灰的再利用。

粉煤灰高温性能稳定，粉煤灰中的 SiO_2 和 Al_2O_3 是其耐高温的主要原因，其耐火度高达 1610～1630 ℃，可用于制备轻质耐火材料。在建筑材料中掺入适量的粉煤灰可以有效改善其耐高温性能。以粉煤灰为主要原材料，掺入适量的煤矸石和铝灰，通过高温烧结可以制备出粉煤灰基耐火建筑材料，抗压强度可达 33.6 MPa，可耐 1200 ℃ 高温，制品的力学性能和使用性能较好。优选粉煤灰 60%、铝灰 40% 的配料比制备的轻质耐火保温材料，体积密度为 0.95 g/cm³，显气孔率为 60.57%。进一步对热导率进行线性拟合，证明该轻质耐火材料在 700～800 ℃ 的温度范围内隔热性能较好，热导率约为 0.24 W/(m·K)，最高可在 1250 ℃ 左右使用，可用于工业窑炉和其他热工设备的隔热层。此外，粉煤灰里有漂珠、沉珠和磁珠等，其中漂珠质轻，可用于制备体积密度更低的轻质保温材料。目前，我国多利用晋北或内蒙古一带的高铝粉煤灰生产高铝隔热保温制品，如将漂珠与黏土材料混合制备的轻质黏土砖，其耐火度可达 1630 ℃。以高铝粉煤灰为原料，采用高温发泡法可制备出粉煤灰隔热耐火砖的体积密度小（485.2 kg/m³）、抗压强度高（6 MPa）且具有优异的隔热保温性能。

6.2.7 相变材料

相变节能材料具有可以降低室内空间的温度波动，提高室内温度的舒适性，自动存储和释放潜热的特点，可用于墙体、墙板、地板以及家具材料等，冬季白天存储太阳能用于夜晚的供暖，通过释放建筑内多余的热量来抵御夏季的炎热，降低采暖和空调的能耗。相变材料在建筑领域中的应用范围很广，如相变材料制备储能墙板，可实现温度自调，提高舒适度；应用于蓄冷空调中可降低能耗；应用于混凝土中可控制温升，减少开裂。

将粉煤灰与相变材料熔融可获得化学性能稳定的复合相变材料，试验证明，这种新型的相变材料既能满足建筑节能的要求，又能实现废弃物利用。粉煤灰的组成波动范围大，导致其物理性质差异较大。20 世纪 70 年代，在世界性能源危机背景下，粉煤灰作为一种资源丰富、价格低廉、兴利除害的新兴建材原料和化工产品原料，受到人们的青睐。经过开发，粉煤灰在建工、建材、水利等部门得到广泛的应用。

6.2.8 人工轻质板材

粉煤灰人工轻质板材主要有粉煤灰硅钙板、粉煤灰纤维棉板材、粉煤灰轻质隔声内墙板、粉煤灰炉底渣轻质屋板、粉煤灰发泡保温材料等。其中粉煤灰轻质隔声内墙板是以膨胀珍珠岩为集料、粉煤灰为填料、快硬硫铝酸盐水泥（或铁铝酸盐水泥）作胶结料，加入适量的特种外加剂制成的，具有板面平整、尺寸准确、质轻、隔声、防火、耐水、隔热、安装方便、可锯可刨可钻孔、施工简单、不易变形等优点，已广泛用于城乡公共建筑和居住建筑的多层框架结构的非承重隔墙。

6.3 硅钙渣

我国能源资源消耗巨大，电能消耗占全球产量的28%以上，钢铁产量占全球产量的50%以上，在促进经济社会发展的同时，排放大量的粉煤灰、矿渣等固体废弃物，带来了严重的环境污染问题。近几年从粉煤灰中提取硅、铝、镓、锗、锂等有价元素已成为粉煤灰高值化利用研究热点。大唐高铝粉煤灰预脱硅-碱石灰烧结法提铝技术，每提取1 t氧化铝消纳2.5 t粉煤灰，伴随排放2 t二次固废硅钙渣。我国水泥产量占全球产量的50%以上，需消耗大量的石灰石、硅石、铁粉等天然原材料，因此如何高效利用固废替代天然原料生产绿色建材已成为我国高质量可持续发展的关键。硅钙渣是高铝粉煤灰采取烧结法提取氧化铝后排放的残渣。据统计，内蒙古中西部和山西西北部每年粉煤灰排放量接近5000万吨。中国大唐国际发电股份有限公司开发的从粉煤灰中提取Al_2O_3的技术，实现了煤-电-灰-铝的循环经济产业链。然而，通过该技术每生产1 t Al_2O_3将产生2.2~2.6 t硅钙渣（CSS）。如此大量的硅钙渣排放量，将会对土地、环境和人类生活产生负面影响。

鉴于硅钙渣的组成特点，其资源化利用研究也以作为建材制备原料为主。其中以硅钙渣为原料烧制水泥熟料的研究居多。除此之外，部分学者尝试将硅钙渣作为沥青混合料、烧结釉面砖的制备原料，也取得了较好的效果。针对硅钙渣的资源化利用问题，在"十一五"国家科技支撑计划项目"利用硅钙渣与脱硫石膏生产水泥关键技术与示范"（2009BAB49B03）的资助下，中国建筑材料科学研究总院联合内蒙古大唐国际再生资源开发利用有限公司、蒙西水泥股份有限公司等多家单位开展了硅钙渣替代石灰石烧制水泥熟料、脱碱硅钙渣用作水泥混合材等技术研究。然而，由于硅钙渣的含碱特性，以其作为水泥生产原料时，必须对其进行预脱碱处理，以使其碱含量满足相关水泥标准的要求。这使得水泥生产工艺的复杂程度和能量消耗加大。此外，尽管硅钙渣中的Ca和Si主要以具有一定水化活性的C_2S形式存在，但相关研究表明，硅酸盐水泥体系中，硅钙渣用作水泥混合材时其胶凝活性指数较低（甚至还要低于粉煤灰的），这极大地限制了硅钙渣在硅酸盐水泥生产中的资源化利用程度。

6.3.1 水泥原料

高铝粉煤灰碱法提取氧化铝产生的硅钙渣主要以硅酸二钙化合物存在，具有质轻、多孔的特点，而建筑所用的水泥的主要成分是硅酸三钙、硅酸二钙和铝酸三钙等，因此硅钙渣可以作为水泥原料之一添加在生料中进行焙烧。

配入硅钙渣后烧制后的水泥生料表现出高强度的反应活性、低温烧制、节约能源、更好的熟料质量、更大的吃渣量等优点。结果表明，硅钙渣的加入可以制造出优质水泥，并且可以通过优质水泥的物相组成与普通水泥相似的特点来重新调节硅钙渣的配料比，以此改进优质水泥的使用范围，硅钙渣的质量比可以高达70%~90%；按照硅钙渣和石灰石的配料比为9∶1的条件下进行两种原料配料，然后在1350~1400 ℃下对所配料鼓空气煅烧，煅烧的结果分析表明硅钙渣与石灰石的合理配比下可以生产性能合格的625号硅酸盐水泥。按照硅钙渣与石灰石的9∶1配比工艺，与同类型生产工艺相比，采用硅钙渣加入配料可以节约能源消耗20%左右，从实际工艺生产中大幅度降低了水泥生产成本。先对硅钙渣进行脱碱处理，然后利用脱碱硅钙渣替代石灰石烧制水泥熟料、作水泥混合材以及原状硅钙渣制备碱激发胶凝材料的研究表明，在最佳工艺条件下脱碱硅钙渣中氧化钠含量在0.5%~1.0%之间，硅钙渣浆液的液相成分对硅钙渣脱碱效果的影响很大；硅钙渣作为水泥生产原料的可行性研究表明，用硅钙渣配料的生料易磨性好，有利于生料制备系统设备生产能力充分发挥，降低生料电耗，可作为水泥生产的一种原料，替代部分石灰石，以节省能耗，降低企业生产成本。针对硅钙渣制备水泥的慢化问题，分别进行了脱碱硅钙渣替代石灰石烧制水泥熟料、用作水泥混合材的研究。结果表明，脱碱硅钙渣对熟料的烧成及矿物晶体的生长具有促进作用；当脱碱硅钙渣掺量比高于30%时，所烧制的熟料强度可以满足52.5等级的测试；当脱碱硅钙渣掺量比低于30%时，所制备水泥强度可以满足32.5强度等级水泥要求。但是，脱碱硅钙渣中的$\beta\text{-}C_2S$活性较低，用作水泥混合材时水泥水化速率缓慢，不过调控氧化钠的含量可以解决此问题。硅钙渣用作水泥原料主要优点是节约能耗、降低生产成本、扩大硅钙渣的应用范围，但烧制水泥的过程中难免会产生粉尘颗粒，污染空气。

6.3.2 陶粒

硅钙渣颗粒疏松多孔，且颗粒之间有比较强的黏结性，因此可以作为陶粒添加料，在陶制品的烧制过程中，硅钙渣颗粒能够与陶罐等生活用品中的其他组成成分很好地融合，并且，硅钙渣颗粒的添加还能够极大地增加陶罐的强度。有专利报道，硅钙渣可以用来制备一种高强度陶粒：按硅钙渣质量分数为15%~55%进行备料，将混合后的固废进行造球得到硅钙渣球体，再将所述硅钙渣球体晾干后进行烧结。专利采用固体废弃物粉煤灰及硅钙渣为主要原料，制备出的高强度高耐磨的陶粒，可有效解决硅钙渣的综合利用问题。硅钙渣用于陶粒的制备工艺在一定程度上解决了硅钙渣大量堆积的问题，制备出的陶粒不仅强度高，而且还解决了陶粒之间黏结性差等问题，为高铝粉煤灰提铝后的产物硅钙渣的利用提供了一条新途径，缺点是陶粒烧结过程中需要能耗。

6.3.3 瓷砖

硅钙渣颗粒还可以作为瓷砖原料之一。生活中的瓷砖原料主要是由陶土或者瓷土及水泥构成，瓷砖的强度和吸水率因原料的配比不同表现出不同的效果，硅钙渣的添加在一定程度上可以改善瓷砖的性能，提高瓷砖的吸水性，增加其强度，进而形成一种节能型瓷砖。有专利报道了一种涉及利用硅钙渣生产瓷砖的方法，按照硅钙渣质量分数为30%~60%进行配料得到高强度瓷砖。瓷砖中硅钙渣的利用率可达60%；同时在生成瓷砖的过程中，利用硅钙渣含有大量碱金属离子的特点，可以部分或全部取代长石原料，并在1130~1180 ℃低温条件下生产出瓷砖。发明利用硅钙渣生产瓷砖，减少了硅钙渣的堆积排放，达到了资源循环利用目的，为硅钙渣附加值利用增加了一条新的途径。将硅钙渣作为瓷砖的烧制原料之一，在传统瓷砖的烧结工艺的基础上，成功地制备出性能良好的瓷砖试样，硅钙渣的掺量在一定程度上可以决定瓷砖生产能耗，提升固体废物资源的利用效率。与传统瓷砖材料相比，硅钙渣瓷砖试样的烧成温度低，但烧成温度范围窄；同时，研究显示随着硅钙渣掺量的增加，试样的主晶相由石英相、辉石和透辉石相逐渐向硅灰石相、辉石和透辉石相转变；当硅钙渣在烧制料中配比达到50%时，烧制试样可以在1145 ℃温度下直接生成瓷砖，并且所得样品的抗折性能很好（最高可达到92 MPa），吸水率小于0.3%。

6.3.4 硅酸钙板

使用压制成型方法制备硅酸钙板，一方面，随着纤维掺量的提高，硅酸钙板抗折强度增大；另一方面，随着成型压力的增加，硅酸钙板抗折强度也会有一定程度的增大。纤维掺量的影响占主导，成型压力的影响次之。用硅钙渣协同粉煤灰、水泥、脱硫石膏作为原材料，在蒸压釜中压模制备托贝莫来石型硅酸钙板，结果表明，最优化的原料配制是8%水泥、16%纤维、17%脱硫石膏、42%硅钙渣、17%粉煤灰，在掺入硅钙渣的情况下，硅酸钙板抗折强度会有一定程度的增加。

6.3.5 沥青混合料

硅钙渣具有质轻、多孔、相对密度较小的特点，对声、热、电的传导性能极差，因此可以用作沥青增强混合料的利用。大唐国际发电公司根据矿粉在沥青混合料中可填充沥青与集料之间的孔隙，在沥青混合料中掺配硅钙渣粉。当硅钙渣粉的粒径与矿粉的粒径范围保持一致或近似时，可以实现更好的填充效果。在沥青混合料中掺配一定量的硅钙渣粉，不仅降低了成本，而且硅钙渣粉与矿粉结合共同实现有效的填充，使得沥青混合料的综合性能更佳。在沥青混合料中添加合理的硅钙渣配比研究表明，在沥青混合料中增加硅钙渣含量，沥青混合料的密度也随之增大，孔隙率减小，流值增大，最重要的是沥青与石子等骨料的黏附力得到了很大的提高。这与硅钙渣的物理及化学特性有关，通常硅钙渣的粒度很细且呈碱性。硅钙渣作为原料添加在沥青混合料中，可以更加合理地将沥青混合料进行各种原料直接的配比，达到密实沥青混凝土、增加沥青混合料的密度的目的。与纯沥青相比，硅钙渣增强沥青混合料的密度变大、孔隙减少、流值变大、黏附力变小，并且硅钙渣的加入改变了沥青的抗压能力和抗变形能力，降低了沥青的铺设成本，从而延长了沥青路面的使用年限。

6.4 脱硫石膏

脱硫石膏是指在废气脱硫的湿式石灰石/石膏法工艺中，吸收剂与烟气中的二氧化硫等反应后生成的副产物，其主要成分为 $CaSO_4 \cdot 2H_2O$。我国脱硫石膏行业起步较晚，缺乏先进的技术及设备，直至进入 21 世纪，在引进国外先进技术和设备的基础上，才初步实现了脱硫石膏的规模化应用。2016 年 11 月国务院印发《"十三五"国家战略性新兴产业发展规划》，对"十三五"期间我国战略性新兴产业发展目标、重点任务、政策措施等作出全面部署安排。2021 年 7 月国家发展和改革委员会印发《"十四五"循环经济发展规划》，将加强脱硫石膏在内的工业副产石膏综合利用作为重点任务进行布局。在政策的积极引导之下，脱硫石膏行业的技术和装备水平得到了极大提升，我国脱硫石膏市场呈现出了良好的发展态势。脱硫石膏主要来源于电力和热力生产，金属冶炼和压延加工业，化学原料和化学制品制造业，采矿、能源及其加工业等行业，其中电力行业脱硫石膏产量约占总产量的 80%。与其他副产石膏相比，脱硫石膏具有粒径小、纯度高、成分稳定、杂质含量少等特点，因此近年来被广泛用于水泥、建材、路面基层等领域产品的生产，并保持着相对较大的需求增长空间（见表 6-1）。

表 6-1 脱硫石膏和天然石膏粒径分布对比

粒径/μm	占比/%	
	脱硫石膏	天然石膏
<20	2.8	29.4
[20,40)	18.8	31.9
[40,60)	39.6	14.4
[60,80)	36.8	15.6
≥80	2.0	8.7

脱硫石膏的应用主流是烘干后作为水泥的缓凝剂；或煅烧成型半水石膏，用于制造石膏板、石膏砌块、粉刷石膏。建筑石膏加工按传热方式不同可分为直接法与间接法两种。

直接加工法为烘干煅烧一步法，是利用传热传质效率极高的三层滚筒烘干技术研究开发设计的一套石膏煅烧工艺装置。该工艺装置可以生产干二水石膏（水泥缓凝剂用），也可以生产半水石膏。

间接加工法即烘干煅烧二步法，是根据电厂的能源情况和环保要求，将较易脱出的游离水与难以脱出的结晶水分置在两台设备中进行，使其更具合理性，也便于产品结构调整和质量控制。该装置可以生产干二水石膏、超优等品β型石膏。

6.4.1 水泥缓凝剂

在水泥熟料中加入3%～5%的石膏，可以与其中的铝酸二钙反应生成难溶于水的针状晶体，针状晶体生长在颗粒外表形成薄膜，阻滞了水分子和离子的扩散，从而推迟水泥的水化时间，延长混凝土的凝结时间。脱硫石膏代替天然石膏作为缓凝剂对水泥的各项使用性能没有不良影响，但脱硫石膏含水量较高，易黏附设备，影响脱硫石膏输送、下料和计量，目前主要解决办法有：一是对脱硫石膏输送和下料的设备进行改造，如采用不易黏结的材料，增大下料仓的倾斜角度；二是将脱硫石膏放在堆场自然干燥，降低含水量后再使用；三是在利用之前，采用烟气干燥或造粒技术降低脱硫石膏的含水量和黏结性，该方法需要新建生产设备，投资及生产成本较高，但相对输送和下料设备改造的方式，水泥性质更加稳定。近年来，石膏用作水泥缓凝剂年需求量达0.7亿～0.9亿吨，水泥缓凝剂是脱硫石膏的主要利用途径，占70%以上。

6.4.2 石膏建材

脱硫石膏可用于生产石膏建材制品如建筑石膏粉、石膏板和石膏砌块等，具有生产过程能耗低和制品质量轻、防火、隔声、施工便利等优点。以脱硫石膏为原料，加工生产各类石膏类建材产品均离不开煅烧工艺和设备，主要煅烧工艺包括低温慢速煅烧、高温快速煅烧和复合煅烧，煅烧设备主要有沸腾炉、回转窑、彼得磨、连续炒锅等，需要根据石膏建材产品种类选择相应的煅烧工艺和设备。脱硫石膏已逐渐成为生产石膏建材的主要原料，占总原料来源的70%～80%，生产石膏建材是目前脱硫石膏提高附加值的主要方式。

6.4.3 建筑石膏粉

建筑石膏粉又称β型半水石膏，是脱硫石膏经过煅烧（110～170 ℃）后脱去1.5个结晶水形成的产品。煅烧工艺和设备是影响脱硫石膏生产建筑石膏粉质量的关键因素。煅烧工艺按照石膏脱水速率可分为慢速煅烧和快速煅烧，慢速煅烧建筑石膏粉质量稳定、凝结硬化慢，适用于生产抹灰石膏、黏结石膏等；快速煅烧建筑石膏粉凝结硬化快，适用于流水线生产纸面石膏板、石膏砌块等。煅烧设备主要有沸腾煅烧炉、回转窑、彼得磨等，这些设备在能耗、产品性能及设备连续性上各有优缺点。目前我国主要采用回转窑和连续炒锅生产建筑石膏粉，从国内总体水平来看，随着脱硫石膏综合利用的发展，煅烧设备逐步大型化、自动化和连续化，单位能耗越来越低，产品质量也越来越稳定。建筑石膏粉是制备石膏建材产品的原料，市场需求量大。

6.4.4 纸面石膏板

纸面石膏板是以建筑石膏粉为主要原料，与添加剂、水按照一定的比例配制成浆液，以特制的纸板为护面，经压制成型、凝结硬化、干燥、切割等工序加工为成品纸面石膏板。当前，越来越多的石膏建材企业使用脱硫石膏作为原材料生产纸面石膏板，脱硫石膏已成为纸面石膏板的主要原料来源，约占总原料来源的80%。北新建材、信发集团等公司选择在大型电厂周边建立纸面石膏板生产基地，利用电厂脱硫石膏来生产纸面石膏板，大幅减少了运输距离，降低了原料成本。2020年纸面石膏板产量为33.5亿m^2，产值可达48.8亿元，生产1 m^2可消耗脱硫石膏原料8 kg，每年用于生产纸面石膏板消耗的脱硫石膏量约2700万吨。

6.4.5 石膏砌块

石膏砌块采用建筑石膏粉为主要原料，粉煤灰或矿渣作矿物掺和料，添加一定比例的激发剂、减水剂和早强剂搅拌混合，通过浇筑、成型、干燥等工序制得。石膏砌块作为一种绿色环保型墙体材料，不仅在保温、防水、隔热等方面有一定的优势，而且质量轻便、施工周期短。生产石膏砌块可大量消耗脱硫石膏，1 m^2石膏砌块约消耗脱硫石膏原料110 kg，建设100万 m^2生产线每年可消耗脱硫石膏11万吨。

6.4.6 抹灰石膏

抹灰石膏是以建筑石膏粉为主要原料，火山灰质材料、矿渣或粉煤灰作为矿物掺和料，添加一定比例的缓凝剂、保水剂，经混合而制成的新型抹灰材料。抹灰石膏主要用于内部墙面的抹灰找平，与水泥砂浆抹灰相比，抹灰石膏容重低，只有水泥砂浆的一半；抹灰石膏为膨胀材料，可避免表面开裂和空鼓；抹灰石膏施工后不需养护，水化凝结时间短，施工效率高。2019年国内抹灰石膏的用量已达到450万吨，在房地产行业发展放缓及一些传统建筑材料增速普遍减慢的大背景下，抹灰石膏却有着较好的增长率。

6.4.7 石膏条板

石膏条板是以建筑石膏为基材，掺以粉煤灰、玻化微珠等无机轻集料，添加一定比例的缓凝剂、减水剂等，加水混合经搅拌、成型、抽芯、干燥等制成的新型板材。石膏条板主要用于高层建筑非承重墙的隔墙，与砖、砌块相比，石膏条板单位面积质量更轻，基础承载变小，施工周期短；与纸面石膏板相比，石膏用量少，不需要纸、龙骨，造价更低。目前全国石膏条板生产能力已超过 $4 \times 10^7 \text{ m}^2/\text{a}$，近几年装配式建筑的快速发展，给石膏条板行业带来了发展机遇，石膏条板成为少数几个市场需求量增长较快的石膏建材产品之一，可大量消耗脱硫石膏。石膏制品消耗的石膏量及比例见表 6-2。

表 6-2 石膏制品消耗的石膏量及比例

利用方式	水泥缓凝剂	纸面石膏板	抹灰石膏	石膏砌块	石膏条板	土壤调理剂
耗量/万吨	8100	2310	340	70	30	80
比例/%	65.3	18.6	2.7	0.56	0.24	0.65

在低碳经济时代，脱硫石膏在建筑材料中只有确定正确的应用方向，才能达到产业经济的常态化发展。要确定正确的应用方向必须结合应用中面临的问题进行分析，通过分析总结出适应经济形势的应用方向。

6.5 赤泥

赤泥是烧结法、拜耳法和联合法生产氧化铝过程中最主要的副产物，其综合利用率极低。目前，全球范围内使用拜耳法生产氧化铝的企业占比约为95%。赤泥的元素组成和矿物组成复杂，化学分析表明赤泥中含有微量的 K、Cr、V、Ba、Cu、Mn、Pb、Zn、P、F、S 元素，同时铝土矿中伴生的有价金属元素（Ni、Mg、Zr、Nb）、稀土元素（Ga、Ce、Sr）和放射性元素（U、Th）等也有可能富集到赤泥中。赤泥中含有大量的 Si、Fe、Al 和 Ca，这些元素形成四类主要氧化物，即二氧化硅（SiO_2）、三氧化二铁（Fe_2O_3）、氧化铝（Al_2O_3）、氧化钙（CaO）。此外，还有少量的二氧化钛（TiO_2）和氧化钠（Na_2O）。由于所采用的铝土矿种类以及工艺参数的不同，我国各地区产出的赤泥成分存在明显差异。表 6-3 显示了国内各地拜耳赤泥的主要化学成分。

表 6-3 国内各地拜耳赤泥的主要化学成分　　　单位：%（质量分数）

产地	SiO_2	Fe_2O_3	Al_2O_3	CaO	TiO_2	Na_2O
贵州	18.00	19.79	21.78	14.91	3.38	6.91

续表

产地	SiO$_2$	Fe$_2$O$_3$	Al$_2$O$_3$	CaO	TiO$_2$	Na$_2$O
河南	20.95	4.87	21.39	20.21	3.93	6.50
	20.58	11.77	25.48	13.97	4.14	6.55
	36.34	28.03	22.85	1.08	1.78	8.86
山东	17.78	12.32	6.27	37.52	3.27	2.75
	8.10	13.69	7.02	42.21	2.10	2.38
山西	19.01	16.97	24.15	12.96	—	8.44
	22.20	6.75	10.05	42.25	2.55	3.00
广西	26.80	6.96	24.03	15.58	3.42	7.15
	8.87	34.25	18.87	13.59	6.05	4.35

2020年以来，我国相继出台《固体废物污染环境防治法》《关于"十四五"大宗固体废弃物综合利用的指导意见》《"十四五"循环经济发展规划》等与固废处置和循环利用直接相关的政策、法规，旨在进一步推动固体废弃物的综合利用。根据国家统计局数据，2022年我国氧化铝产量为8186.2万吨，按照每吨氧化铝排放1.5 t赤泥计算，我国2022年的赤泥排放量约为1.2亿吨，累积堆存已经超过8亿吨，大量赤泥的露天堆存严重制约了电解铝行业的绿色可持续发展。2022年，工业和信息化部等八部门联合印发《关于加快推动工业资源综合利用的实施方案》，明确提出"提高赤泥综合利用水平"，要"推进赤泥在陶粒、新型胶凝材料、装配式建材、道路材料生产等领域的产业化应用。鼓励山西、山东、河南、广西、贵州、云南等地建设赤泥综合利用示范工程，引领带动赤泥综合利用产业和氧化铝行业绿色协同发展"。

6.5.1 赤泥制备水泥

（1）硅酸盐水泥

赤泥中富含CaO、SiO$_2$、Al$_2$O$_3$、Fe$_2$O$_3$，与硅酸盐水泥熟料成分接近，因此可作为原料烧制成硅酸盐水泥熟料。研究结果发现1%～5%掺量的赤泥不仅不影响硅酸盐水泥的性能、矿物组成、水化反应过程，赤泥的碱性还有助于促进硅酸钙的生成，降低烧结温度，减少能耗和节省材料成本，这说明掺入少量赤泥有助于优化硅酸盐水泥的工艺和提高经济效益。大量研究发现赤泥在硅酸盐水泥中掺量较低的主要原因是赤泥的高碱性不利于硅酸盐水泥的性能发展。高掺量碱性赤泥在预热器中会变成许多碱性化合物蒸气，冷却后形成结皮，造成设备堵塞。此外，高碱性化合物会侵蚀回转窑耐火材料层，缩短其使用寿命。赤泥的碱溶进硅酸盐水泥熟料矿物，水泥硬化体在干湿循环的环境下易出现泛碱的现象，还会导致碱-集料反应，严重影响其性能。由此可知，赤泥的脱碱和固碱的问题亟待解决。

（2）矿渣水泥

矿渣水泥主要由硅酸盐水泥熟料、20%～70%的粒化高炉矿渣及适量石膏组成。赤泥掺入矿渣水泥可制备出赤泥-矿渣基水泥，其硬化体具有优异的性能。我国对赤泥-矿渣基水泥的研究始于 20 世纪 80 年代。赤泥-矿渣基水泥主要有以下特点：赤泥中的碱可激发矿渣中的活性硅铝组分；赤泥含有一些水硬性矿物，有助于水泥硬化体的强度发展；在一定条件下，赤泥还能缓解矿渣水泥硬化体强度倒缩的问题。当 8% 赤泥掺入矿渣水泥制备赤泥-矿渣基水泥，其硬化体的 3 d 和 28 d 抗压强度分别为 22.90 MPa 和 56.30 MPa，优于 52.5 硅酸盐水泥的强度，这表明赤泥、矿渣等固废在水泥中具有协同增强效应。此外，40% 赤泥的掺量能促进矿渣水泥的碱活化反应，形成大量的水化产物 C/N-A-S-H 凝胶和钙矾石，进而促进其强度的发展。

（3）硫铝酸盐水泥

利用赤泥制备硫铝酸盐水泥，可降低水泥熟料的烧成温度，因赤泥中含有的氧化钠可作为硫铝酸钙和硅酸钙的矿化剂，促进其低温形成。当赤泥的掺量为 17% 时，硫铝酸盐水泥的 3 d 和 28 d 抗压强度分别为 18.00 MPa 和 48.20 MPa，符合 42.5 级硫铝酸盐水泥的标准；当赤泥掺比为 20% 时，硫铝酸盐水泥的 3 d 和 28 d 的抗压强度分别为 55.14 MPa 和 61.02 MPa，满足 62.5 水泥标准；当赤泥等全固废掺入烧制硫铝酸盐水泥熟料，其强度在 3 d 和 28 d 分别为 19.00 MPa 和 29.30 MPa。这说明随着赤泥掺量的增加，硫铝酸盐水泥的强度逐渐升高，硫铝酸钙固碱作用可减小赤泥对水泥体系的影响。若赤泥等固废总掺量过多，大量的碱与 SO_3 反应生成硫酸钠，从而减少硫铝酸钙的形成，最终降低硫铝酸盐水泥性能。因此，建议赤泥在硫铝酸盐水泥中的掺量应小于 20%。赤泥的铁含量也是影响硫铝酸盐水泥的重要因素，高铁型硫铝酸盐水泥中铁铝酸钙矿物含量较高，Fe_2O_3 的需求量增加，从而提高了赤泥的消耗量。大量学者利用高铁赤泥在高温下煅烧制备高铁型硫铝酸盐水泥，赤泥的掺量为 10%～20% 时，可获得具有良好的强度、体积稳定性、抗硫酸盐和氯离子侵蚀性能的水泥，获得的水泥可应用于道路工程、修补工程和海工工程。采用赤泥等工业固废烧制出硫铝酸盐熟料，其 CO_2 的排放量仅为常规水泥熟料排放量的 57.9%，能源消耗量减少了 8.3%，对环境负担降低了 38.62%。水泥工业 CO_2 的排放量与能源消耗量较高，因而利用赤泥制备水泥，不仅节约能源，还能助力我国"双碳"目标达成。因此，赤泥在水泥中应用具有一定的经济环境效益。

6.5.2 赤泥用于路面施工

路面是一种多层结构，通常由沥青混合料面层或混凝土面层、道路基层和道路底基层组成。作为一个分层系统，每一层都承受并承载上一层的载荷，并将载荷传递到下一层。我国常用的沥青路面基层材料是一种半刚性基层材料，半刚性材料强度高、水稳定性好、成本低。半刚性路基对结构承载力起着重要作用，必须承受重复的交通荷载。一般来说，两种常用路基材料是石灰粉煤灰稳定骨料和水泥稳定骨料。有研究表明，赤泥可以用作沥青混合料或路基填料，或者将赤泥与粉煤灰、石灰、火山灰一同构建一种稳定的混合物作为路基材料，都有能有效提升道路性能。

6.5.3 赤泥砖

传统实心黏土砖既浪费资源，又污染环境，近年来已经逐渐淘汰。将粉煤灰和赤泥混合制作砖块，最大抗压强度可达5~6MPa；还可使用黏土废料与赤泥在700~900 ℃下烧结成砖，研究表明，烧结温度越高，砖的抗压强度越高；使用赤泥、粉煤灰、发泡剂还可制作轻质赤泥砖。

6.5.4 赤泥作陶瓷和玻璃材料

赤泥中含有大量的二氧化硅、氧化铝、氧化钙等，这些都是铝硅酸盐玻璃和陶瓷的主要成分，因此赤泥具有生产这些材料的潜力。赤泥中的碱性物质可以降低烧结温度并节省能源，促进玻璃体相的形成，从而提高陶瓷材料的耐性。在使用赤泥烧制陶瓷材料时，它们之间的水化反应能提高材料的力学性质，赤泥的含量越高，陶瓷材料的力学性能越好。有学者利用平果铝厂的拜耳法赤泥、高岭土和石英砂为主要原料成功制备了建筑陶瓷，经试验得出赤泥陶瓷用料的最佳配比：赤泥30%~40%，石英砂50%~30%，其余部分为高岭土，此时获得的赤泥陶瓷的强度最高。

赤泥基微晶玻璃是一种新型环保建筑材料，赤泥中含有氧化铁、氧化铬等物质，可以作为微晶玻璃成核剂，赤泥混合不同的掺加料可以制备出硬度较好、弯曲强度高、耐酸耐碱性能优良的不同晶型的微晶玻璃，一般可以通过熔融法或烧结法制备。熔融法制备微晶玻璃的工艺流程为：配料→熔融→压延→降温成型→退火→升温核化→晶化。烧结法主要是利用缺陷成核，与熔融法相比，烧结法熔融温度低、时间短，产品更易晶化。烧结法的工艺流程为：配料→熔制→淬冷→粉碎→成型→烧结。有研究采用熔融法，以赤泥为主要原料（质量分数为60%），配以石英、滑石等添加剂，经热处理制备出了性能优良的赤泥微晶玻璃，产品密度为2.78 g/cm^3、弯曲强度为123.98 MPa、显微硬度为694.5 Hv、耐酸性为0.82%、耐碱性为0.01%。

6.5.5 赤泥制备复合材料

因为赤泥的比表面积较高，粒径较小，所以可作为制备复合材料的载体。此外，赤泥可以作为填料合成复合材料，同时提高材料的性能。使用赤泥制备复合材料近年来引起了人们的关注，赤泥基复合材料如合金、聚酯和功能材料已有了广泛的研究。石蜡和赤泥具有良好的相溶性和复合稳定性，使用拜耳赤泥和石蜡可以合成复合材料储存能量。这种材料的相变温度为75~85 ℃，潜热约为25~40 J/g。还可以使用赤泥作为塑料的无机填料，赤泥的引入能增强塑料基体的组成，提高塑料的耐火性、遮光性和绝缘性，同时降低收缩率和所需的稳定剂用量，可以在建筑中安全使用（见表 6-4）。

表 6-4　赤泥制备建筑材料及产品主要性能

原材料	制备产品	产品主要性能	赤泥掺量/%
赤泥、石灰石、黏土、砂岩和铜渣	硅酸盐水泥	28 d 抗压强度 55.20 MPa	15
赤泥、电石渣、铝灰和脱硫石膏	硫铝酸盐水泥	3 d 抗压强度 55.14 MPa	20
赤泥、粉煤灰和页岩	高强免烧结陶粒	筒压强度 7.50 MPa，密度等级 900	50
赤泥和赤泥基硫铝酸盐水泥	高强免烧结陶粒	筒压强度 7.98 MPa，密度等级 1000	70
赤泥、粉煤灰、石膏、骨料和水泥	免烧砖	抗压强度 26.76 MPa	30
赤泥、水泥、砂和粉煤灰	免烧砖	抗压强度 35.64 MPa	45
赤泥、建筑垃圾和黏土	保温陶瓷材料	抗压强度 9.87 MPa，孔隙率 74.58%，热导率 0.059 W/(m·K)	35
赤泥、石英砂和高岭土	烧结陶瓷材料	抗压强度 144.40 MPa，抗折强度 29.30 MPa	40
赤泥和金渣	微晶玻璃	抗折强度 167.00 MPa	30
赤泥和硅质固废	微晶玻璃	抗折强度 55.196 MPa	40
赤泥、矿渣和玻璃水	碱激发胶凝材料	抗压强度 65.00 MPa	70
赤泥、固硫灰渣、脱硫石膏和水泥	复合水泥材料	产品各项性能满足国家标准要求	15

6.6　本章小结

本章主要探讨了钙硅等非金属氧化物在有色冶金废物中的资源化利用及其在建材领域的应用。钙硅等非金属氧化物主要包括磷石膏、粉煤灰、硅钙渣、脱硫石膏和赤泥等，这些废物因含有丰富的硅、钙等非金属元素，具有较高的资源化利用价值，钙硅等非金属氧化物在建材领域的应用不仅可以减少环境污染，还能降低对天然资源的依赖。然而，其大规模应用仍面临技术瓶颈（如杂质含量高、耐久性不足等）和市场认可度低等问题。未来，需进一步加强技术研发，提升产品质量，推动其在建材领域的广泛应用，助力实现绿色低碳发展和"双碳"目标。

参考文献

[1] 周武,李杨,冯伟光,等.磷石膏的综合利用及其在建筑材料领域的应用研究进展[J].硅酸盐通报,2024,43(02):534-542.

[2] 王静云,李丽,张然等.磷石膏资源化利用研究进展[J].磷肥与复肥,2024,39(01):32-35.

[3] 邓华,侯硕旻,李中军,等.磷石膏综合利用现状及展望[J].无机盐工业,2024,56(01):1-8,22.

[4] 黄迪,宗世荣,马航,等.磷石膏资源化利用技术研究及应用进展[J].磷肥与复肥,2023,38(05):17-22.

[5] 张力,李星吾,张元赏,等.粉煤灰综合利用进展及前景展望[J].建材发展导向,2021,19(24):1-6.

[6] 卢英.粉煤灰的综合利用与发展前景[J].黑龙江科技信息,2012(11):38.

[7] 孙晓,景毅.粉煤灰在新型建材中的利用与思考[J].佳木斯职业学院学报,2019(12):218,220.

[8] 杨志杰,张德,康栋,等.硅钙渣复合地聚物水化机理研究[J].矿业科学学报,2022,7(05):577-584.

[9] 陈建,马鸿文,蒋周青,等.高铝粉煤灰提铝硅钙渣制备硅灰石微晶玻璃研究[J].硅酸盐通报,2016,35(09):2898-2903.

[10] 张力,李星吾,张元赏,等.粉煤灰综合利用进展及前景展望[J].建材发展导向,2021,19(24):1-6.

[11] 李晶.粉煤灰在建材领域的利用现状浅谈[J].建材技术与应用,2019(05):11-12.

[12] 刘晓明,张增起,李宇,等.赤泥在建筑材料和复合高分子材料中的利用研究进展[J].材料导报,2023,37(10):15-28.

[13] 黄利祥,刘泽,原航,等.赤泥-石膏复合激发蒸压加气混凝土的制备与性能研究[J].硅酸盐通报,2023,42(04):1393-1399,1427.

[14] 张君毅.赤泥在建筑材料中的应用研究[J].江西建材,2022(10):11-13.

[15] 高志刚,王靖宇,罗纯仁,等.我国脱硫石膏的综合利用现状与展望[J].工业安全与环保,2024,50(01):103-106.